苏州园林建筑做法与实例

侯洪德　侯肖琪　著

中国建筑工业出版社

图书在版编目（CIP）数据

苏州园林建筑做法与实例/侯洪德，侯肖琪著. —北京：中国建筑工业出版社，2016.8（2023.12重印）
ISBN 978-7-112-19592-3

Ⅰ.①苏⋯　Ⅱ.①侯⋯②侯⋯　Ⅲ.①古典园林—园林建筑—苏州市—图解　Ⅳ.①TU986.4-64

中国版本图书馆CIP数据核字（2016）第159649号

本书是继《图解〈营造法原〉做法》之后，该书作者的又一部力作。本书用图解的方式，对苏州园林中的各类建筑，就其形式、构造及具体做法，从专业角度做出了翔实的分析与介绍；并从中精选了40余个经典实例做了重点介绍；每个实例均有全套的平、立、剖面图以及部分施工详图，具有很高的实用与参考价值。

全书图文并茂，通俗易懂，既可供从事古建筑与园林工作的设计、施工、预算人员使用，也可作为高等院校建筑类专业的参考用书；对于喜欢旅游的人士来说，一册在手，也是旅游途中的极好伴侣。

责任编辑：陈海娇　徐　冉
责任校对：王宇枢　张　颖

苏州园林建筑做法与实例

侯洪德　侯肖琪　著

*

中国建筑工业出版社出版、发行（北京海淀三里河路9号）
各地新华书店、建筑书店经销
北京京点图文设计有限公司制版
北京中科印刷有限公司印刷

*

开本：787×1092毫米　1/16　印张：17¾　字数：416千字
2016年12月第一版　2023年12月第二次印刷
定价：68.00元
ISBN 978-7-112-19592-3
　　　（41565）

前　言

"上有天堂，下有苏杭。"苏州历史悠久，地处江南，物产丰富，人杰地灵，文化底蕴深厚，以古典园林闻名于世。历史上园林数量之多，艺术造诣之精，这在世界上任何地区均不多见，已故园林专家陈从周先生曾为此赞誉道："江南园林甲天下，苏州园林甲江南。"

自20世纪90年代苏州古典园林申报入遗以来，至今列入《世界文化与自然遗产名录》的古典园林已达9处之多，可以说苏州古典园林作为中国园林的标志，已经闻名海外，享誉全球，成为全人类共同的财产。

苏州古典园林的造园艺术首重意境，与中国传统的山水画有异曲同工之妙，采用的也是以少胜多、以小见大的手法，从而达到"不出城廓而获山水之怡，身居闹市而得林泉之趣"的艺术境界，因此虽由人作，却宛自天开。

叠山、理水、建筑、花木是构成苏州古典园林的四大要素，现存的苏州古典园林，以原来的宅第园林为多，建筑占有较大比重，因此，建筑是苏州园林的重要组成部分，它常与山池、花木共同组成园景，其位置、形体与疏密均不相雷同，布置方式亦因地制宜，灵活变化。

本书主要是介绍苏州园林的各类建筑，选择了苏州园林中的厅、堂、楼、阁、榭、舫、亭、廊、桥等各类建筑为样本，对照《营造法原》，就其形制、构造及具体做法，用图解的方式，向读者作具体介绍，并从中精选了40余则经典实例，作了重点介绍；每个实例均有全套的平、立、剖面图以及部分施工详图，可供读者参考。对于实例，从施工的角度，按大木做法、屋面做法、装修做法、陈设布置等几个方面，分别作了具体的分析与介绍。希望能对读者了解和研究苏州园林，有所帮助。

全书共计七章，分别是：①苏州园林建筑概述；②苏州园林的厅堂；③苏州园林的楼阁；④苏州园林的榭舫；⑤苏州园林的亭；⑥苏州园林的廊；⑦苏州园林的桥。

苏州园林建筑，虽类型众多，形式各异，但其构造却大致相同，除桥以外，都是由屋顶、木架、台基与地面、室内外装修等几大部分所组成。

为方便读者阅读，特设第一章"苏州园林建筑概述"，对苏州园林建筑的各部分构造作了简略的介绍，并对"嫩戗发戗"这一江南古建筑特有的形式作了重点介绍。

作者曾著有《图解〈营造法原〉做法》一书，该书对苏州园林建筑的做法，虽然也多有涉及，但未进行深入细致的解读。

本书实际上是以苏州园林建筑为主题，对《图解〈营造法原〉做法》所作的补充与延伸，本书引用了其中的部分插图与文字，因此书中所出现的"尺"、"寸"等计量单位，指的均是"营造尺"，其中1尺合27.5厘米，1寸合2.75厘米，读者如有应用，请自行换算。

另外，本书所述的"苏州园林"、"园林建筑"，指的均是苏州古典园林、苏州古典园林建筑，特此说明。

目 录

第一章　苏州园林建筑概述

第一节　常用术语以及平面、立面、剖面

一、常用术语

（一）开间、共开间

古建筑的平面以长方形居多，其长边称宽，短边称深。在房屋宽面中，两柱之间的宽，称为开间，数间相连，其总长称为共开间。开间在北方称为面宽或面阔。

（二）贴、进深

沿房屋的宽面方向，做一剖面，所看到的梁架，便称为贴，北方称之为缝。贴的长度称进深。

（三）界、界深

两桁之间的水平距离，谓之界，界的宽度称界深，界在北方被称为步架。

（四）提栈、算

将相邻两桁之高差自下而上逐层增加，使屋面斜坡形成曲面的方法，谓之提栈。提栈即北方所称之举架。

界深与相邻两桁高差之比例，称为算，算是屋面提栈的分级单位。

如界深为100厘米，两桁之高差为30厘米，即称该界提栈为三算。又如界深为100厘米，两桁之高差为35厘米，即称该界提栈为三算半。以此类推，四算、四算半、五算、五算半……以至九算、十算（又称对算）。厅堂至多七算，亭子可至十算。

（五）内四界、廊、双步

在进深方向的两柱之间，承以长四界的大梁，该处便称为内四界。内四界之前连一界，称廊，连两界的则称双步。廊如连于内四界之后，称后廊，若是双步便称后双步。由此组成的木架称为屋架，亦称梁架。

（六）正间、次间、边间

如有房屋三间，正中一间称为正间（北方称明间），左右两边的便称次间。又如有房屋五间，中间的称正间，其左右两边的称次间，再两边的则称边间（北方称梢间）。

（七）落翼、次间拔落翼

房屋如是歇山形式，其两端房屋则不称边间，而称落翼，故一般将五开间称为三间两落翼，七开间为五间两落翼，以此类推。如仅有三开间，但仍于次间作落翼时，则称为次间拔落翼。

（八）正贴、边贴

贴用于正间者称正贴，用于次间山墙并用脊柱者称边贴。正贴的内四界处均设有大梁，边贴则不设大梁，而于内四界处居中设脊柱，脊柱前后设双步，以代大梁。

二、园林建筑的平面布置

现存的苏州古典园林，原多为私家庭园，故常连于宅旁屋后。但其平面布置与住宅建筑有所不同，园林建筑的平面布置一般不讲究中轴线与均衡对称，建筑的造型与组合也都求其轻巧玲珑，富有变化，建筑形式亦无定制，普通住宅房屋多用三间五间，唯有园林建筑，一室半室均可随意布置。

园林建筑的平面，虽以长方形居多，但并不完全拘泥于此，而是有所变化，如亭类建筑的平面，就有方、长方、六角、八角、圆形、梅花、海棠、扇形等多种形式。

古建筑房屋的开间，其次间宽为正间宽的八折，边间宽可与次间宽相同或小于次间。

三、园林建筑的立面形式

在苏州园林中，常见的建筑形式有以下三种：歇山建筑、硬山建筑与攒尖顶建筑。每种建筑又有单檐与重檐之分。

歇山建筑的特点是，屋面前后做落水，两旁做落翼，山墙缩进建造，位于落翼后端，故称为歇山。园林中的主要厅堂、轩榭、方形或长方形的亭子，用之较多。

歇山建筑立面，详见图 1-1-1。

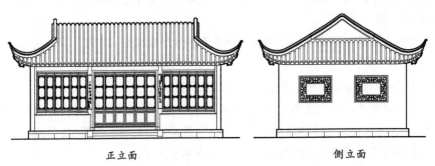

正立面 　　　　　　　　　　　　侧立面

图 1-1-1　歇山建筑立面图

硬山建筑则较为简单，其屋面前后做坡，两面落水，房屋两端筑山墙，墙高与屋面相平或略高于屋面。硬山建筑在园林建筑中较为常见。

硬山建筑立面，详见图 1-1-2。

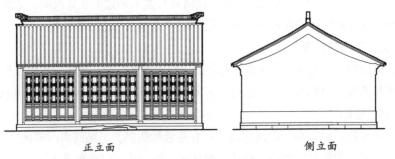

正立面 　　　　　　　　　　　　侧立面

图 1-1-2　硬山建筑立面图

攒尖顶建筑的屋面向上汇合成尖形，上覆宝顶。攒尖顶大都用于亭或阁，常见的形式有四角顶、六角顶、八角顶以及圆顶，在园林建筑中应用较多。

各式攒尖顶建筑，详见图1-1-3。

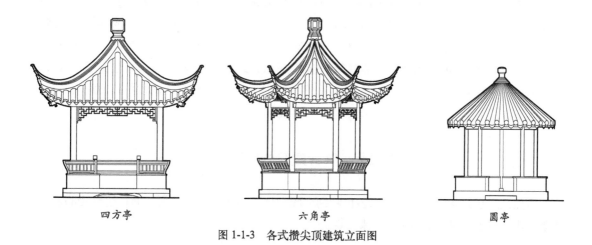

四方亭　　　　　　　　　　　六角亭　　　　　　　　　　圆亭

图1-1-3　各式攒尖顶建筑立面图

四、园林建筑的剖面做法

古建筑房屋的剖面尺寸，根据以下几个方面来确定：

（一）屋架形式与提栈

根据房屋之界的多少及界深，采用合适的屋架形式，从而确定房屋的提栈计算方法。其具体做法是：先定起算，将第一界的提栈称为起算，起算以界深为标准，然后以界数之多少，定其第一界至顶界（脊桁）的提栈个数，根据提栈个数来分配每界的提栈。

提栈个数的计算方法，以起算提栈加一算，即两个，再加一算，即三个，以此类推，通常做法是六界屋架用提栈两个，七界屋架用提栈三个，相差半算，不计个数。

（二）檐高与柱高

位于房屋前檐一列的柱称廊柱，架于廊柱之上的桁条称廊桁。一般将廊桁底部的高度作为檐高，因此，房屋檐高也即廊柱的柱高。

廊柱的柱高也有规定，普通房屋及厅堂，其廊柱高度按正间面宽的八折，也即与次间的面宽相同。房屋檐口若设置牌科，该房屋的檐高则按廊柱高度再加牌科高度。

房屋中其他各柱的柱高，可根据其所在位置与廊柱之间的提栈高差而相应增加。如屋架采用后双步，后廊柱的高度可低于前廊柱。一般规定，前后廊柱的高度可相等，但前廊柱应高于后廊柱，这是考虑到通风、采光的关系。

（三）出檐椽、飞椽及其出挑长度

垂直排列于两桁之间，起到支承屋面重量与连接两桁作用的木材，称为椽。下端伸出桁外的椽，称出檐椽。出檐椽的出挑长度（即伸出长度），规定为界深的一半。若是为了增加屋檐的伸出长度，则可在出檐椽之上再设飞椽。飞椽的出挑长度是出檐椽出挑长度的一半。

出檐椽与飞椽的出挑长度的总和，北方称之为上出。为防止檐口出挑过多而倾覆，出挑长度不得大于界深，因此北方有"檐不过步"的规定。

（四）台基有关尺寸的规定

古建筑的底部，周边应有台基，台基是建筑物基础的露明部分，苏州多雨，故台基为石结构。台基高于室外，与室内地坪相平，厅堂的台基须高 30 厘米及以上。为方便上下，正间就需设置石级，与室内相平者称为正阶沿石，以下一级或数级便称为副阶沿石，或称踏步。踏步每级高 12 ~ 15 厘米，其宽为高的二倍（一般为 30 厘米）。正阶沿石的宽，也即房屋的台口至廊柱中心，一般为 30 ~ 40 厘米，视建筑的出檐长短以及天井的深浅而定。为避免雨水溅入室内，第一级副阶沿石应缩进屋面出檐滴水线 5 ~ 6 厘米。自房屋台口至廊柱中心的距离，北方称之为下出，下出须小于上出，两者的差距，便称为回水。

第二节　园林建筑的木架构造

古建筑房屋以木结构承重，墙体仅起到分隔内外、挡风避雨的作用，而且建筑物的形式、体量大小、间数分隔也都由木结构来决定。

一、木构件的种类与名称

在木结构的构造中，根据各构件承重的情形来分，可分为以下三种类型：①直立支撑重量的构件是柱；②横向承重的构件是梁、枋、桁、椽；③两种功能兼而有之，即既有直立支重功能，又能横向承重的构件是牌科（北方称斗栱）。

（一）柱类构件

在古建筑中，柱是决定建筑物平面形状的主要构件，将其连以川、枋，上端架梁或桁，从而形成建筑的骨架。根据其在建筑平面中不同的位置，柱的名称也各不相同。

位于房屋宽面方向前后两排的柱，称为廊柱；廊柱后面的柱，称步柱；上承屋脊的柱，称脊柱；位于步柱与脊柱之间的柱，称金柱。

置于横梁之上，上端稍细，其受重作用与普通柱相同的短柱，称童柱。童柱有脊、金之分，分别称脊童、金童。上端架川，置于双步之上的童柱，则称川童。有关柱的名称，详见图 1-2-1。

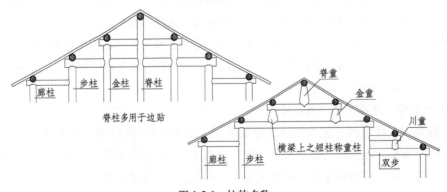

图 1-2-1　柱的名称

（二）横向构件

柱与柱之间，进深方向承重而且起到连接作用的构件为梁、双步、川，而开间方向起到同样作用的构件则是桁、连机、枋。

沿房屋进深方向，在内四界处，架于两步柱之上的梁，称大梁，大梁上设金童柱，其上所架长两界的梁，称山界梁，山界梁之上置脊童。

内四界的前后深一界时，则于步柱与廊柱之间设短梁相连，该梁称为川，深两界时，设一横梁称为双步，双步上立川童，连以短川。

桁大多为圆形断面，平行于开间，架于梁端或柱端，支承木椽及其他屋面木基层构件。根据桁所处的位置，桁也有廊桁、步桁、金桁、脊桁之分。

桁下通长的长方形木材，称为连机，连机用于廊桁与步桁之下。脊桁与金桁之下，一般不用连机，而在桁下两端用短机，短机长度为开间的2/10，架于脊童者称脊机，架于金童者为金机。

连机以下为枋，枋之断面为长方形，有廊枋、步枋之分。连机与枋子间的空当，镶以厚约半寸的木板，称夹堂板。若于廊枋之上直接置桁，该枋则不称廊枋，而称拍口枋。

横向构件的名称及安装位置，见图1-2-2。

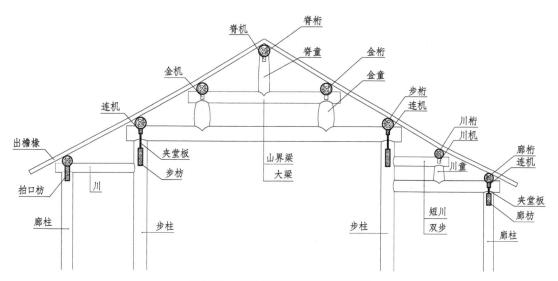

图1-2-2　横向构件的名称及安装位置

（三）牌科

牌科即北方所称的斗栱，牌科构件的尺寸较为简单，不如北方斗栱之繁琐，不以斗口为标准，而是根据斗的大小来确定牌科各构件的尺寸，因此推广、运用较为便利。

根据斗的大小，牌科的规定式样有五七式、四六式、双四六式三种。其中五七式是应用最广泛的一种牌科，常用于厅堂建筑。江南牌科均以五七式为标准，四六式的尺寸按五七式打八折，而双四六式的尺寸则是四六式的两倍。

苏州园林建筑中用牌科的不多，仅用于少数主要建筑的檐口或采取扁作做法的梁架中。

二、硬山建筑的木架构造

硬山建筑的梁架有正贴与边贴之分。正贴屋架的通常做法是：在内四界处，于正间步柱之上，架长四界的大梁，大梁上设金童柱，其上再架长两界的山界梁，山界梁之上置脊童。若于内四界的前后各连一界为廊，该屋架即称六界屋架；若屋架为七界，则于内四界后连两界，设一横梁称为双步，双步上立川童，连以短川。六界、七界的房屋，园林中用之较多。

边贴屋架的做法是于内四界处居中设脊柱，脊柱前后设双步，以代大梁。因边贴用料较正贴为细，故于双步之下，留空3寸镶以楣板，其下设等长之木枋，称双步夹底。为整齐美观起见，夹底之底部须与步枋底部相平。内四界前后做法参照正贴，但在川或双步之下，亦填楣板，设夹底，其底部与廊枋底部相平。山尖空当处，所设木板称山垫板。

硬山建筑的正贴与边贴构造，以六界屋架为例，详见图1-2-3、图1-2-4所示。

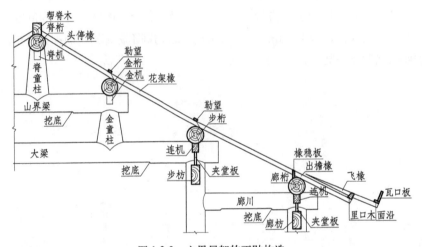

图1-2-3　六界屋架的正贴构造

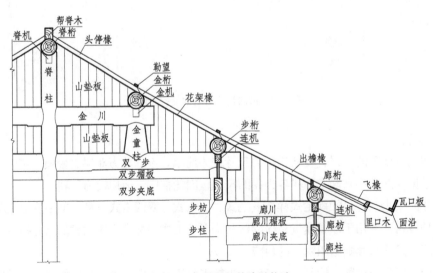

图1-2-4　六界屋架的边贴构造

三、歇山建筑的木架构造

歇山建筑为四坡落水，四周檐口相平，故其内四界前后的廊深应相等。两端的房屋称落翼，故一般将五开间称为三间两落翼，若仅有三开间，但仍于次间做落翼时，则称为次间拔落翼。但两者的做法有所不同，现以六界屋架为例，将两种做法介绍如下：

当建筑为三间两落翼时，两端落翼的面宽应与内四界前后的廊深相等，歇山的正贴做法与硬山正贴相同，边贴做法与正贴大致相似，不同之处在于：①边贴大梁以下须设置通长木枋，称夹底；为美观起见，夹底须与相邻的步枋做平，夹底与大梁之间的空隙处，填以横向设置的木板，称楣板。②大梁以上，屋架的空隙处须填以山垫板，山垫板外侧，于大梁之上架设半片草桁，草桁上口与大梁两端所架桁条相平，并按敲交做法，以便架设戗角的上端。落翼出檐椽的上端也架在半片草桁上。

歇山四周的柱均为廊柱，其高度相等，上架廊桁（也称檐桁），廊桁绕建筑四周兜通，转角处按敲交做法，用以架设戗角。所谓敲交，便是两桁（或梁）在同一平面上呈一定角度相交，以相交 90° 为例，将其具体做法介绍如下：两桁相交时，上面桁条的留胆用上半部分，下面桁条的留胆用下半部分，留胆之两旁双方均做 45° 合角，由此，两桁上下相交，便称敲交。

敲交的具体做法，见图 1-2-5 所示。

歇山落翼的出檐椽，下端架在廊桁上，上端架在大梁之上的半片草桁上，屋面合角处须设置戗角（做法另详），除以上所述之外，其他做法均与硬山做法相同。

次间拔落翼的做法，一般采取搭角梁的方式。具体做法是：将搭角梁的两端斜向架在次间的转角廊桁上，梁之断面的 1/3 高于廊桁，与廊桁呈 45° 相交。搭角梁，每间各设两根，居中立童柱，上架横梁，横梁与梁端所架的桁条采用敲交做法，以架设戗角的上端。横梁以上均采用正贴做法。搭角梁的位置，须经计算或放样后确定，使横梁与边廊桁的距离与内四界前后的廊深相等。次间拔落翼的其他做法，均与上述第一种做法相同。

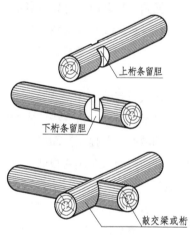

图 1-2-5　敲交做法示意图

四、攒尖顶建筑的木架构造

在苏州园林中，攒尖顶多用于亭阁类建筑，其木架多数采用搭角梁做法，只是在灯芯木的支撑上有所变化，有的采用老戗木支撑，有的采用横梁作支撑。

攒尖顶木架的具体做法，本书"苏州园林的亭"一章中有详尽介绍，此处便不再重复。

五、戗角做法

歇山顶与攒尖顶屋面的转角处，其合角称为戗角（北方称翼角），戗角的构造过程，称为发戗。由木作和瓦作共同来完成，木结构的发戗有两种做法，一为嫩戗发戗，一为水戗发戗。

水戗发戗较为简单，只有老戗（老角梁），没有嫩戗（仔角梁），木构件本身不起翘，戗角起翘，全由瓦作向上翘起的小脊来完成，因此，其外观相对平缓。瓦作向上翘起的小脊，又称水戗，故称"水戗发戗"。

嫩戗发戗的构造则较为复杂，在老戗下端斜立嫩戗，故戗角的起翘较大，戗角两侧也须随之升起，使屋面檐口形成一条由内向外、从低到高的双向弧线。其构造主要由下列木构件组成：老戗、嫩戗、菱角木、扁担木、弯里口木、摔网椽、立脚飞椽、弯遮檐板、孩儿木、千斤销、戗山木等。

对于上述构件的尺寸、规格与做法，作者在《图解〈营造法原〉做法》一书中，以图解的方式，作了详细解读，读者如有兴趣，可参见该书原文。

嫩戗发戗是江南古建筑特有的一种结构形式，也是木作工程的重点与难点之一，其中构件众多，安装过程复杂，而且安装结束后，很多构件已经被隐蔽，难见全貌。为使读者能对该部分的构造与做法有所了解，现将嫩戗发戗的安装过程按下列操作步骤介绍如下：

（一）安装之前的组装

戗角安装可在房屋的直挺椽子安装完成后进行，也可在安装之前进行，但以前者为多，因为戗角安装需以靠近戗角的第一根出檐椽子为基准。

戗角安装之前，可先将老戗、嫩戗、菱角木、扁担木以及孩儿木、千斤销等相关构件组合安装在一起，以减少安装时高空作业的工作量，提高工作效率。另外，预先安装时，还可统一嫩戗与老戗的相交角度以及嫩戗的起翘高度等，使之相互之间进行比对，也可减少安装误差，提高工程质量。

嫩戗与老戗的相交角度，宜在130°～122°之间，具体角度须按房屋的提栈而定，一般情况是老戗、嫩戗和水平线所成的两个锐角大致相等，这是因为老戗与水平线所成的角度是根据房屋的坡度（即提栈）而形成的。当房屋坡度确定后，也就确定了戗角起翘的高低，若是房屋坡度较陡，而戗角起翘很低，或者房屋坡度较缓，而戗角起翘很高，都容易使人产生一种生硬的感觉。

二戗相交，嫩戗连于老戗，称坐势，嫩戗面距老戗头缩进三寸，戗端做平面。在老戗面上开槽，称檐瓦槽，以便安装嫩戗。檐瓦槽之长度、宽度均同嫩戗根，槽外深5分，内深1.5寸，以嫩戗之斜势而开凿。将嫩戗嵌入老戗之内，使两者镶合牢固，不易松动。

老戗与嫩戗之间，为安装牢固，须设菱角木及扁担木。菱角木的作用主要是固定老戗与嫩戗间的角度，同时也可承受戗角上的一部分压力。扁担木主要是在老戗与嫩戗之间，起到拉结与加固的作用，防止嫩戗向外倾覆、松动，同时其高度又起着垫高的作用，使嫩戗与老戗间形成的曲势更加顺适，有利于戗角构件的安装。

扁担木与菱角木，二木相加的高度（即拼高高度）不应低于嫩戗水平高度的2/3。菱角木与扁担木的宽度为嫩戗戗头宽度的七至八折。

扁担木与嫩戗上端，为连接牢固，须贯以木条拉结，并用拔紧销将其拔紧拉实。其外端露于嫩戗之外，称为孩儿木。

孩儿木为四方棱形，一般按菱形放置，其对角宽度为嫩戗宽度的1/5左右，其对角长度是其对角宽度的1～1.2倍，孩儿木之上角与猢狲面下尖嘴的距离是其对角长度的1～1.5倍，视嫩戗的规格大小而定。

在老戗底部，垂直向上，穿过嫩戗中心线、菱角木、扁担木，贯以硬木制成的木销，称千斤销，其上部也须设拔紧销，用千斤销将老戗、嫩戗、菱角木、扁担木等构件紧密地连接在一起，使之共同受力，由此更加坚固，不易松动。

千斤销露于老戗之外的部分，须施以雕饰，雕饰的花样有多种，常见的有荷花式、花篮式等，雕饰的高度为其宽度的1.5倍。

以上便是老戗、嫩戗、菱角木、扁担木等构件组装的传统做法。

现在，施工时，对上述之传统做法作了改进，老戗、嫩戗、菱角木、扁担木之间的连接加固，都以对穿螺栓来代替。对穿螺栓须设三道，一道在原孩儿木的安装部位，一道在原千斤销的安装部位，另一道则在靠近扁担木之后端。底部所开的栓孔，可分别安装孩儿木、千斤销作掩饰，而后端的栓孔，因为安装在与廊桁相交处，并不外露，可不作处理。

老、嫩戗之间组装的两种做法，详见图1-2-6。

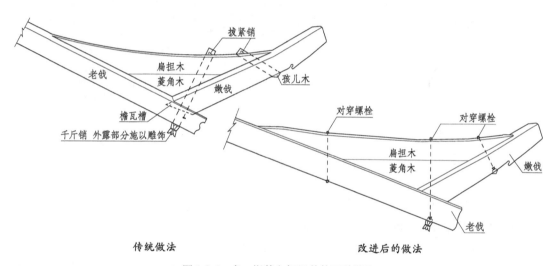

传统做法　　　　　　　　　　改进后的做法

图1-2-6　老、嫩戗之间组装的两种做法

（二）老戗安装

老戗的安装，根据建筑形式的不同，其上端（即戗尾）有两种不同的做法。

1. 歇山建筑老戗的安装

歇山建筑的老戗，其下端安装于两侧廊桁相交处，而上端则安装于两侧步桁相交处，两侧相交的桁条须按敲交做法。

在上下两处敲交桁条的面上，弹出斜角中线，作为老戗的安装中线。根据老戗的宽度，在斜角中线两侧分出老戗的外皮边线。将老戗斜搁在上下两桁的交角中，先校正老戗的下出叉势，以确定老戗的伸出长度，再将老戗中心线对正斜角中线，并使其底部呈水平状，用凿子在桁侧沿老戗底划出一条平线，按老戗的外边皮线，用凿子挖凿桁条上表面，凿出一条宽同老戗、前深后浅的斜面，斜面应与所安装的老戗底面平行，使老戗能平稳地坐放于转角桁中。

注意：老戗下端安装，不能挖凿老戗底部，因老戗下端伸出，属悬挑构件，底部挖凿，不利于其受力。

老戗上部（即老戗尾）与步桁相交时，也按同样方法处理，所不同的是，此时不能挖凿桁条，而须在老戗尾部凿刻出前低后高的椀形，使之趴于步桁之上，高出桁条面约 1～1.5 倍的椽厚，使之与两侧出檐椽的高度相同。为使在内四界看不到戗尾，戗尾只能略过桁中，不能过长。若戗尾后角过高，可适当将其砍平，以免影响上界椽子的安装。

歇山建筑老戗的安装，详见图 1-2-7。

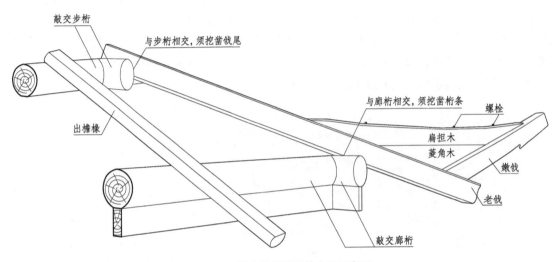

图 1-2-7　歇山建筑的老戗安装示意图

2. 攒尖建筑及重檐歇山的下檐戗角的安装

攒尖建筑及重檐歇山的下檐戗角，其老戗的安装，下端也是安装于敲交的转角桁中，做法与上述做法相同，但其上端安装于灯芯木或上层转角柱之上，是与柱的连接。

以攒尖亭为例，试述其上端的具体做法。在攒尖亭中，不论其是四角、六角或是八角，所有老戗均向上汇合，与灯芯木相交连接。老戗尾部与灯芯木相交时，在灯芯木上开眼做卯，而在老戗尾部做榫，两者相交，采用榫卯连接。

具体做法是：在灯芯木安装完毕并经检测确认无误后，在灯芯木之中心点钉上钉子。由钉子处分别拉线与转角檐桁之交角中线相连，并将其标记在灯芯木上，作为所开榫眼的中线。榫眼底部的高度，根据老戗的实际提栈而定。榫眼的宽度，一般按老戗尾部宽度的 1/4，若是多角亭，则榫宽可酌减，以免开刻过多，影响灯芯木之强度。榫眼的高度，按老戗尾部与灯芯木斜交时的高度。老戗尾部所做的榫头断面，须与榫眼相配，榫长以不影响其他榫头的安装为宜，与灯芯木相交处须按吞肩做法。

安装时，将老戗斜搁在转角桁中，其中心线对准榫眼，将老戗徐徐敲入榫眼之中，并使老戗的伸出长度达到要求，待所有老戗安装完毕后，再用铁件进行加固。

详见图 1-2-8。

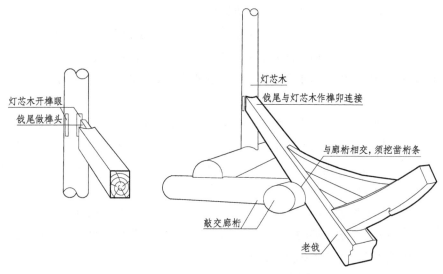

灯芯木开榫眼
戗尾做榫头

灯芯木
戗尾与灯芯木作榫卯连接

与廊桁相交, 须挖凿桁条

敲交廊桁

老戗

图 1-2-8　攒尖亭建筑的老戗安装示意图

老戗安装结束后, 为防止其向外倾覆, 或向下脱落, 应该采取加固措施, 根据建筑形式的不同, 可以分为以下两种:

1. 对于攒尖顶, 采取的措施是先用扁铁做一个抱箍, 抱箍的内径应稍大于灯芯木的外径, 在其外围焊数根条状的铁板, 铁板的多少视戗角的多少而定, 铁抱箍与铁板上须打孔, 以便铁钉或木螺栓插入。

2. 对于歇山顶, 因老戗的后端是搁置在两根敲交桁条的交角中, 其加固措施是加强老戗后端与桁条的连接, 具体做法有两种: 一是采用螺栓加固, 一是采用铁制的蚂蟥搭加固, 其中蚂蟥搭加固是较为传统的做法。

（三）戗山木、弯里口木的安装

老戗及嫩戗安装完成后, 须对其进行吊线检查, 重点是检查嫩戗上部中线与老戗端头中线以及角柱中线, 看三条中线是否重合在同一直线上。因为老戗与嫩戗组合安装后, 其高度很高, 稍有偏差, 嫩戗上部便会向左右倾斜, 此时必须对其进行校正调直。

经检查并确认无误后, 方可用铁钉、蚂蟥搭或螺栓对老戗与转角桁条作上下固定。此时可在老戗两侧的转角廊桁之上安装戗山木, 戗山木的作用有二: 一是使所安装的老戗进一步固定, 使其底部更加稳固; 二是能将摔网椽, 自步柱中心起, 逐根填高, 使其椽面至老戗处, 与老戗面相平。

戗山木之立面呈三角形, 高的一面与老戗相交, 低于老戗面一根椽子的高度, 并按老戗底部形状, 挖出斜面托实贴紧, 配好戗山木后, 老戗被进一步加固稳定。

戗山木的长度可过直挺摔网椽约一档椽豁, 其底部宽度可略小于廊桁。戗山木安装于廊桁之上, 为安装牢固, 与廊桁相交, 须做芦壳, 使其紧伏于桁条面, 并用铁钉与桁条作连接。戗山木的上背应做成浑圆, 或于其两侧倒出大圆角。在摔网椽安装时, 其上背可开设椽椀。

戗山木安装完毕后, 即可做摔网椽安装的准备工作。摔网椽安装之前, 须安装已经配制好的弯里口木，而安装弯里口木，则须先安装直挺摔网椽。

所谓直挺摔网椽，就是在放样时，其椽中线与老戗相交的那根出檐椽，因其上端与老戗相交处须削去一半后方能与老戗相交，故也属摔网椽，被称为直挺摔网椽。

因为直挺摔网椽的椽中线与步桁处戗边的交点是戗角放样的基准点，因此也应是戗角安装的基准点。

直挺摔网椽安装时，先将椽中线对准基准点，其下端与廊桁相交时，应呈垂直状，并与已经安装的出檐椽保持平行。在与戗山木相交处，须刻出椽椀，使其平服地安装于廊桁上。

将配制好的弯里口木一端架于直挺摔网椽端部之上，并接通正屋的直挺里口木，另一端架于老戗边，并左右抱住嫩戗，须缩进嫩戗的外边缘约3分。

弯里口木按照摔网椽的椽距，开设口子以架立脚飞椽。其作用是从直挺摔网椽起，由内向外、由低往高逐渐向嫩戗边过渡的一种构件，因此，该构件的形状，平面呈弯形，立面呈齿状并逐渐升高，故被称为弯里口木或高里口木。

戗山木与弯里口木的安装，详见图1-2-9。

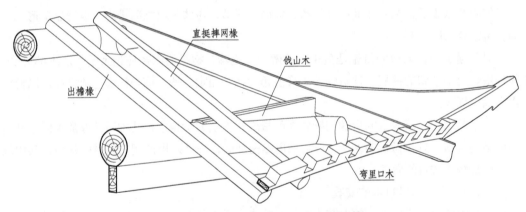

图1-2-9　戗山木与弯里口木的安装示意图

（四）摔网椽的安装

弯里口木安装好以后，便可进行摔网椽的装配。

在老戗两边，以出檐椽之上端中线与步桁处戗边的交点为基准点，各往老戗方向，下端逐根加长，成曲线与老戗相齐，成摔网状，称为摔网椽。

摔网椽按老戗中线，对称铺设，每面椽数成单，最少5根，多至13根。摔网椽自步柱中心起，逐根以戗山木填高，至老戗边缘处，与老戗面相平。

摔网椽的装配，须从紧靠着老戗边的第一根开始，然后逐根进行，使每根摔网椽的椽尾紧靠，每根摔网椽的椽尾呈尖状，至老戗边的基准点处汇聚成一点。

安装时，摔网椽的椽头要对准弯里口木上所开的口子中线，注意：要使弯里口木的口子中线对准椽子断面的中，而不是椽面的中。

如按椽面中，会造成立脚飞椽安装时，立脚飞椽与摔网椽不垂直。从正面看，会感觉偏斜，从而影响戗角的安装质量。

摔网椽的前端椽面要与弯里口木底部平合，每根摔网椽的尾端，在相交处，其斜面应相互平合，不能有较大的空隙。椽尾与椽尾之间，圆形椽底要刨成橘瓣形状相交，若有高低不平，可用推刨进行修正，使之大小适当，呈伞状逐渐向下散放。

在与戗山木相交时，如觉戗山木过高，可在戗山木上适当凿出椽椀，使椽子与弯里口木底部相平。

摔网椽每配好一根，就须与老戗、戗山木和弯里口木用铁钉钉牢固定，其中与老戗固定时，钉子数量不得少于两枚，而在戗山木与弯里口木处，一枚即可，但不得漏钉。

待摔网椽安装结束后，即可将椽子端部伸出弯里口木以外的多余部分锯去。锯截时须注意：一是要从靠近弯里口木的一边，呈90°方向往另一边锯截，而不是随着里口木，将伸出部分全部锯去；二是要根据椽面，呈90°方向往下锯截，而不是按水平的垂直方向往下锯截。摔网椽的安装，详见图1-2-10。

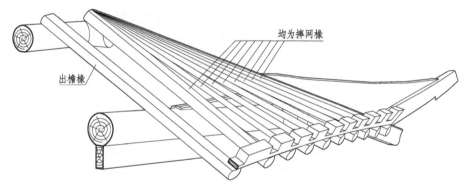

均为摔网椽

出檐椽

图1-2-10　摔网椽的安装示意图

（五）立脚飞椽的安装

摔网椽安装完成后，须在其上面铺钉厚约2厘米的木板，称摔网板，板底部须刨光，板之上部无须刨光，毛面即可。摔网板自戗边起，至直挺摔网椽的中线止，留一半用以安装望砖，因摔网椽之尾部紧靠，摔网板钉到椽间无空隙处即可。在摔网板上，以摔网椽的交汇中心与弯里口木中心为连线，弹出摔网线，作为立脚飞椽后尾安装的依据。

因戗角部位的飞椽随着摔网椽，亦作摔网状而逐根立起，成曲线与嫩戗相齐，故将该部位的飞椽称为立脚飞椽。

立脚飞椽与摔网椽的关系，就如同直挺飞椽与出檐椽、嫩戗与老戗的关系一样。因为有了立脚飞椽的逐渐升起和向外叉出，所以从直挺飞椽端部起，到嫩戗端部止，形成了一条由内向外、从低到高呈双向弯曲的屋面檐口线。

因为立脚飞椽是随着摔网椽斜向往上伸出并逐根升高，故立角飞椽的截面形式为平行四边形，其斜度同所在弯里口木的口子斜面。

立脚飞椽的正立面，其宽度上下相同，所在弯里口木口子间的垂直距离，均与直挺飞椽的宽度一样。立脚飞椽的侧立面为上小下大,其小头的厚(即平面四边形的高)同直挺飞椽的厚;其大头的厚,从直挺飞椽起,按直挺飞椽厚,逐根增加,直至靠嫩戗边的第一根的厚度达到嫩戗厚的六至七折。

立角飞椽的长度,因每一根均不相同,须按放样确定。按传统做法是靠嫩戗边的第一根立脚飞椽的立起高度须比嫩戗收短 4 寸左右,以后逐根收短 1 ~ 1.5 寸。

在安装立脚飞椽之前,为使其安装时有所依靠,先安装弯眠檐,弯眠檐就是从直挺飞椽到嫩戗间的眠檐,设在立脚飞椽端部,因其外形呈双向弯曲,故称弯眠檐。其平面弯曲度按弯里口木的弯曲度,其立面弯曲度控制在嫩戗垂直高度的 1/5 ~ 1/4。弯眠檐的断面尺寸同直挺眠檐,为便于其弯曲,通常做法是按厚度将其开成两片或三片来进行安装。

要使建筑上的每座戗两边弯曲度均对称,其进出、高低都一致,因此弯眠檐的制作与安装的准确性与统一性十分重要。为了能够使弯度统一,可将所有弯眠檐锯成相同弯度的弯板,以控制其平面弯曲度;而在同一部位,将弯眠檐压下相同的高度,并用木条作临时固定,以控制其立面弯曲度。

立脚飞椽的安装,一般应从靠嫩戗边的第一根开始,可先把立脚飞椽的下端放入弯里口木所开的口子之内,根据口子坐面的斜势,做出同样角度的斜底,使立脚飞椽能垂直平稳地坐落于弯里口木的口子之内,并使其前端的上平面与弯眠檐的底平面相平合,其后尾中线对正摔网线,经检查无误后即可将其钉牢固定,若有误差,可用推刨作修正。

由于越靠近嫩戗的立脚飞椽的立起高度越高,与摔网椽的相交角度也就越大,因此该部位的立脚飞椽只需坐于弯里口木的口子之内,故其长度配到弯里口木底部即可,但在其下端必须设捺脚木来固定。捺脚木的作用和位于老、嫩戗之间的菱角木所起的作用一样。捺脚木的高度、长度与斜势,需按该部位的锥形曲面来确定。该部位立脚飞椽的数量,约占立脚飞椽总数的 1/2 或 1/3 左右,视戗角的实际情况而定。其余的立脚飞椽,因其立起高度较为平缓,故可一体做成,但其后尾长度不宜短于伸出长度的 1.5 倍。

立脚飞椽的安装,详见图 1-2-11。

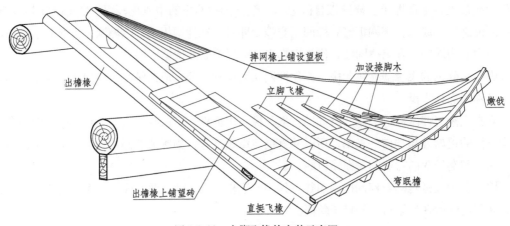

图 1-2-11 立脚飞椽的安装示意图

（六）弯遮檐板的安装

嫩戗的上端，因两旁有遮檐板相合，故需锯成尖角，所锯尖角称为合角。嫩戗端部所做形似猢狲面之斜角，即称猢狲面。嫩戗面与猢狲面所成的斜角，为55°24′，即55.41°，该角度也可用作图法求得。

具体做法是：在距嫩戗顶部10厘米处，于嫩戗中心线上做一垂直线，垂直线长度为14.5厘米，连接两端点，即成一直角三角形，该直角三角形的斜边与嫩戗中心线所形成的角度为55.41°。

弯遮檐板以嫩戗的猢狲面中心线对称设置，设在弯眠檐的外方，其弯度与曲度均同弯眠檐。

遮檐板又称封檐板，也有称风沿板的，其断面尺寸，按传统口诀称："亭阁高在五六寸，厅堂须高六七寸，庙宇殿庭八九寸，厚约寸至寸二分。"

立脚飞椽安装完成后，接下来的工序便是"扫檐"。扫檐是为钉弯遮檐板所做的准备工作，具体做法是沿着弯眠檐板的外侧将立脚飞椽的外露部分锯去。要注意的是，在锯截时须按屋面的斜坡，呈90°方向往下锯截，锯截至嫩戗头处略有领直；领直的原因是锯截至嫩戗端头中线处，截面须垂直，不能过中线，以便不影响嫩戗另一侧的扫檐工作。

檐口扫过之后，要做到曲势与角度都感觉匀顺，因为这关系到弯遮檐板安装的好坏，俗话说："若要檐口封板好，弯檐椽头须来凑。"

遮檐板的安装方法有两种：一是从中间开始到戗头处收头，二是从戗角处开始至中间收头。

遮檐板的长度可以拼接，其接头处须用榫接，以免露缝，一般采用企口榫或斜角榫。拼缝的角度一般为斜方搭接或直接平撞。

遮檐板最后合拢的方法有三种：上插入法、绷入法、续接法。

上插入法一般用于中间收头，如攒尖亭之类的建筑，在两边弯遮檐板安装完成后，将中间一块依实际长度略放长少许，由上敲入，接缝要稍有斜度，使其越往下越紧。

绷入法亦用于中间段的收头，但一般用于歇山类的建筑，因其水平段的遮檐板较长，本身需要拼接，在最后一块安装时，可将其适当放长并向外绷弯，待两端榫头插入后，去掉绷劲使其伸直，由此达到两端紧密连接的目的。

续接法常用于戗角处的收头，即遮檐板合角处的最后一块。

遮檐板安装的技术要点：

1）遮檐板的安装角度，不是与水平面垂直，而是与屋面斜坡呈90°，俗称"顺滚倒"。

2）遮檐板一定要与飞椽钉紧，其上口与眠檐条相平，弯遮檐板若弯曲有困难，可在其背面适当开几条锯缝，以利于其弯曲，使其与立脚飞椽紧密相接。

3）遮檐板之间的接头须用榫接。遮檐板与飞椽采用铁钉连接，但须用钉冲把钉帽冲进板面2～3毫米，钉帽须经过防锈处理。

4）弯遮檐板的端部也须做猢狲面，其位置约在嫩戗猢狲面以下1寸许，目的是使雨水不易淋及嫩戗，从而起到对戗角的保护作用。

5）嫩戗以及两侧弯遮檐板的交角要经过吊线检验，其相交线须与戗角中心线相重合，若有不符，须作修正，否则将与上部瓦作戗角不协调，从而影响建筑的立面效果。

6）安装好的遮檐板要曲势弯顺、接头平齐，做到戗角两侧对称、建筑左右对称。猢狲面的交角处须倒棱，所有遮檐板的底口亦要倒棱，倒棱即用推刨将其棱角稍微刨去些许，刨成宽约2～3毫米的小圆弧，俗称倒"三板棱"。

弯遮檐板的安装，详见图1-2-12。

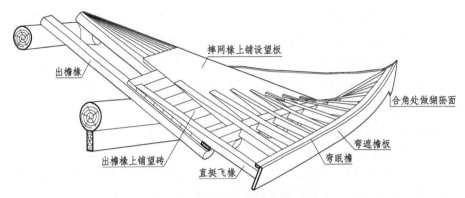

图1-2-12　弯遮檐板的安装示意图

（七）卷戗板的安装

与在直挺飞椽上铺设望砖一样，在立脚飞椽的上面也须铺设望板，使嫩戗至直挺飞椽间形成一个曲度与该屋面檐口线相同的锥形曲面，因此该望板被称为卷戗板。

在配钉卷戗板之前，须对弯里口木的上部以及立脚飞椽的上背部进行修正，使其相平，使钉好的卷戗板底面与立脚飞椽平合而不出现空隙。

卷戗板用的都是较狭的薄板，其厚度为半寸，一面须刨光。用其狭薄是为了便于卷曲，达到板底与立脚飞椽完全平合的目的。也有做工较为讲究的戗角，为取其整齐，板的宽度与望砖宽度相同。

卷戗板之间的拼缝须紧密，板头的接缝要错开，不要位于同一根椽子之上，以利于共同受力，钉子的位置要正确，尽量钉在椽子居中，不能偏钉、空钉与漏钉。

卷戗板的安装，详见图1-2-13。

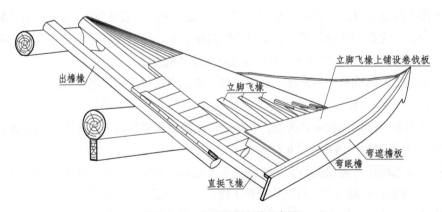

图1-2-13　卷戗板的安装示意图

（八）鳖壳板的安装

立脚飞椽越靠近嫩戗，其立起高度也越高，因此，在该处所钉的卷戗板是往相反方向倾斜的，于是就形成了一个积水的洼地，而且老戗与嫩戗的上背部由于菱角木与扁担木的抬高，也与两侧的摔网板及卷戗板之间存在一个高度差。

为解决这个问题，沿着木戗角的中心线，在其两侧对称地搭设鳖壳板实有必要。鳖壳板的作用：一是使戗角部位与屋面檐口连接，两者之间有个过渡，避免出现积水现象。二是使屋面的弧线更流畅。

鳖壳板属屋面的草架部分，其用材的要求不太高，一般利用一些杉木的边皮料或其他不规则的边材，但仍以杉木边皮为佳，因其质轻、耐腐。鳖壳板无须刨光，毛板即可，板与板之间须留约 1 厘米左右的缝隙，因为毛糙的板面与适当的缝隙有利于铺设屋面时砂浆与板的连接。

鳖壳板的板厚为 2 厘米左右，没有严格的要求，若其板较薄，或板的跨度较大，可在其下方加设木龙骨。龙骨的两端，一端搭在扁担木上，一端须搭在立脚飞椽的上方，千万不能搭在卷戗板的空当处，因为此处板薄，是不能承受较大压力的，同样的道理，鳖壳板的接头也不能压在该处。

另外，在搭设鳖壳板时，要认真检查板面与檐口连接的坡度，中间部位宁可向下多弯一点，千万不能做平或向上拱起，否则会给瓦作施工带来很大麻烦。因为此处的屋面铺设须带点下弯的弧度，若是低了，稍加砂浆即可调整，若是高了，调整就很麻烦，除非满铺砂浆，无端地浪费材料，增加荷重，实在是得不偿失。因此，工匠间流传的俗谚"软鳖壳，硬山头"也是很有道理的。

鳖壳板的搭设，详见图 1-2-14。

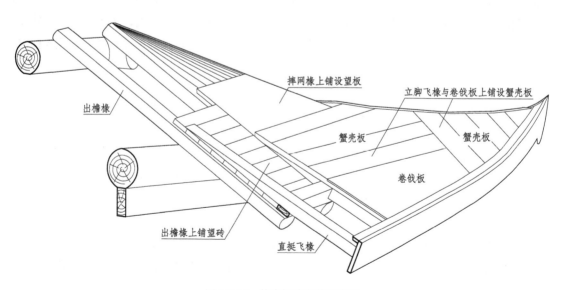

图 1-2-14　鳖壳板的安装示意图

第三节 园林建筑的屋顶构造

中国古建筑中最具特色的部位是屋顶，其外观多呈曲线或曲面，造型多变，或庄重，或轻盈，历来为中外建筑界所推崇。

屋顶除有单檐与重檐之区分外，在苏州园林中，主要有硬山、歇山、攒尖顶等三种。其构造除采用不同形式的梁架及桁椽等木构架外，其余则由铺瓦筑脊等瓦作工艺来完成。

一、屋顶构造的组成

屋顶构造，主要有屋面、屋脊、竖带（北方称垂脊）、戗脊等部分所组成。根据屋顶形式的不同，其组成部分也不同。

现将各式屋顶的主要组成部分分述如下：

（一）硬山

硬山的屋顶构造，由前后两坡屋面组成，以作排水之用，屋面与两侧山墙相平，前后屋面相交处筑屋脊。普通的硬山就由两坡屋面及一条屋脊所组成。

（二）歇山

歇山的屋顶结构，屋面共有四坡，左右两坡称为落翼，山墙缩进建造，位于落翼后端，除屋脊外，另于两侧山墙之上，前后各筑竖带（垂脊）一条，共计四条，再加上四条戗脊，因此歇山屋顶共有四坡九脊。

（三）攒尖顶

攒尖顶的屋面形式，常见的有四角顶、六角顶、八角顶与圆顶。除圆顶外，攒尖顶一般由屋面、戗脊、宝顶三部分所组成。攒尖顶的角上筑戗脊，故也称戗角，角与角之间的屋面称为翼，翼的多少由角的数量来决定，即四角亭有四个戗角，其屋面分成四翼，上覆宝顶。以此类推，六角亭有六个戗角、六翼屋面及一座宝顶。圆顶也属攒尖顶，但圆顶没有戗脊，故圆顶仅由屋面与宝顶所组成。

二、屋面

屋面铺设的主要材料有大瓦、小瓦与筒瓦，与其配套的分别是滴水瓦、花边瓦与勾头瓦。以上材料统称瓦件。

将瓦仰置相叠、连接成沟者，称底瓦，覆于两底瓦上者称盖瓦。底瓦须用大瓦，盖瓦则用小瓦。为便于流水，底瓦须大头向上，盖瓦则大头向下。底瓦于檐口处置滴水瓦，盖瓦则置花边瓦。

屋面的盖瓦若不用小瓦而用筒瓦，则于檐口处置勾头瓦，详见图1-3-1。

盖瓦用小瓦之屋面，称小青瓦屋面；盖瓦用筒瓦铺设，则称筒瓦屋面。在苏州园林中，以小青瓦屋面为多。

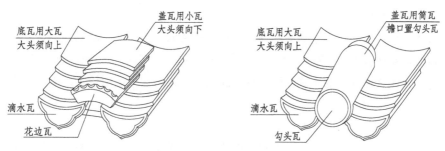

图 1-3-1 屋面瓦件用途示意图

三、脊

(一) 正脊

前后屋面合角于脊桁之上,合角处筑攀脊,于攀脊之上筑屋脊,称为正脊。正脊是为防止漏水而设置的一种屋面构造,既有实用功能,又有装饰功能。正脊一般由三部分组成,即脊头、脊身、脊座 (即攀脊),见图 1-3-2。

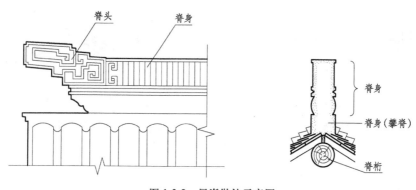

图 1-3-2 屋脊做法示意图

正脊的形式,根据其脊身材料及安装形式的不同,可分为以下三种:

1)将瓦斜向平铺于攀脊之上者,称游脊。游脊因其太过简陋,不宜用于正房,仅用于附房或简易的围墙顶。

2)凡将瓦竖立紧排于攀脊或滚筒瓦条之上,瓦顶做盖头灰者,统称筑脊。筑脊的两端饰有脊头,根据脊头形式的不同,筑脊有甘蔗脊、雌毛脊、纹头脊、哺鸡脊等多种名称。

苏州园林中的硬山厅堂,若采用正脊做法,以筑脊形式为多,脊的两端以纹头或哺鸡作装饰,显得庄重大方。

3)滚筒瓦条之上用砖瓦叠砌,脊顶采用盖筒者,称花筒脊。花筒脊有亮、暗花筒之分,花筒脊的高度较高,至少在 60 厘米及以上,根据瓦条的多少而定。苏州园林的花筒脊多为五瓦条,两端再配以鱼龙吻或立式纹头作装饰,显得庄重威严;非主要建筑,一般不用。

花筒脊的实例,苏州园林较少,仅有少数主体建筑用之,如拙政园的远香堂、狮子林的门厅,脊的两端是鱼龙吻,再如拙政园的玉兰堂、怡园的藕香榭,脊的两端是立式纹头。

（二）黄瓜环脊（回顶）

房屋若是回顶，屋面合角处则不用攀脊，直接用黄瓜环瓦代之，该瓦因弓似黄瓜形，故称黄瓜环。黄瓜环瓦亦有盖、底之分，分别覆于盖、底瓦之上，故前后屋面相合处成凹凸起伏之状，称黄瓜环脊。采用黄瓜环脊的建筑，外观轻盈简洁，苏州园林中运用较多，榭舫、曲廊、歇山厅堂、歇山亭阁等多用之。

（三）竖带（垂脊）

屋面两端，位于山墙之上，依屋面斜坡而筑，垂直于屋脊的脊称为竖带。竖带上端与正脊相交，下至廊桁上方，设花篮座为收头。竖带下端若不设花篮，则于戗根处与戗相交，沿戗而下，下端翘起兜转呈弧线状，而成水戗。

（四）环包脊

歇山屋面，若采用黄瓜环脊，因其前后竖带相连环通，顶做圆形，故该竖带又称"环包脊"。环包脊的下端一般不做花篮，而与戗脊相交。

环包脊做法的歇山屋顶立面，详见图1-3-3。

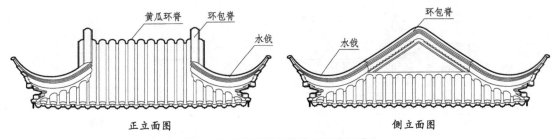

图1-3-3　环包脊做法的歇山屋顶立面图

（五）戗脊

两坡屋面相交，在其转角处，为防止漏水，上筑逐渐向上翘起的小脊，称戗脊。戗脊也称水戗，具有实用与装饰的双重作用。

戗脊根据其下部木构造的不同分为水戗发戗与嫩戗发戗两种，通常前者较为平缓，而后者则较为陡峭，可根据建筑形式与周边环境分别选用。

详见图1-3-4、图1-3-5。

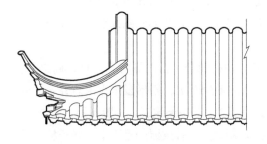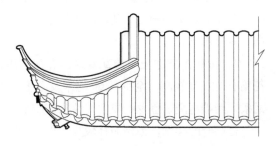

图1-3-4　发戗形式之一（水戗发戗）　　　　图1-3-5　发戗形式之二（嫩戗发戗）

第四节　园林建筑的台基及地面构造

一、台基

古建筑的四周，均需设置台基（《营造法原》称之为阶台），台基是建筑物基础的露明部分，台基通常为石结构，由各类石构件组成。

台基的构造是在基础以上露出地面部位做土衬石，其外侧砌筑侧塘石，侧塘石之下方须埋入地下3～4寸，以免日后遭雨水冲刷而露脚。若台基较高，侧塘石可分为数皮砌筑，但每皮高度须相等，皮数多少，根据台基高度而定，上皮与下皮之间的侧塘石须错缝砌筑。

侧塘石上方铺设锁口石，称为台口，台口与室内地坪相平。开间方向的锁口石称阶沿石，若其长度与开间尺寸相等，则称尽间阶沿石，进深方向的就称锁口石。锁口石的宽须按两侧山墙的墙厚而定，因台口的四边尺寸须略大于建筑物之外围尺寸，一般每边须放出2～3寸。

厅堂的台基，高出室外至少1尺(30厘米)以上。为方便上下，正间就须设置石级，称为阶沿。

正间的阶沿称正阶沿石，以下石级便称副阶沿石，或称踏步。踏步两旁各置一块三角石，该石称菱角石，菱角石宽同踏步。踏步每级高5寸或4.5寸（15～12厘米），其宽为高的两倍（一般为30厘米）。

正阶沿（尽间阶沿）的宽，自台口至廊柱中心，以1尺至1尺6寸为标准（一般为30厘米、35厘米、40厘米），视建筑的出檐长短以及天井的深浅而定。

为避免雨水溅入室内，第一级副阶沿石应缩进屋面出檐滴水线2寸。

厅堂阶台中的石构件名称见图1-4-1。

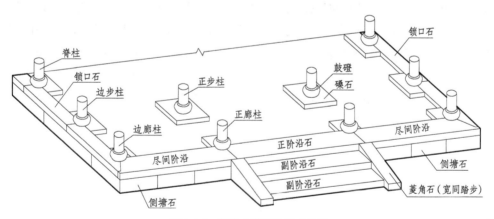

图1-4-1　厅堂台基石构件名称图

二、鼓磴与磉石

台基之中，还有一类重要构件，便是鼓磴与磉石。

古建筑以木结构承重，木柱之下常设鼓磴（北方称柱础），鼓磴多为石制，其作用有二：一是提高木柱的防潮能力，二是具有一定的装饰功能，因为木柱底部设有鼓磴的建筑物显得稳重且大气。

鼓磴外形，随其所承木柱的断面而定，有方也有圆，但以圆形为多，因其形似鼓状，而被称为鼓磴。有些厅堂的鼓磴，表面施以浅雕，所雕花纹简繁不一，视装饰的精美程度而定，而普通鼓磴仅需做平凿光即可。

圆形鼓磴，高度按柱径的七折，其顶面按柱径四周放出走水，走水尺寸为柱径的1/10，另于鼓磴高的7/10处放出胖势，胖势尺寸按柱径的2/10，鼓磴底面可按柱径或略大于柱径，但须小于鼓磴顶面。

方形鼓磴，其外形也是上大下小，中间加胖势。其高度、走水、胖势之尺寸比例均与圆形鼓磴相同，分别按柱宽的7/10、1/10、2/10。不过，方形鼓磴的棱角处常以木角线为装饰。两种鼓磴的外形，详见图1-4-2。

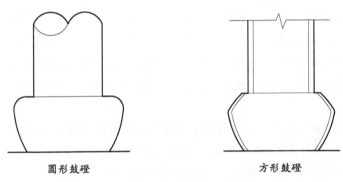

圆形鼓磴　　　　　　　　　方形鼓磴

图1-4-2　鼓磴外形

鼓磴承于方石之上，承鼓磴的方石，称为磉石。磉石宽按鼓磴面或径的三倍。磉石之面与阶沿石面相平。磉石厚度一般与阶沿石厚度相同，也可略小，但不能小于12厘米。磉石的宽，除按鼓磴面宽的三倍计算外，一般取整数，如40厘米×40厘米、50厘米×50厘米、60厘米×60厘米等。

磉石按其所在位置的不同，其形状有所不同，故名称也不相同，有全磉、半磉及角磉。半磉尺寸为全磉的一半，角磉尺寸为半磉的一半，见图1-4-3。

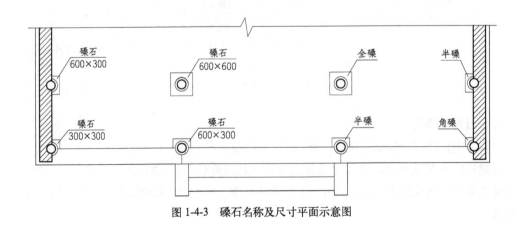

图1-4-3　磉石名称及尺寸平面示意图

若两侧山墙之下的锁口石的宽度未达到柱中位置，该处的礅石便不能用半礅，而须将礅石尺寸放大至锁口石的内侧或外侧。放大至内侧者，称边游礅石，放大至外侧者，称出头礅石，见图1-4-4。

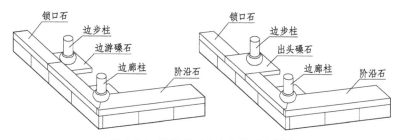

图1-4-4　边游礅石及出头礅石示意图

三、地面构造

苏州园林中的室内铺地，多用方砖。铺地所用方砖的规格视建筑规模的大小而定。一般来讲，厅堂铺地，多用40厘米×40厘米的方砖，而廊、亭、榭、舫等园林建筑可用30厘米×30厘米或35厘米×35厘米的方砖。

方砖铺地的地面构造分为四部分：①地基层；②基础垫层；③结合层；④方砖面层。

方砖铺地，因在室内，故传统的方砖地面构造较为简单。地基层将回填土作夯实处理即可，但回填土须随填随夯，按《营造法原》所述，传统标准：浮土1尺，夯打结实，仅为3寸。回填土也可掺部分碎砖瓦屑在内，夯实后，其高为八折。夯打结实与否，均可以此标准作为参考。

基础垫层多用三七灰土，拌匀后夯实，夯实后的垫层厚约10～15厘米。

方砖铺设，结合层以河砂为佳，厚约3～5厘米。结合层也可掺部分白灰，使铺设后的方砖不易返潮。

方砖之间，拼缝镶以油灰，油灰为桐油与白灰的混合物，经反复捶打后，极具黏性，而干透后的强度又极高，是常用的传统黏结材料。

方砖铺地的地面构造，详见图1-4-5：

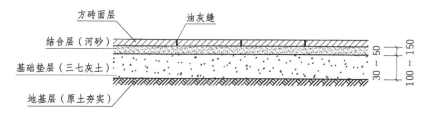

图1-4-5　方砖铺地的地面构造剖面图

方砖要坐中铺设，即方砖中线与房屋中线相一致，房屋前面的方砖要整块，不是整块的方砖（俗称找接）铺在房屋两侧及后面。

第五节　园林建筑的装修

园林建筑的装修，形式多样，制作精美，具有实用与观赏的双重功能，分外檐装修与内檐装修两大类。外檐装修指的是建筑外围的各式门窗以及挂落、栏杆等，而内檐装修指的是建筑内部的各式门窗、纱隔（又名纱窗）和罩。

一、外檐装修

用于园林建筑外围的装修，主要有长窗、地坪窗、半窗、横风窗、和合窗以及各式景窗等。现将其做法分述如下：

（一）长窗

长窗为通长落地，布置于房屋的正间，或全部开间。长窗的构造，以木材相合为框，竖者名边挺，或称窗挺，横者称为横头料。

框内以横头料分作五部，上端横头料之间镶板为上夹堂，其下为内心仔，以小木料纵横搭成花纹，其沿边挺及横头料四周之木条称边条，中间之木条则称心仔。心仔后装玻璃用以采光。其下为中夹堂。再下为裙板，裙板较夹堂板为高。再下为下夹堂。凡夹堂及裙板皆可刻以花纹，简单者雕方框，华丽者常雕如意等装饰。长窗之夹堂及裙板常以通长之木板钉于窗挺之中间。工作精细之窗，内外式样起线相同，内心仔及各部俱双层。

长窗之各分部名称详见图 1-5-1。

长窗之宽，以开间之宽除去抱柱，一般平均分为六扇，也可分为四扇或八扇，视房屋的开间大小而定。

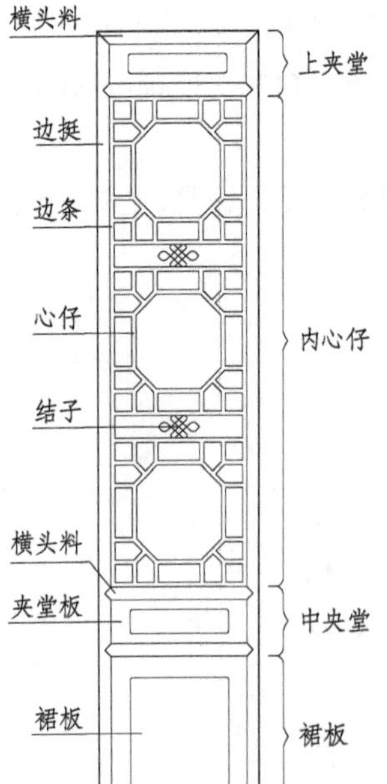

长窗之高，自枋底至地面，除去上槛高，以四六分派。其中，自中夹堂之上横头料起，至地面连下槛，占 4/10。该横头料以上，直至窗顶，占 6/10。

窗的内心仔做法，分宫式、葵式、整纹、乱纹四种，现就其不同之处，作一解读：

1. 宫式

宫式做法较为简单，其基本特征是图案之线条都呈平直形状，由直线条组成，构图简洁，落落大方。

2. 葵式

葵式做法是一种较为复杂的制作方法，其基本特征是构件之末端带有弯钩，或是图案线条并非全由平直线条组成，因此构图自由，选择题材余地较大，是一种被广泛采用的加工手法。

3. 整纹

整纹是一种复杂的加工手法，图案复杂，局部构件带弓形，构件末端或工字撑有弯钩，空间设雕花结子或珠子之类作装饰。此种做法工艺要求高，耗工大，但构件感觉精细、典雅，非装修

图 1-5-1　长窗之各分部名称图

横头料
边挺
边条
心仔
结子
横头料
夹堂板
裙板
横头料

上夹堂
内心仔
中央堂
裙板
下堂板

精美之建筑不用。

4. 乱纹

乱纹是一种更为复杂的加工手法，其基本特征与整纹相似，但其构件有粗细之分，因此工艺要求更高，耗工也更大，非技术精湛之工匠而不能为。

各式长窗的立面，详见图 1-5-2、图 1-5-3。

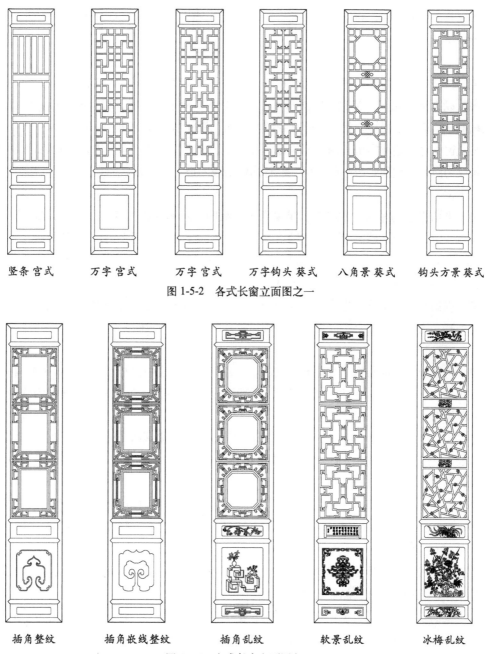

| 竖条宫式 | 万字宫式 | 万字宫式 | 万字钩头葵式 | 八角景葵式 | 钩头方景葵式 |

图 1-5-2　各式长窗立面图之一

| 插角整纹 | 插角嵌线整纹 | 插角乱纹 | 软景乱纹 | 冰梅乱纹 |

图 1-5-3　各式长窗立面图之二

长窗的安装有内开与外开之分，安装于廊柱一列为外开，为防止雨水进入室内，窗的心仔应朝内，玻璃装在外侧，窗的中夹堂以下，应加装外裙板，且长于窗扇 2～3 厘米。安装于步柱一列时，窗扇为内开，心仔应朝外。

（二）短窗

若将长窗中之裙板与下夹堂两者去掉，余者即为短窗，故短窗共由上夹堂、内心仔、下夹堂（即长窗之中夹堂）三部分组成。

在《营造法原》中，将安装于栏杆捺槛之上的短窗称为地坪窗，而将安装于半墙之上的短窗称为半窗。

1. 地坪窗

装于栏杆之上的短窗，称地坪窗。用于大厅两边次间廊柱之间，其式样构造须与正间长窗之中夹堂以上部分相同，其宽常以次间开间均分为六。窗下装捺槛，槛上安下槛，代替门臼，以纳摇梗，捺槛下装栏杆，栏杆及窗之花纹均向内，栏杆以外装雨挞板，以避风雨。

与长窗一样，地坪窗也分内开与外开两种，安装于步柱间者，即为内开。安装时，栏杆及窗之花纹均向外，玻璃装于心仔内侧，栏杆内侧所设木板，称裙板。

2. 半窗

装于半墙之上的短窗，称半窗。半窗常用于次间、厢房过道及亭阁之柱间。窗下砌半墙，上设下槛，以装半窗。墙高根据其安装位置而定，若装于次间，因半窗须与正间长窗之中夹堂以上部分相通，故墙高砌至半窗下槛底；若装于厢房过道及亭阁，墙高约 1.5 尺，上设坐槛，复可凭坐，用于亭阁者，其外可装吴王靠。

半窗根据其安装位置，也有内开与外开之分，装于两步柱之间者为内开，而装于两廊柱之间者为外开。通常内开窗之半墙墙厚为半砖，外开窗之墙厚为一砖。

（三）横风窗

位于房屋步柱处的长窗，如觉长窗过高，可在其上面加设中槛与横风窗。横风窗由两根边挺及上下横头料相合组成，中间为内心仔，装于上槛与中槛之间，通常根据开间均分为三扇，中间隔以短栿。

横风窗之宽，为同一开间中所装长窗之宽的两倍（但须扣除半个短栿看面宽），其高按长窗之高的 1.5/10，成扁方形。横风窗内心仔之花纹，须与长窗基本相同，一般是参照长窗花纹，作横向设置。

横风窗为固定窗扇，不作开启，但其上下及两边之槛栿仍须刨出铲口，以便安装，其固定方式为于横头料上做两个短榫，与上槛所开之榫眼连接，而其下方则以木销方式与中槛连接。

（四）和合窗

和合窗之式样较为特殊，因其开启方式与众不同，系向上旋开，异于上述各窗，常装于次间步柱之间，或用于亭阁、船舫等建筑。

装于次间步柱之间时，窗下装栏杆，后钉裙板，栏杆花纹则向外。栏杆之上为捺槛，槛面与长窗中夹堂底相平。捺槛以上与上槛或中槛之间，装以和合窗，一间三排，以中栿分隔之。每排三扇，上下二窗固定，中间开启，以摘钩支撑之。

装于亭阁或船舫时，其排数及扇数均不拘，但为两扇时，则上窗固定，下窗向上开启。

和合窗之窗扇呈扁方形，两边为边挺，上下用横头料，内为内心仔。内心仔之花纹随长窗而异。

（五）栏杆

栏杆有高矮两种。低者称半栏，高1.5尺至2尺2寸，常装于走廊两柱之间，以作围护。若于其上设坐槛，坐槛厚3寸，宽5寸余，可备坐息之用。高者称栏杆，其上为捺槛，装于地坪窗、和合窗之下，以代半墙，其高以长窗高度及捺槛地位而定，一般为3尺左右。栏杆若装于楼厅上层，用作廊柱间的围护时，其高则须4尺，见图1-5-4、图1-5-5。

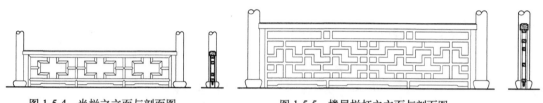

图 1-5-4　半栏之立面与剖面图　　　　图 1-5-5　楼层栏杆之立面与剖面图

栏杆由以下部分组成，两边垂直者，称脚料，通长横档上下共三道，自上而下，分别称盖挺、二料、下料。盖挺与二料之间称夹堂，二料与下料之间称总宕，下料以下称为下脚。夹堂就长度配装短撑或花结，总宕则以木条配成花纹。下脚则常分为三段，立小脚，其间镶嵌木板称芽头，或略施雕花。

栏杆之各分部名称，详见图1-5-6。

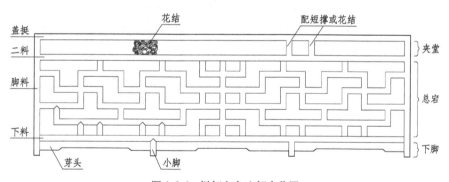

图 1-5-6　栏杆之各分部名称图

栏杆式样不一，其常见者有万川、一根藤、整纹、乱纹、回纹等多种式样，也可由设计人员随宜设计，以合乎美观为宜。栏杆线脚仅有浑面、亚面、木角三式，取其简洁大方。

（六）吴王靠

吴王靠，北方称鹅颈椅，因靠背弯曲似鹅颈而得名，多用于临水的亭榭、楼阁中。

吴王靠之构造与栏杆相似，由木料相合成框而成。其中两侧竖向木料称箍头，三根通长横向木料分别称盖挺、中挺、下挺，盖挺与中挺之间设短撑或花结；中挺与下挺之间为心仔；下挺以下设短脚，短脚之间为芽板。

吴王靠高度在 1 尺 6 寸至 1 尺 8 寸之间（约 45 ~ 50 厘米），为便于凭坐时倚靠，吴王靠之心仔部分须做成双曲线之弧形，并向外倾斜，倾斜度为其高度的 1/3。

吴王靠之各部名称、分部尺寸及用料断面，以高度为 45 厘米的吴王靠为例，详见图 1-5-7。

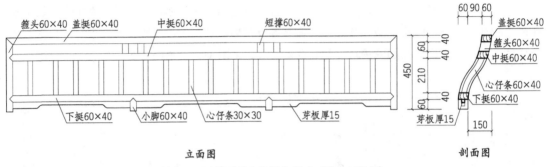

立面图　　　　　　剖面图

图 1-5-7　吴王靠之构造与尺寸（单位：毫米）

吴王靠之式样，以竖心仔居多，这是因为吴王靠之剖面呈双曲线之弧形，横向心仔加工复杂，耗工较大，故除装修精美之建筑外，较少采用。

（七）挂落、插角

1. 挂落

挂落是悬装于廊柱间枋子之下的装饰物，由木条相搭而成。

挂落的构造以三边作边框，边框之内做心仔，心仔式样以万川居多，藤茎、软景、冰纹和其他式样并不多见。与长窗一样，挂落的做法也有宫式与葵式之分，而两边框下端的脚头，其做法也随之有所区别，葵式者应做钩子脚头，宫式者应做花篮脚头。

两种做法的万川挂落，见图 1-5-8、图 1-5-9。

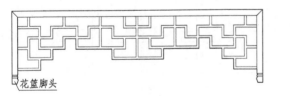

图 1-5-8　宫式万川挂落

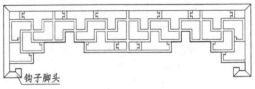

图 1-5-9　葵式万川挂落

2. 插角

与挂落具有同样装饰功能的构件是插角，插角又称挂芽、花牙子。插角形式小巧，安装于开间的两端，常用于圆亭、扇亭等弧形建筑上，一些檐高较低的走廊也常以插角来代替挂落。插角的制作方法大致有两种，一种是由整块木板雕镂而成，另一种是采用榫卯结构拼接而成。

以下为几则插角图例，见图 1-5-10。

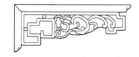 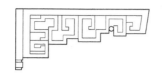  

图 1-5-10　插角图例

二、内檐装修

用于建筑内部的装修，称内檐装修，其作用是划分建筑内部的空间，用以区别其不同的使用和活动范围，其特点是布置灵活，式样多变。

内檐装修大致可分为屏门、纱隔、罩等数种，现分述如下：

（一）屏门

位于厅堂后步柱间之一列，或鸳鸯厅正间脊柱处的通长门扇，称屏门。

屏门以六扇为一宕，正间屏门一般不作开启，但可拆脱。两侧边间的屏门，除居中两扇供人员出入外，其余也不开启，但关闭时可用短门闩作暂时固定。

屏门按其做法之不同，可分为直拼门与框档门两种。

直拼屏门多用于鸳鸯厅之正间，因其两面可作雕刻，或书或画，供人欣赏。

框档屏门较为轻便，用于厅堂步柱处较多，框档屏门多为白色，称白膳门。苏州园林中不乏此类做法，网师园中的万卷堂、艺圃中的东莱草堂，都是如此。由于屏门的使用，使厅堂内部显得更高敞、更气派。

（二）纱隔

纱隔（又名纱窗），外观和做法与长窗相似，但比长窗更精细，多为双起面、夹心仔做法，以便两面观赏。纱隔通常不设内心仔，以雕花镶边替代之，往往在心仔部位裱糊书画，以示高雅。镶边做法亦有多种形式，或做成茶壶档形，周边起阳线，或四周镶回纹装饰，称插角，或在四周连雕花结子。也有在框内镶冰纹彩色玻璃的，四周镶花结，前后可睹，亦颇雅洁。纱隔格式，妙在轻巧秀丽，故其夹堂和裙板多雕花卉，或雕案头供物，甚至有用黄杨雕刻镶嵌。结子插角，亦有用黄杨、银杏木雕刻，雕之佳者，生动秀丽，苏州园林有不少实例。

纱隔之安装分两种，一为整宕排列，二为纱隔之间装置挂落或飞罩，供人员出入。整宕排列者，一宕多为六扇，安装于上、下槛之间，安装方法与外檐长窗相同。在纱隔之间安装挂落或飞罩者，则于纱隔底部设短槛，槛做凹凸起线，称为须弥座。须弥座底部用铁闲游固定于方砖或地板上。如因房屋较高而觉纱隔过长时，其上亦可设中槛与横风窗，横风窗之式样须与纱隔相协调。

若厅堂为三间，纱隔之安装，其正间多为整宕排列，而次间则在纱隔之间安装挂落或飞罩，以便出入，详见图 1-5-11。

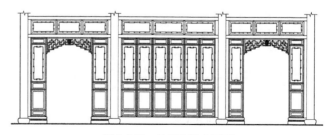

图 1-5-11　纱隔安装立面图

（三）罩

罩有飞罩、落地罩、挂落飞罩三种。

飞罩和挂落相似，但两端下端如拱门，用于室内，安装在柱间或纱隔之间。若是飞罩两端及地，内缘做方、圆、八角等形状，安装在柱间，落于须弥座上，则称为落地罩，或称地罩。挂落飞罩和飞罩形式相似，但两端下垂比飞罩为短。

罩的做法有两种：一是与挂落做法相似，三边作框（若是落地罩，则其内缘亦须做框），框内做心仔，心仔为榫卯连接，花纹亦分宫式、葵式、整纹与乱纹。另一种是以整块或两三块木料雕镂而成，其花纹多采用鹊梅、藤茎、花卉等，也有采用"岁寒三友"等大型题材的，则多为落地罩。

内檐装修属于精细装修，而罩便是其中的重点，不可等闲视之。罩的大小、形式一般视空间的大小以及装修的华丽程度而决定。用于雕刻的木料，应选用银杏、花梨等优质木材，便于罩的雕镂和拼接。

罩之精品，往往是制作精良，雕刻精美，拼接精细，构图自由且富有变化，或小巧玲珑，或雍容华贵，能与建筑相适应。

飞罩、挂落飞罩的安装与挂落相同，落地罩安装于上槛之下，两侧与抱柱连接，底部落坐于须弥座上，须弥座则与地面相固定。

罩是内檐装修中的重点，具有通行与装饰的双重作用。罩在内檐装修中的运用，可以使室内空间变得有分隔、有层次，从而区别性质不同的使用空间。如鸳鸯厅的做法便是如此，厅内脊柱落地，在正间脊柱间设纱隔或屏门，而在左右脊柱间设落地罩或纱隔飞罩，将厅堂分成南北两个部分，并根据季节的不同，区别使用，南半部宜用于冬春，而北半部宜用于夏秋。罩在鸳鸯厅中的运用，苏州园林中有多个佳例，如留园的林泉耆硕之馆、怡园的藕香榭、狮子林的燕誉堂等，均为十分成功的作品。

罩若用于厅堂轩步柱或后步柱处，其正间多为落地罩，而两侧则为飞罩或纱隔飞罩，见图1-5-12所示。

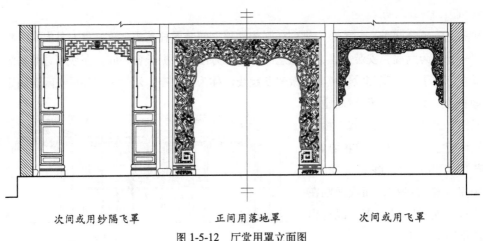

次间或用纱隔飞罩　　　　　正间用落地罩　　　　　次间或用飞罩

图 1-5-12　厅堂用罩立面图

第二章　苏州园林的厅堂

园林布局，立基以厅堂为主，方向随意，但以南为宜，重点在于取景。厅堂多位于园内适中地点，或周围绕以墙垣廊屋，前后构成庭院，栽花植树，叠石堆景，大小不拘；或于堂前设临水平台，面对水池与假山，山上可建亭、池畔宜设榭，与之互为对景。因此，厅堂既是园林风景构图的中心，又是园林建筑的主体与人们活动的主要场所。

厅与堂的区分，在于内四界的用料，用扁方料者谓之厅，用圆料者称为堂。因为厅与堂均为园林内进行各种活动的主要场所，其功能基本相同，故人们常将其合称为厅堂。

厅堂的檐口较高，进深较深，内四界前均设轩，面宽三至五间不等，内部装修精美，家具陈设华丽。

一般规定，厅堂的面宽，其次间宽按正间宽的 8/10，进深通常为七界，由前廊轩、内四界、后双步共三部分组成。厅堂的檐高按次间面宽，若有牌科，则牌科高度另加。但园林建筑不受以上规定的限制，而是根据环境、造型的需要，灵活运用，因此给园林建筑的形式带来了不少的变化。

第一节　厅堂的名称与分类

一、厅堂的名称

厅堂，根据其使用功能、所处地位及周围环境，有以下几种不同的名称：

（一）门厅

门厅，旧时称门第，以往所谓显贵之第以及庙观多用之，现在已作为园林的主要入口，如狮子林、网师园与艺圃等园林，均是如此。

门厅进深四界，前后做双步，宽一间或三间，正间脊桁之下装有大门，以供出入。门厅大门多为将军门，将军门为旧时大门形式之一种，门之上方为额枋，额枋前面用阀阅以置匾额，门之两旁木框用料较大，对称设置，称门当户对，其下置砷石，威严显赫，非显贵之家，不能用之。

（二）大厅

大厅是园林建筑的主体，面阔三间、五间不等，其结构，昔日富有之家，俱用扁作；小康之家，则用圆堂。面临庭院的一面，于柱间安置连续长窗，两侧山墙则可开窗，窗数不拘，用以通风采光，如留园的"五峰仙馆"。

（三）四面厅

歇山式厅堂，其四周绕以廊轩，廊柱间多在檐枋下悬以挂落，下设半栏坐槛，可供坐憩之用。厅堂前后均于步柱间装窗，正间装长窗，次间装短窗或和合窗，若是在边间两旁，其边贴处不砌筑山墙而是安装窗扇者，则称为四面厅。四面厅的作用是便于四面观景，如拙政园的"远香堂"和沧浪亭的"面水轩"。

（四）鸳鸯厅

鸳鸯厅的进深较大，平面略作方形。厅内脊柱落地，在正间脊柱间设纱隔或屏门，而边间则设落地罩或纱隔飞罩，将厅堂分成南北两个部分，并根据季节的不同区别使用，南半部宜用于冬春，而北半部宜用于夏秋。厅之梁架一面用扁作，一面用圆料，装修、陈设也各不相同，故称为鸳鸯厅。如留园的"林泉耆硕之馆"和狮子林的"燕誉堂"。

（五）荷花厅

荷花厅，为临水建筑，多于临水一面设置宽广平台，便于观赏水景，尤以夏日观荷为佳。如留园的"涵碧山房"、怡园的"藕香榭"。

（六）花篮厅

花篮厅的开间均较小，一般做法是将普通两间的尺寸匀作三间，俗称破二作三，进深亦较浅，以减轻屋面重量。梁架用扁作或贡式，但不用圆料。正间步柱不落地，代以短柱，柱上雕花，名花篮柱。上悬有草架梁，用铁环连接，柱端多雕花篮，可内插花枝，建筑实例有狮子林的"水壑风来"。

（七）花厅

花厅，环境安静，常与主要景区隔离，自成院落，厅的前面都有小庭院，虽无山池之胜，但几株花木，散点石峰，也堪构成小景，如拙政园的玉兰堂。

（八）对照厅

若两厅之正间相对，且式样相似，则称之为对照厅，如艺圃的香草居与南斋。

二、厅堂的分类

厅堂根据贴式构造的不同，可分为下列数式：

（一）扁作厅

凡厅堂的梁架，均用扁方料制成，称为扁作厅，其进深可分为三部分，即轩、内四界、后双步，规模大一点的扁作厅在轩之外再做廊轩（图2-1-1）。

（二）圆堂

圆堂的贴式与构造，进深也分为三部分，即前轩、内四界、后双步。在内四界与后双步的用料上，圆堂用的是圆料，扁作厅则用方料。另外，有的扁作厅在轩之外再做廊轩，而圆堂则一般仅做廊轩。但不论圆堂还是扁作厅，轩的用料都是方料（图2-1-2）。

（三）回顶

凡是将厅堂的内四界部分做成深五界的，称五界回顶；若是深三界的，则称三界回顶。回顶中间的一界，称为顶界，顶界的椽子用弯椽，其余用直椽，形如船篷。弯椽之上设枕头木，其上为糙脊桁与鳖壳板，以便铺瓦筑脊，回顶筑脊多用黄瓜环脊，外观轻盈简洁。回顶的梁架结构，扁作与圆作均可，见图2-1-3、图2-1-4。

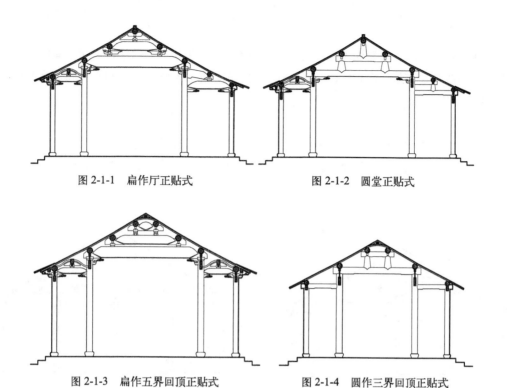

图 2-1-1　扁作厅正贴式　　　　　　　图 2-1-2　圆堂正贴式

图 2-1-3　扁作五界回顶正贴式　　　　图 2-1-4　圆作三界回顶正贴式

（四）贡式厅

结构中除了柱用圆柱外，其余如大梁、山界梁、川等构件都用扁方料，通过下挖上弯的加工手段，使构件弯曲成软带形状，而做法与形式却与圆料做法相同，这种形式的厅便称为贡式厅（图 2-1-5）。

（五）花篮厅

厅之正贴，其前步柱不落地，或前后步柱均不落地，而代之以短柱。柱悬挂于通长步枋之上，或于草界内再设大料，称草搁梁，悬挂铁环与步枋相连，以辅步枋受力之不足。因短柱端部雕有花篮，故称花篮柱，而厅亦随之称为花篮厅。花篮厅可采用多种贴式，但不用圆料（图 2-1-6）。

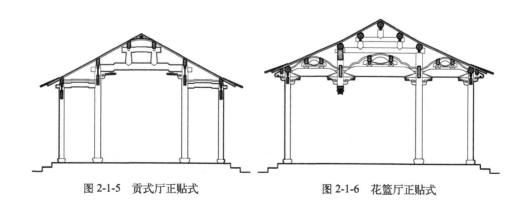

图 2-1-5　贡式厅正贴式　　　　　　　图 2-1-6　花篮厅正贴式

（六）鸳鸯厅

鸳鸯厅进深较深，以脊柱为界，前后地盘布置对称，但用料与做法，一面用扁作，一面用圆料，亦有少数建筑是一面扁作，一面贡式。因其前后布置对称，做法却不相同，故名鸳鸯厅（图2-1-7）。

（七）满轩

厅之贴式，由数轩连成者，称为满轩。轩与轩之间，以柱予以分隔。轩数不拘，设三轩或设四轩均可。轩梁相连，高低随宜，但都用草架。轩之深度，均在3米左右，所用轩式，多为船篷轩与鹤胫轩（图2-1-8）。

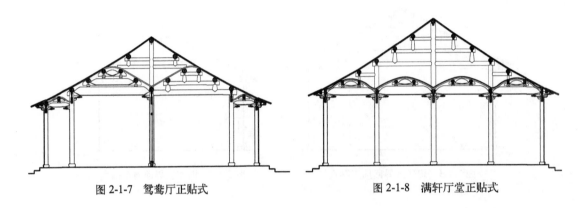

图 2-1-7　鸳鸯厅正贴式　　　　　　　　图 2-1-8　满轩厅堂正贴式

第二节　厅堂的构架

一、扁作厅

扁作厅的贴式及构造，其进深可分为三部分，即轩、内四界、后双步，规模大一点的扁作厅在轩之外再做廊轩。扁作厅的轩、内四界及后双步，其梁架都用扁方料，故名扁作（图2-2-1）。

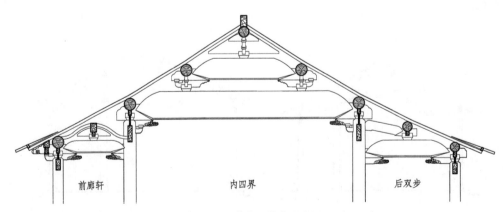

前廊轩　　　　　　　内四界　　　　　　　后双步

图 2-2-1　扁作厅结构示意图

（一）内四界的结构

扁作厅的内四界，其结构主要由以下构件组成：两步柱的上端各置坐斗一座，坐斗之上所架的四界大梁简称大梁。大梁之上设五七式一斗三升牌科两座，牌科之上架山界梁，山界梁之背上设置五七式一斗六升（或一斗三升）牌科一座，上承脊机及脊桁。牌科两旁所捧的山尖状木板，称山雾云，栱端脊桁两旁所置木板则称抱梁云。

内四界各主要构件的名称及安装部位，详见图2-2-2。

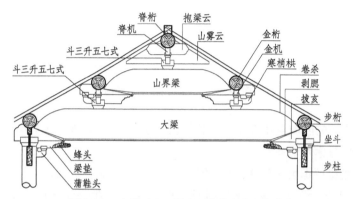

图2-2-2　扁作厅内四界主要构件名称示意图

现根据图2-2-2，从下至上，将各主要构件的做法叙述如下：

1. 坐斗做法

扁作大梁搁置在两步柱上端之坐斗上，坐斗为五七式。斗底见方，宽同柱顶之宽，两边各出1寸，高5寸。按进深方向在上斗腰部位开斗口，供大梁搁置之用，斗口宽度同大梁端部宽度。柱顶中央留1寸见方、高1寸的榫头，斗底中央凿1寸见方、深1寸的榫眼，称斗桩榫，见图2-2-3。

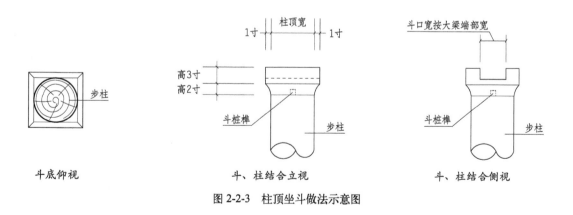

图2-2-3　柱顶坐斗做法示意图

2. 大梁做法

大梁做扁方形，其高为厚的二倍，以圆木锯方拼高，拼高可实叠，也可虚拼，但以虚拼为多。虚拼做法是：于梁的两边，用木板将其拼高，板的厚度为梁身的 1/5，中空部位应于斗底处用实木填实。虚拼的大梁，见图 2-2-4。

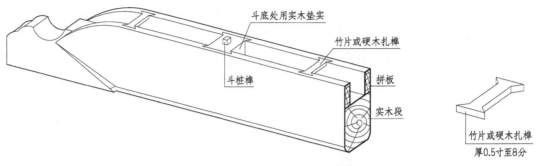

图 2-2-4　大梁虚拼做法示意图

梁背两端，自桁的内侧半寸与机面线相交之处起，向上作圆弧，至界深的一半处与梁背直线相连，该圆弧部分称为卷杀。

梁端前后各按梁厚锯去 1/5，成斜三角形，其斜弦上端起自机面处，与卷杀相连，下端至梁底离桁中心半界处，谓之拔亥，又称剥腮（见图 2-2-5 中阴影部分）。拔亥的厚度为梁本身厚度的 3/5，目的是便于大梁的搁置安装。

在拔亥与大梁本身相交处，依斜线边缘，逐渐向上作圆势，斜线下端，界深的一半处即拔亥之起点，称为腮嘴。梁底自腮嘴以外逐渐向上挖去半寸，谓之挖底。挖底后的梁底缘也须向上作圆势，并与拔亥边缘的圆势相交，见图 2-2-5。

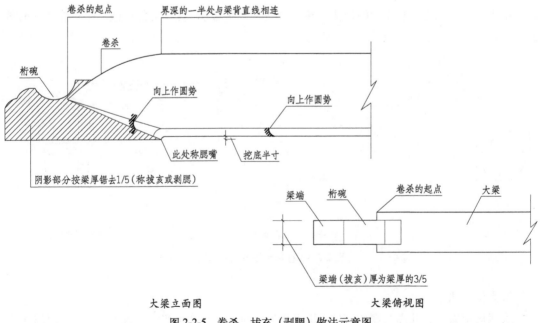

大梁立面图　　　　　　　　　　大梁俯视图

图 2-2-5　卷杀、拔亥（剥腮）做法示意图

大梁之梁端伸出桁外的长度自8寸至1尺，其高度按照圆料锯方。为了大梁安装牢固，梁端之下垫有梁垫，梁垫与柱或坐斗相连，长及腮嘴，宽同拔亥，高同五七式栱料。梁垫一般做如意卷纹，若将梁垫加长，加长的长度等于梁垫高度，在加长部分雕刻花饰，所雕花饰则称蜂头。

有时为了增加梁端搁置的稳固，在梁垫之下，再安装蒲鞋头。蒲鞋头的高厚同梁垫，其长至柱中心线为9寸，上端架升，做法与斗栱的栱料相同，但因是连于柱而不是架于斗口，且亮栱部位是实栱，故将其称为蒲鞋头，详见图2-2-6、图2-2-7。

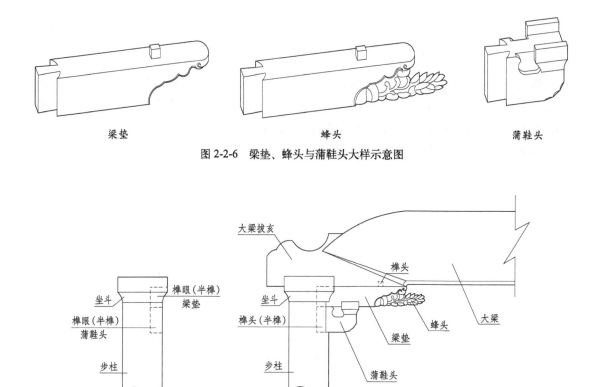

梁垫　　　　　　　　　蜂头　　　　　　　　蒲鞋头

图2-2-6　梁垫、蜂头与蒲鞋头大样示意图

图2-2-7　梁垫与蒲鞋头安装示意图

3. 山界梁的做法

大梁之上架山界梁，山界梁的高、厚均按大梁之高、厚的八折，其卷杀、拔亥及挖底等做法均与大梁相同。

山界梁的梁端之下垫梁垫，但不做蜂头，梁垫的另一端做栱，称寒梢栱。梁垫与寒梢栱为同一构件，须一体做出，不得断开分做。栱架于斗，斗架于大梁之背，以斗桩榫固定之。斗的立面按五七式，但斗底之深同大梁厚，斗面之深，每面放1寸。

山界梁的梁背之上，居中设斗三升或斗六升牌科一座，视房屋的提栈高度而定，上架脊机及脊桁，具体做法详见图2-2-8。

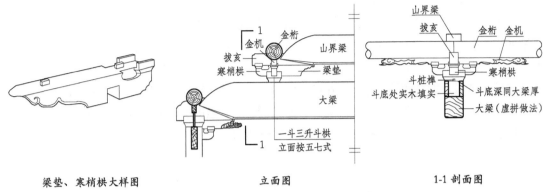

梁垫、寒梢栱大样图　　　　　立面图　　　　　1-1 剖面图

图 2-2-8　梁垫、寒梢栱、五七式斗栱的做法

牌科两旁的木板，称山雾云，山雾云厚 1.5 寸，架于斗腰。栱端脊桁两旁则置抱梁云，抱梁云厚 1 寸，长为桁径的三倍，高依山尖形状，架于升腰。山雾云及抱梁云上均施以雕刻，采用深雕手法。安装时须向外倾斜，倾斜角度按高度的 1/2。

山雾云、抱梁云的做法，详见图 2-2-9。

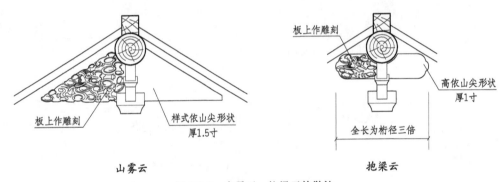

山雾云　　　　　抱梁云

图 2-2-9　山雾云、抱梁云的做法

（二）后双步的结构

厅堂内四界之后，常连两界，故筑有双步。扁作厅的双步梁断面为扁方形，高按大梁的七折，宽为高度的一半。梁底挖底 0.5 寸，剥腮与腮嘴至桁中亦以半界为度，其卷杀、拔亥等做法均同大梁。

双步的一端架于廊柱或柱头牌科之上，上架连机与廊桁，另一端连于步柱，梁底两端做梁垫蜂头。

梁背置坐斗，斗口架川，因川形似眉，又类驼峰，故称眉川或骆驼川。川之上端连于柱，下端架于斗，上端高于下端 2 寸，称捺梢。

川之挖底，上底挖 2 寸，下底去 0.5 寸，借此增加曲势。眉川之上架机，机之上为桁，该机称川机，桁即名川桁。

后双步各构件名称与安装位置，详见图 2-2-10。

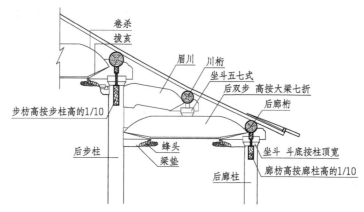

图 2-2-10　后双步各构件名称与位置

（三）前廊轩的结构

凡是厅堂，在内四界的前面均设有轩。轩的做法是在原有屋面之下设轩梁，架桁，架重椽，铺设望砖。

用于扁作厅的轩，通常为一支香轩，其用料都为扁作。轩之构造，于廊步两柱之间设轩梁，梁背之上置坐斗，斗上架轩桁，桁之左右装抱梁云，架于斗口，作为装饰。

轩梁高度，按大梁的六折半至七折。轩梁两端亦作剥腮，腮嘴起自界深的 1/4 处，梁下挖底 4 分，边缘作圆势。梁下设梁垫，可作蜂头装饰。

一支香轩分为鹤胫与菱角二式，按轩桁两旁所用弯椽的不同而区分，若椽之弯曲如鹤胫状，该轩称鹤胫轩，若其弯曲尖起如菱角状，则为菱角轩。

若出檐过多，为防其下坠，必须于出檐椽下另设梓桁承之。因此，将轩梁一端向外挑出，以架梓桁。梁端做成云头状，称云头挑梓桁。

梓桁与廊桁的水平距离通常为 8 寸，云头挑出梓桁以外，长约 8.5 寸，须缩进出檐椽头 2～3 寸，云头前端做成尖形之合角，也称蜂头，但用于边贴时，只需平头而无蜂头。

云头挑梓桁做法，详见图 2-2-11、图 2-2-12 所示。

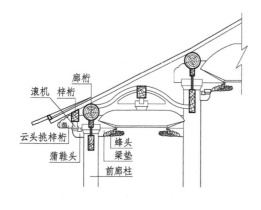

图 2-2-11　一支香轩（云头挑梓桁）立面图

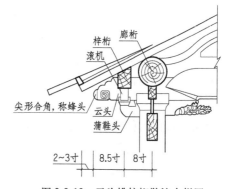

图 2-2-12　云头挑梓桁做法大样图

以上便是扁作厅中前廊轩、内四界以及后双步的基本做法，图 2-2-13 便是按上述做法所绘制的七界扁作厅正贴立面图。

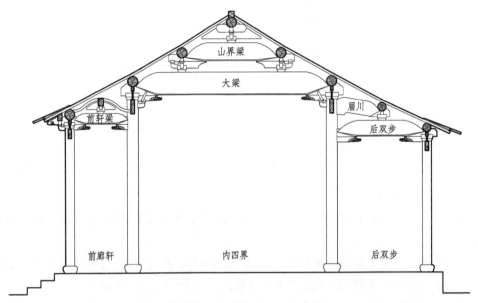

图 2-2-13　七界扁作厅正贴立面图

二、圆堂

圆堂的贴式与构造，进深也分为三部分，即前轩、内四界、后双步。在内四界与后双步的用料上，圆堂用的是圆料，扁作厅则用方料。另外，有的扁作厅在轩之外再做廊轩，而圆堂一般则仅做廊轩。但不论圆堂还是扁作厅，轩的用料都是方料。

圆堂的用料之制与做法同平房，但大梁两端也作梁垫蜂头、蒲鞋头等装饰，以增加美观。

圆堂的正贴做法：

1. 内四界的做法

圆堂的正贴，其内四界处设大梁，架于两步柱之上。大梁之上设金童柱，上架山界梁，山界梁之上置脊童。

大梁围径按内四界之深的 2/10，其梁端挑出桁外约 8 寸至 1 尺。因大梁较长，中部须向上略弯，称为拱势，拱势高度为大梁长度的 1%～1.5%。

圆堂的大梁须做挖底，自梁端半界处起挖，其深度为 4 分。为便于安装，梁的两端须做留底，留底的平面宽度为 1/3 梁宽，即柱的留胆宽度，长度至挖底起始处。挖底与留底间不能有明显的阴角，应成圆弧形。

按苏州地区的传统做法，圆作大梁的断面实际上不是一个纯圆形，而是上尖下平，中间加胖势，香山帮匠人将其形象地称为"黄鳝肚皮鲫鱼背"。

梁与柱的结合，通常采用梁箍柱做法，在梁柱结合处的内侧，梁的下方设梁垫、蜂头与蒲鞋头。

金童柱架于大梁之背，上承山界梁，故其下端直径同大梁，在两边各放胖势1寸，上端直径按山界梁。

童柱下端须做嘴尖，嘴尖须至大梁机面线或以下，但不能过大梁中线。童柱与大梁之间，须倒圆承肩，距离约为1寸，不能过高，过高则影响美观与稳定性。童柱下端须做榫头，榫宽4寸，厚2寸，深达嘴尖，大梁之背凿相同大小之榫眼，由此镶合。

山界梁的围径为大梁的八折，两端挑出桁外约8寸左右，以不影响木椽安装为宜。山界梁的断面、拱势、挖底等做法均可参照大梁。

山界梁之上为脊童，脊童下端直径为山界梁直径再加胖势，其下端做法可参照金童做法。脊童上端为脊机、脊桁。

圆堂内四界中各主要构件的名称以及安装位置，详见图2-2-14。

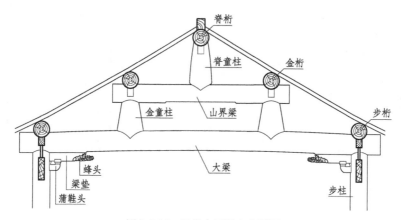

图2-2-14　圆堂内四界之立面图

2. 后双步做法

圆堂的后双步部分，均采用圆料。圆堂于内四界之后，往往连两界，设一横梁，称双步，双步之上立川童，连以川，川童之上所设桁条称为川桁。

双步围径为大梁的七折，双步底部须做挖底，其两端留底长度为1/2界深，挖底深度为4分。

双步与廊柱的连接采用梁箍柱做法，外端梁箍头的长度同双步高度。

双步与步柱的连接采用榫卯连接，具体做法是：于双步端部做榫头，榫头高为双步高，其机面线以上部分按半榫做法，以下部分按全榫做法，榫头宽为1/3双步宽，于柱之相应位置凿榫眼，榫眼高、宽、深同榫头。双步与步柱交接处按吞肩做法，梁柱安装结束后，须打销眼，安装定位销，将其固定。

川童立于双步之上，上端架川，川童下端直径按双步直径加胖势，所加胖势为金童胖势的七折，川童上端直径与川相同。川的直径为大梁的六折。

川与川童的连接也是采用梁箍柱做法，其上所设桁条称川桁，外端判官头的长度与川高相同。

川与步柱的连接可参照双步做法，川两端留底长度为1/4界深，挖底深度为4分。

3. 前轩做法

圆堂的前轩，与扁作厅一样，也用扁料，为扁作做法，可参见扁作厅做法中的相关内容。图 2-2-15 为七界圆堂正贴立面图。

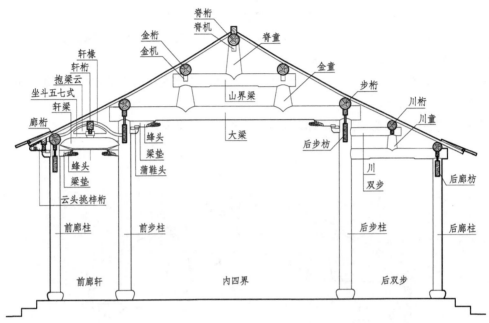

图 2-2-15　七界圆堂正贴立面图

三、回顶

凡是将厅堂的内四界部分做成深五界的，称五界回顶；若是深三界的，则称三界回顶。回顶中间的一界，称为顶界，顶界一般界深较浅，为两边界深的 3/4，但也可按三界的界深作均分。

顶界的椽子用弯椽，其余用直椽，形如船篷，显得轻巧、柔和。弯椽之上设枕头木，其上为草脊桁与鳖壳板，以便铺瓦筑脊，其屋脊多为黄瓜环脊，苏州园林用之颇多。

回顶的梁架结构，扁作与圆作均可。若是扁作，做法与扁作厅相似，其大梁长五界，大梁背上安装牌科，以架山界梁，山界梁之上所架短梁，因其梁背中部隆起作荷包状，故称荷包梁。荷包梁底的中部凿有小孔，径自一寸至寸半，下底缺口称脐。于两边梁端架桁，方圆皆可，称为脊桁，并以上脊桁与下脊桁区分之，但也可将其都称为回顶桁。

若是圆作，则于大梁之上架金童柱，上承山界梁，梁上再置脊童两只，分别称上脊童与下脊童。脊童之上所架短梁，称月梁。月梁前后架桁条两根，称回顶桁，桁间架弯椽，弯椽的上弯曲度是界深的 1/10。

回顶梁架的用料大小可依扁作及圆作方法推算，其荷包梁及月梁之围径依山界梁的八折。其余如柱、桁、枋、机等用料，均分别与扁作或圆作做法相同。

扁作回顶，其剥腮、挖底之制一如扁作厅，圆料挖底较浅，梁底用梁垫、蜂头。梁深者辅用蒲鞋头。

回顶建筑，若在五界（或三界）以外，前后均做廊轩，则以歇山式为多，其步柱间装以长窗，廊柱间悬挂落，置半栏，此式样大多用于园林。

见图2-2-16、图2-2-17。

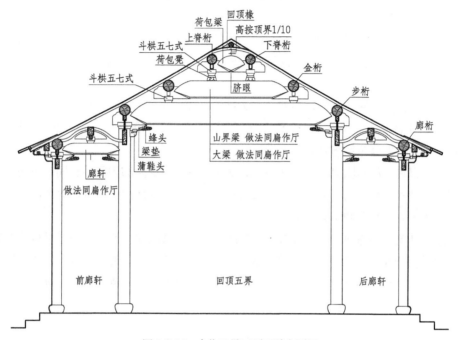

图 2-2-16　扁作五界回顶正贴立面图

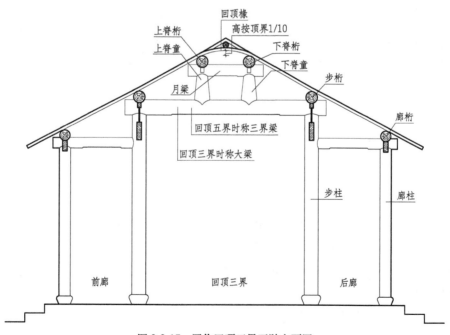

图 2-2-17　圆作回顶三界正贴立面图

四、贡式厅

结构中除了柱用圆柱外，其余如大梁、山界梁、川等构件都用扁方料，通过下挖上弯的加工手段，使构件弯曲成软带形状，而做法与形式却与圆料做法相同，这种形式的厅便称为贡式厅。

贡式厅的构造讲究精巧秀丽，因此开间一般都不大，深度也较浅，约五六界，前后做廊轩，每界深度均三四尺。轩用茶壶档轩或菱角轩的较多。轩梁做软带状，离界深 1/4 处，上弯约 1 寸。

廊轩以内，如果是深三界的，其架构方法及名称与三界回顶相似，只是大梁与月梁均用扁方料，挖曲成软带形状。大梁底挖曲约 2 寸，月梁约 0.5 寸。脊童断面成扁方形，从立面看，脊童上小下大，其宽厚分别与月梁及大梁相同。

如果廊轩以内，深是四界的，则其架构方法及名称均与圆堂的内四界相同。不同的是其大梁、山界梁、童柱等构件的用料与做法都采用贡式。不过贡式厅很少有内四界做法，因为山界梁经挖曲后再架脊童很不利于其受力。

贡式厅因其梁为扁方料，而柱为圆柱，因此其梁柱结合做法有两种，一般采取将梁架于柱的做法，梁端做榫头，柱顶开榫眼，榫宽为梁宽的 3/5。但若是大梁深度较大，为不影响大梁的承载能力，则须采用顶空榫做法，于柱顶做榫，在梁底开榫眼，称定位榫。梁柱交界处，由柱做木鱼肩，与梁齐平，见图 2-2-18。

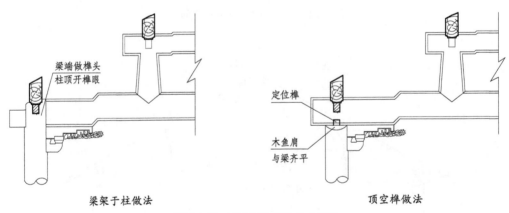

梁架于柱做法　　　　　　　　顶空榫做法

图 2-2-18　贡式厅之梁柱结合做法

贡式厅的桁与椽也为方料，梁桁转角处刨成木角线，沿梁架绕通，颇为美观。梁垫及机多数做回纹，加以流云、花枝等一类题材的雕刻。

贡式大梁的用料，参照同类型圆作大梁的用料规格，加挖曲高度，然后计其围径，去皮结方，加以挖曲。

图 2-2-19 为回顶三界的贡式厅正贴立面图。

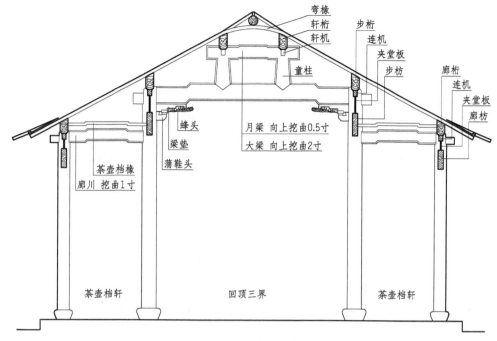

图 2-2-19　贡式厅正贴立面图

五、花篮厅

厅之正贴，其步柱不落地，代以短柱。柱悬挂于通长步枋之上，或于草界内再设草搁梁，悬挂铁环与步枋相连，以辅步枋受力之不足。因短柱端部雕有花篮，故称花篮柱，而厅亦随之称为花篮厅。花篮内雕有花枝，称插枝。

花篮厅的屋面重量，通过垂莲柱传递至步枋及草搁梁，由步枋与草搁梁受力，因此花篮厅的开间与进深都不宜过大。进深方向，其屋架常采用扁作回顶、贡式回顶或满轩等进深较浅的贴式；开间方向，则将普通两间的尺寸匀作三间，俗称破二作三，借以减少负重。

花篮厅可采用多种贴式，唯不用圆料。现将几种常见的贴式介绍如下：

其一，厅前后做轩，中部采用扁作或贡式，做三界或五界回顶，其大梁两端架于前后悬挂于步枋的垂莲柱上。

详见图 2-2-20，图示为前后做轩，中部采用贡式三界回顶的花篮厅贴式。

其二，厅作满轩，轩数为三，轩之深亦较浅。作满轩时，则于两轩之间做垂莲柱及花篮，以架轩梁，而轩梁的其他两端分别架于前廊柱及后步柱上。用满轩者，当前步柱代以垂莲柱时，其后步柱常落地，前后均做垂莲柱者甚少，因屋面过重，通长枋子及草

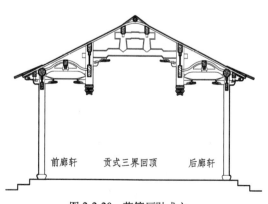

图 2-2-20　花篮厅贴式之一

搁梁将不能胜重。

图 2-2-21 所示为满轩做法之花篮厅贴式。

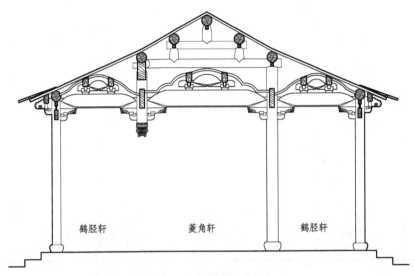

鹤胫轩　　　　　菱角轩　　　　　鹤胫轩

图 2-2-21　花篮厅贴式之二

　　其三，厅之脊柱全部落地，前后对称，步柱处均做垂莲柱花篮，与鸳鸯厅相似，唯不分以扁圆。建筑实例有木渎严家花园的贡式花篮厅。

　　垂莲柱之前，若深仅一界而负重较轻时，于柱之上端开叉，倒悬于通长步枋之上，枋架于两边贴之步柱。步枋用料，须予加大，且与步桁相连，中竖以蜀柱，填以夹堂板。垂莲柱之上端也须与步桁相连，使步桁与步枋共同受力。

　　详见图 2-2-22。

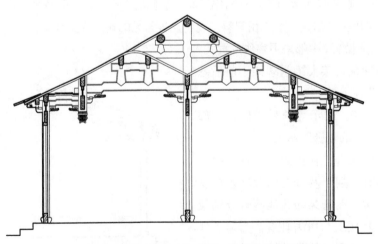

注：正间脊柱处安装隔扇，次间安装飞罩或挂落，以便出入。

图 2-2-22　花篮厅贴式之三（木渎严家花园之贡式花篮厅）

六、鸳鸯厅

鸳鸯厅进深较深，以脊柱为界，前后地盘布置对称，但用料与做法，一面用扁作，一面用圆料，亦有少数建筑是一面扁作，一面贡式。因其前后布置对称，做法却不相同，故名鸳鸯厅。

不论是正贴还是边贴，鸳鸯厅的脊柱全部落地。在其正间脊柱处设纱隔或屏门，以分隔前后。纱隔为镶以木板之长窗，木板两面均裱糊字画，颇饶风雅。在次间脊柱处，则设挂落或飞罩，以供出入。

脊柱前后，贴式不拘，做四界、五界回顶或花篮厅等均可，但其布置应前后对称，用料须分以扁圆。有的脊柱亦随前后用料之不同而半方半圆，如苏州狮子林的燕誉堂，所以又称鸳鸯厅的贴式为双造合脊。厅的前后可做廊轩，廊轩则均为扁作。

鸳鸯厅的具体做法：其露明部分按其用料，分别采用扁作做法与圆作做法。其露明部分以上，则在脊柱前后必须筑草架，铺重椽，以承屋面。因其草脊桁位于脊柱之上，故称脊上起脊，见图 2-2-23。

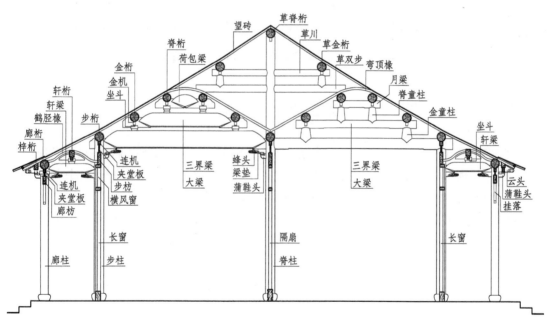

注：正间步柱处安装窗，次间安装短窗或和合窗。

图 2-2-23　鸳鸯厅正贴立面图（留园林泉耆硕之馆）

七、满轩

厅之贴式，由数轩连成者，称为满轩。轩与轩之间，以柱予以分隔。轩数不拘，三或四均可。轩梁相连，高低随宜，但都用草架。轩之深度，均在 9 ~ 10 尺左右。所用轩式，多为船篷轩与鹤胫轩。

拙政园的三十六鸳鸯馆，采用的即是满轩贴式，见图 2-2-24。

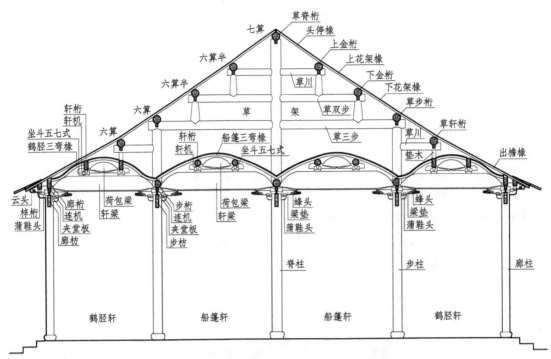

图 2-2-24　满轩正贴立面图（拙政园三十六鸳鸯馆）

第三节　厅堂的轩

轩是厅堂内的一种屋架形式，同时也是一种天花形式，天花，用现代说法，就是吊顶。所不同的是：吊顶与房屋的结合，主要采用的是"吊"，吊顶可在房屋完工后进行；而轩与房屋的结合，采用的是"架"，即轩的结构安装必须与房屋建造同步进行。

厅堂内的天花普遍用轩，具体做法是：在原有屋面之下，设轩梁，架桁，架重椽，铺设望砖，与普通屋架的做法相同。因此，自下仰视，其前后对称，表里整齐，高爽精致，与内四界浑然一体，这是苏州园林建筑常用的一种特有形式。

凡是厅堂，在内四界的前面均设有轩。轩一般深一界至二界，有多种形式与做法，现予以介绍如下：

1. 根据轩梁与大梁的相对高度来分，轩可分为磕头轩、抬头轩和半磕头轩三种类型。

1）凡是轩与内四界在同一屋面，轩梁底又低于内四界大梁底时，其贴式称为磕头轩，见图 2-3-1。

2）轩梁底与大梁底相平者，则称抬头轩。抬头轩须于内四界之上设重椽，安草架，草架内的草脊对准内四界的金桁时，称为金上起脊。草脊位于脊柱之上，则称为脊上起脊。

详见图 2-3-2 所示，图中内轩的梁底与大梁底相平，且与内四界不在同一屋面，故须设草架，架重椽，因此该内轩属抬头轩，而其前廊轩仍属磕头轩。草架内的草脊桁因对准内四界之金桁，故称金上起脊。

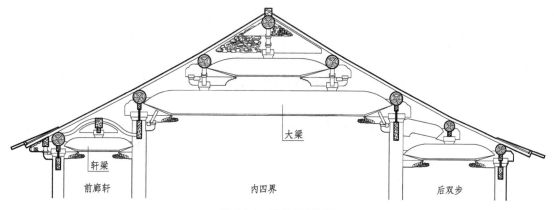

图 2-3-1 磕头轩之图例

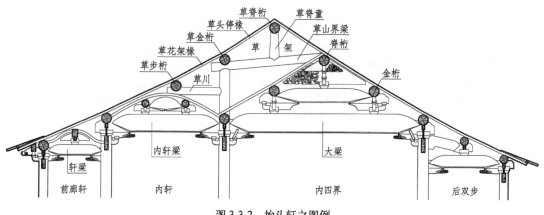

图 3-3-2 抬头轩之图例

3）若大梁底部略高于轩梁，而内四界与轩又非同一屋面，仍用重椽及草架，则称为半磕头轩。该形式之屋架实例很少，只是在轩与内四界的进深相差不大时才会出现，详见图 2-3-3。

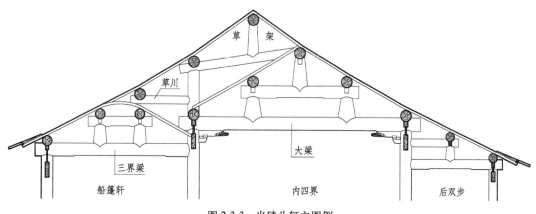

图 2-3-3 半磕头轩之图例

2. 根据轩的进深，轩桁的根数也有所不同。轩若进深较小，可以不设轩桁，如弓形轩、茶壶档轩；有的轩进深不大，仅需设一根轩桁，如一枝香轩；有的轩因进深较大，需设两根轩桁，如船篷轩。

3. 根据轩所用轩椽的形式，轩的名称可以分为鹤胫轩、菱角轩、海棠轩、弓形轩、茶壶档轩等。

4. 根据轩在内四界前的位置，可将轩分为内轩与廊轩。内四界前，筑两个轩时，位于前者称廊轩，其轩较浅，位于后者称内轩，较廊轩要深，故一枝香轩、弓形轩及茶壶档轩多用于廊轩，而船篷轩、鹤胫轩、菱角轩因较深，则多用于内轩。

图 2-3-4 ～图 2-3-9 所示为各种轩法之图例。

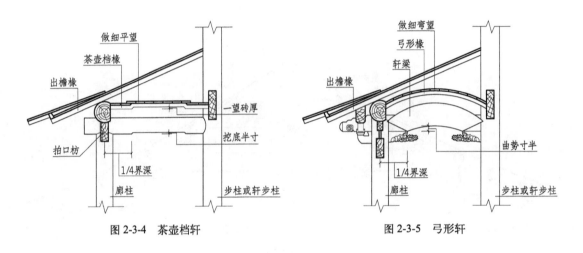

图 2-3-4　茶壶档轩

图 2-3-5　弓形轩

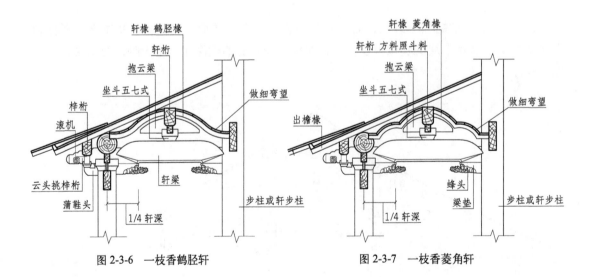

图 2-3-6　一枝香鹤胫轩

图 2-3-7　一枝香菱角轩

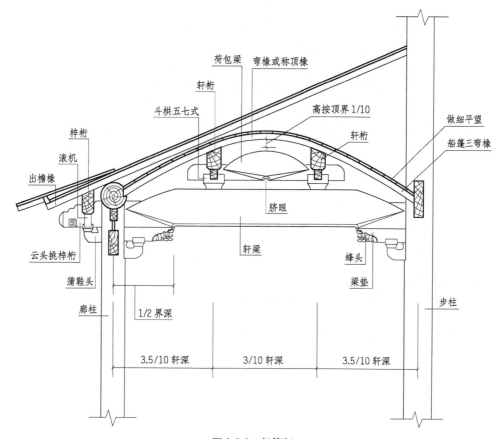

图 2-3-8　船篷轩

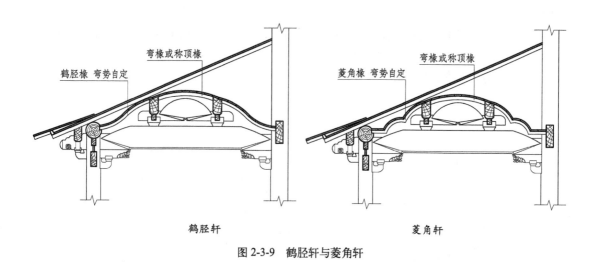

图 2-3-9　鹤胫轩与菱角轩

图 2-3-10 所示为扁作厅抬头轩正贴式，其中内四界前为内轩与廊轩，内四界后为双步。

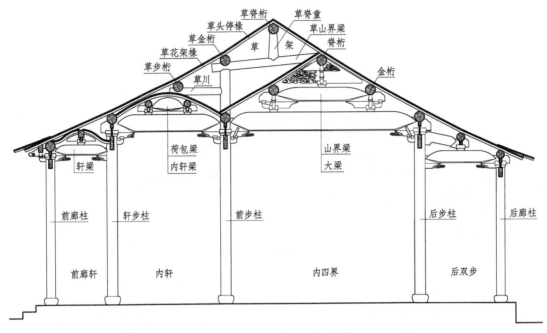

图 2-3-10　扁作厅抬头轩正贴式

第四节　厅堂的屋面形式

厅堂建筑的屋面形式有歇山与硬山两种，歇山顶一般用于四面厅，有时也用于鸳鸯厅、荷花厅，除四面厅外，硬山顶可运用于任何形式的厅堂。现举例说明苏州园林中厅堂建筑的几种屋面形式。

苏州园林用于四面厅的歇山顶常为回顶，即黄瓜环脊，如拙政园的倚玉轩、秫香馆，网师园的小山丛桂轩，留园的林泉耆硕之馆等。

图 2-4-1 就是歇山回顶（黄瓜环脊）四面厅之立面图。

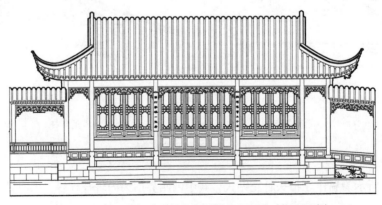

图 2-4-1　苏州某新建园林中四面厅之立面图（黄瓜环脊）

但也有少数四面厅是用龙吻脊的，如拙政园的远香堂，它是该园的主体建筑，用的就是五瓦条鱼龙吻脊。远香堂之立面图，详见图2-4-2。

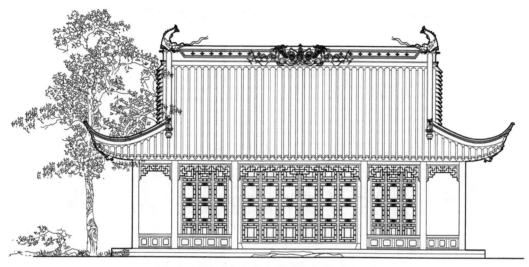

图 2-4-2 拙政园远香堂之立面图（鱼龙吻脊）

藕香榭是怡园的主体建筑，鸳鸯厅结构，装修豪华，体量较大，而其屋面形式却与众不同。屋面形式按歇山回顶做法，但屋脊采用纹头花筒脊，把这两种做法用在同一座建筑上，在苏州园林中较为少见，见图2-4-3。

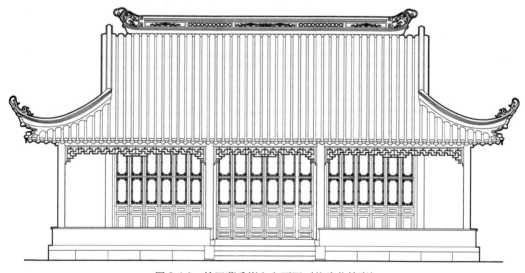

图 2-4-3 怡园藕香榭之立面图（纹头花筒脊）

除四面厅外，硬山顶可运用于任何形式的厅堂。苏州园林的硬山厅堂，其屋脊以黄瓜环脊居多，留园的五峰仙馆、涵碧山房等都是黄瓜环脊。

但也有多种其他形式，如狮子林的门厅为鱼龙吻脊，拙政园的玉兰堂，其正脊为五瓦条亮花筒脊，两端为立式回纹脊头，狮子林的燕誉堂、拙政园的兰雪堂是纹头脊，网师园的看松读画轩是哺鸡脊。图2-4-4～图2-4-8为硬山厅堂各种屋面形式的建筑立面图。

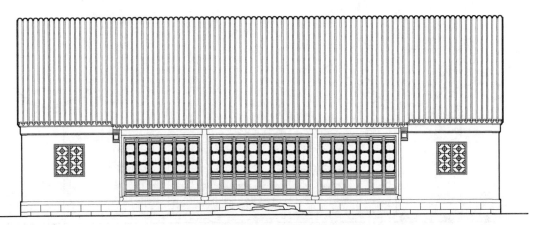

图 2-4-4　留园五峰仙馆之立面图（黄瓜环脊）

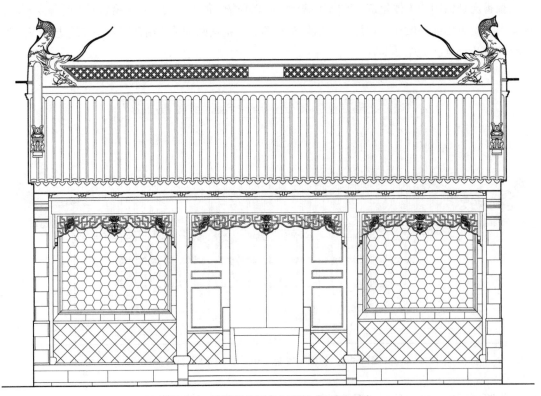

图 2-4-5　狮子林门厅之立面图（鱼龙吻脊）

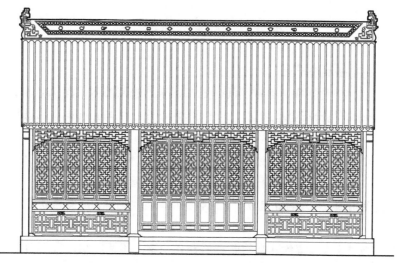

图 2-4-6　拙政园玉兰堂之立面图（亮花筒立式回纹脊）

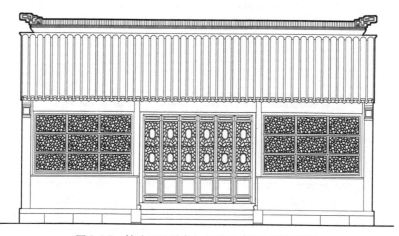

图 2-4-7　拙政园兰雪堂之立面图（纹头滚筒筑脊）

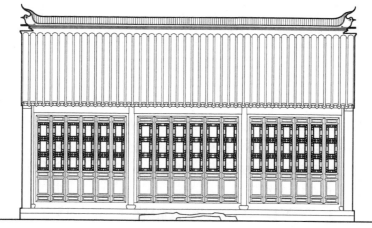

图 2-4-8　网师园看松读画轩之立面图（哺鸡筑脊）

第五节　厅堂的精选实例

一、门厅——狮子林门厅

狮子林的门厅，坐北朝南，面宽三间，宽 12.6 米，进深四界，深 7.65 米，檐高 4.92 米，坐落于高为 56 厘米的花岗石台基之上，于正间阶沿前设三级与正间同宽的通长踏步，踏步两侧为菱角石。

入口大门设在正间脊桁之下，门为将军门做法，门高约 4.4 米，宽约 2 米。门之上方为额枋，枋上正中悬挂红底金字的横匾，匾上"狮子林"三字为乾隆御书。

门厅屋面为硬山顶，由小青瓦铺设，五瓦条亮花筒鱼龙吻脊，两侧为竖带，前后做花篮座，塑有泥塑。

门厅两侧有高 4.8 米、宽约 4 米的砖细照壁各一座，照壁做法，自下而上依次为花岗石须弥座、六角景砖细贴面、砖细抛枋、双落水瓦顶、花筒脊。照壁平面呈八字状，对称工整，制作精细。与门厅组合在一起，总宽将达 20 米，使整座建筑之立面气势恢宏、古朴端庄，见图 2-5-1。

图 2-5-1　狮子林门厅正立面图

（一）狮子林门厅的大木做法

狮子林的门厅，面宽三间，正间宽 4.59 米，两边间各宽 3.63 米。进深四界，脊柱前后设双步各一，双步之深均为 3.38 米。檐口较高，桁下设有牌科，檐高 4.92 米。

门厅廊柱之间，上架廊枋，廊枋之上为斗盘枋，斗盘枋上设一斗六升桁间牌科，上架连机与廊桁，相邻牌科之间封以垫栱板。

牌科形式为五出参丁字牌科，仅向外出参，按重昂做法，昂为凤头昂，第一级昂上，升之两旁为枫栱，而第二级昂上，架的是桁向栱，上架梓桁。

牌科于柱头处须按十字牌科做法，向内出参的第一级是栱，栱上架升；第二级为梁垫，架在升之上，梁垫须与第二级凤头昂一体做出，不得断开分做。

牌科做法详见图2-5-2～图2-5-5。

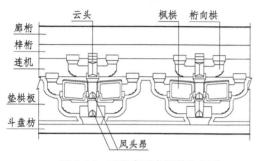

图2-5-2 五出参丁字牌科外立面

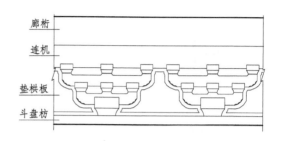

图2-5-3 五出参丁字牌科内立面

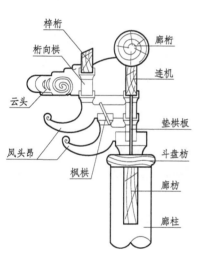

图2-5-4 五出参丁字牌科剖面图

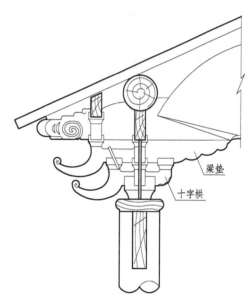

图2-5-5 五出参丁字牌科柱头处做法

门厅之屋架，无论正贴与边贴，做法相同，脊柱均落地，廊柱与脊柱之间设双步相连。双步之一端连于脊柱，其下为梁垫与蒲鞋头；另一端架在廊柱牌科的第二级梁垫之上，并向外伸出，做成云头，云头上架梓桁。双步之上居中设牌科，牌科之斗上架梁垫与寒梢栱，其上为川，斗上另架有斗三升栱，其方向与双步垂直，上架川机与川桁，川之另一端与脊柱相连，其下为梁垫。双步之下，居中设一斗六升牌科一座，以辅双步受力之不足，牌科架在双步夹底之上，夹底与廊枋兜通。脊柱之端，架脊枋，脊枋之上，为一斗六升桁间牌科，牌科之间封以垫栱板，牌科之上为连机与脊桁。

具体做法详见图2-5-6。

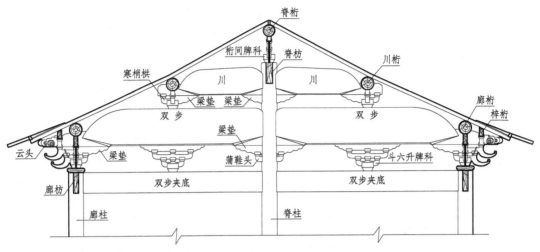

图 2-5-6　门厅屋架剖面图

（二）门厅大门做法

脊柱之间，于正间设大门，大门形式为将军门，门高约 4.4 米，宽约 2 米，其构造为框档门，因门较大，故用材亦较大。

门之顶部为上槛与额枋，上槛、额枋均连于脊柱，额枋前面，旧时用阀阅以置匾额，阀阅即北方之门簪，作圆柱形，其端作葵花装饰，非显贵之家，不能用之。狮子林门厅已改用匾托以代阀阅，上置红底金字横匾，匾上"狮子林"三字为乾隆御笔，额枋与脊枋之间装高垫板。

因开间较宽，故除抱柱之外，于门边再立门框，左右相对，称门当户对。抱柱与门当户对之间，填以木板并以横料分作三部，上下两部称垫板，中部狭长者称为束腰。将军门下用高门槛，其高约为门高的 1/4，门槛两端做金刚腿，出入时则将门槛卸去。门两旁下槛之下砌墙，称月兔墙。

两旁门当户对之下，左右置砷石（又称门枕石），为一种石制饰物，上如鼓形，下有基座，将基座后端伸长，作为门槛的安装之处与门臼。

大门的摇梗，其上端穿于连楹之内，连楹安装在额枋后面，下端则旋转于砷座后端伸长的门臼之内。

大门的具体做法，详见图 2-5-7、图 2-5-8。

（三）门厅的屋面做法

门厅屋面为硬山顶，由小青瓦铺设，屋面正脊为五瓦条亮花筒脊，脊之两端设鱼尾龙吻，鱼尾高翘，造型舒展，生动活泼。两侧为竖带，竖带分三段，中间是亮花筒做法，其余为暗花筒，其两面均塑有精美图案，竖带前后做花篮座，塑有泥塑，塑的是四季花卉与果蔬。

（四）门厅的其他做法

脊柱之间，两侧边间砌隔墙，将门厅分为前后两部，隔墙砌至脊枋夹底，脊枋夹底与双步夹底兜通，脊枋与夹底之间装有高垫板。

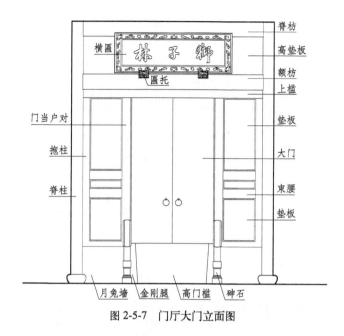

图 2-5-7　门厅大门立面图

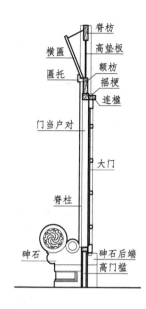

图 2-5-8　门厅大门剖面图

门厅前部，于隔墙前面及两侧山墙前双步夹底以下，均贴有砖细作为装饰。所有砖细贴面，下部为勒脚，贴面形式为斜角细，勒脚以上，贴面形式为六角景，四周围以线脚，线脚以外为镶边。所有砖细贴面均制作精细，拼合准确，左右对称，古朴典雅。

门厅后部，隔墙后面及两侧山墙，均为纸筋粉刷，两侧山墙另辟有砖细门洞各一个，其上为砖细字碑，青砖粉墙，简洁大方。

门厅前、后廊枋之下，均悬有挂落，后檐边间廊柱下部，设有木制栏杆。所有挂落与栏杆，中间均嵌有精美的雕花结子，显得雍容华贵。

门厅地面由方砖铺设，正间前、后阶沿之前，设有通长踏步，踏步与正间同宽，两侧各有菱角石作装饰。

狮子林门厅的平、立、剖面图，详见图 2-5-9 ～图 2-5-14。

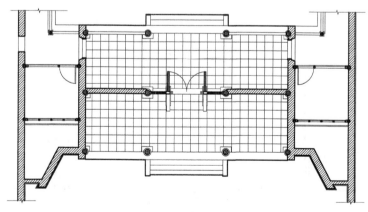

图 2-5-9　狮子林门厅平面图

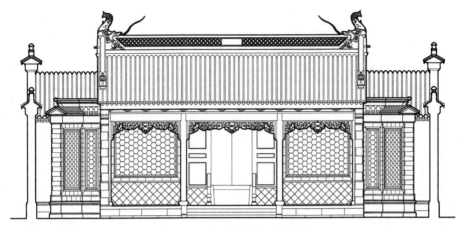

图 2-5-10　狮子林门厅正立面图

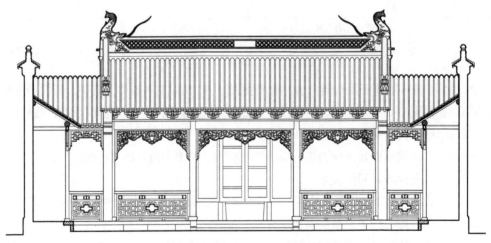

图 2-5-11　狮子林门厅背立面图

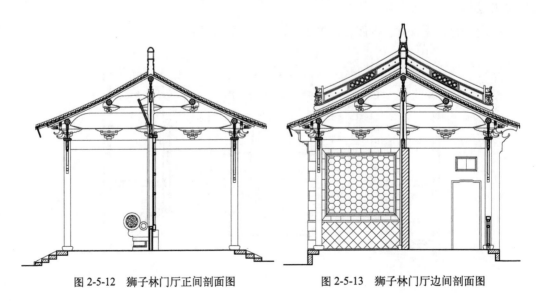

图 2-5-12　狮子林门厅正间剖面图　　　　图 2-5-13　狮子林门厅边间剖面图

图 2-5-14　狮子林门厅的纵剖面图

二、大厅

（一）留园五峰仙馆

五峰仙馆为留园东部主厅，五开间，面阔 20.3 米，进深 14.3 米，檐高 3.6 米，高大宽畅，装修豪华，陈设古雅，有"江南第一厅堂"之称。

五峰仙馆的梁柱，以前均为楠木，故又称楠木厅。馆内以纱隔、屏风将其分成前后两厅，前厅较大，约占全馆的 2/3。

厅之前后均有庭院，南院所筑假山，为苏州园林中规模最大的厅山，因取意庐山"五老峰"之神韵，故大厅名为"五峰仙馆"；北院以曲廊作背景，筑有湖石花台，以树木、花卉、石峰等加以点缀，由此构成精美小院，僻静清幽。

1. 五峰仙馆的大木做法

五峰仙馆的大木做法较为特殊，露明部分仅为木柱，其屋架均被吊顶遮挡而不露明。究其原因，经查资料后得知，留园在抗战时期曾遭大劫，据有关资料介绍："抗日战争时期，留园经日军蹂躏，'尤栋折榱崩，墙倾壁倒，马屎堆积，花木萎枯，玲珑之假山摇摇欲坠，精美之家具搬取一空'。""抗战胜利后，留园又成为国民党部队驻军养马之所，五峰仙馆、林泉耆硕之馆的梁柱被马啃成了葫芦形，五峰仙馆地上马屎堆积，门窗挂落，破坏殆尽，残梁断柱，破壁颓垣，几乎一片瓦砾。新中国成立后，党和政府非常重视这一宝贵的历史文化遗产，于1953年拨款进行整修，次年元旦对外开放。"

1950 年代整修时，因经费紧张，对五峰仙馆中被马匹啃咬坏的楠木柱采取"抬梁换柱"的方法维修，将无法保留的部分截去，再逐段拼接而成。对屋架则采用人字梁做法，并用木吊顶或棋盘格吊顶予以遮挡，这样既保留了建筑原有的风貌，又节约了经费，并加快了进度。至于厅内的装修与陈设，其所用的材料也是从民间搜集与购买来的旧料。就这样，仅以短短几个月的时间，便将这座著名的大厅修复一新。

五峰仙馆的屋架以及吊顶做法，见图 2-5-15 ~ 图 2-5-17。

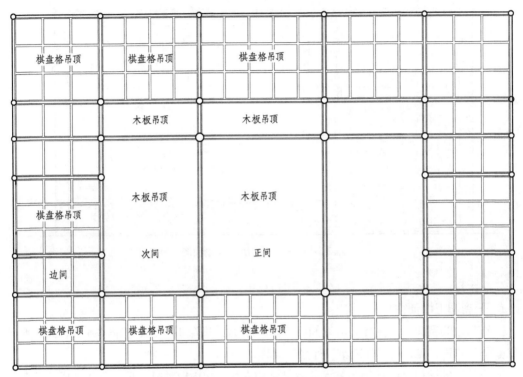

图 2-5-15　五峰仙馆吊顶布置平面图

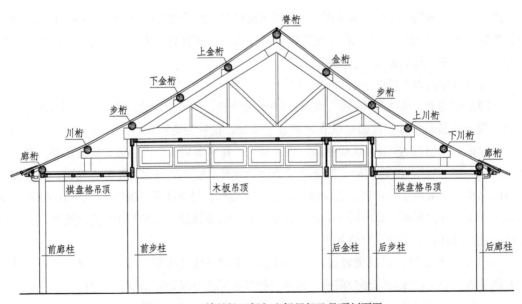

图 2-5-16　五峰仙馆正间与次间屋架及吊顶剖面图

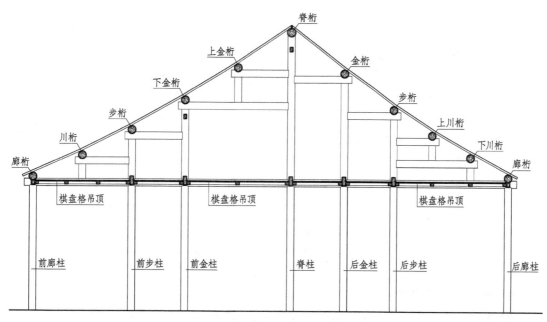

图 2-5-17　五峰仙馆边间屋架及吊顶剖面图

（图中标注：脊桁、上金桁、下金桁、步桁、川桁、廊桁、金桁、步桁、上川桁、下川桁、廊桁、棋盘格吊顶、前廊柱、前步柱、前金柱、脊柱、后金柱、后步柱、后廊柱）

2. 五峰仙馆的屋面做法

五峰仙馆的屋面为硬山顶，小青瓦铺设，屋脊做法较为简单，未施任何装饰，仅以黄瓜环脊结顶。

居中三间正厅，其屋面之前檐与后檐均为出檐做法，廊柱之外，挑以蒲鞋头及云头，上架梓桁，出檐椽之上复加飞椽，故出檐较大。

两侧边间，前后均为包檐做法，出檐较小。其檐椽不挑出，由桁下檐墙的墙顶封护椽头，墙顶逐皮挑出做葫芦形之曲线，称为壶细口，其挑出部分便为房屋的出檐长度。壶细口下为抛枋，所施抛枋较为精美，由砖细制成。檐墙与正间出檐部分相交处做垛头，垛头亦以砖细制成。

3. 五峰仙馆的外檐装修

五峰仙馆的前檐，正厅三间均装有落地长窗，两侧边间装有固定方窗，方窗较大，高 1.52 米、宽 1.32 米，四周围以砖细窗套。

三间正厅的后檐，正中一间为落地长窗，两侧均为半窗，窗槛之下砌半墙，半墙顶部于下槛之底，以砖细面砖作为装饰。两侧边间做法与前檐相同，也是装有高 1.52 米、宽 1.32 米的固定方窗，窗之周边围以砖细窗套。

两侧山墙，各装短窗一组，四周也围以砖细窗套，每组短窗均高 2.2 米、宽 2.5 米，以四扇为一组，可作开启。窗之上方，于外侧做雀宿檐为装饰，雀宿檐制作精美，古色古香，与整座大厅的风格相吻合，既保护了窗户，又打破了山墙单调的格局，可谓是一举两得。

五峰仙馆外檐装修的窗扇，详见图 2-5-18。

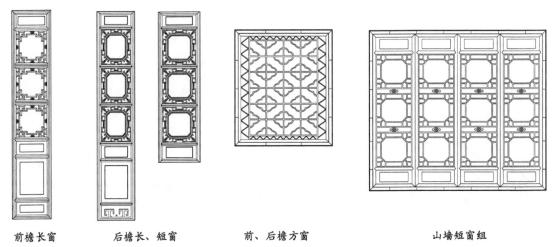

| 前檐长窗 | 后檐长、短窗 | 前、后檐方窗 | 山墙短窗组 |

图 2-5-18　五峰仙馆外檐装修窗扇立面图

4. 五峰仙馆的内檐装修

五峰仙馆面宽五间，中间以纱隔、屏风将厅分成前后两厅，前厅较大，三分占其二，后厅较小，三分占其一。

1）开间方向的内檐装修

正间后步柱之间，居中装有四扇银杏木制成的屏门，屏门两面均刻有精美的书法作品，南面刻的是王羲之的《兰亭序》，北面刻的是孙过庭的《书谱》，均由清代书法家所书写，具有较高的文物收藏与欣赏价值。屏门两侧各有一扇纱隔长窗，窗内裱糊有古董文物的纸质拓片。正间后金枋上，居中悬挂有"五峰仙馆"匾额一块，由清末著名金石家吴大澂题写（图 2-5-19）。

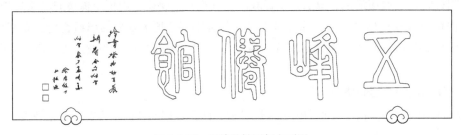

图 2-5-19　五峰仙馆匾额立面图

在后金柱一列，两侧次间均安装纱隔长窗，每间五扇，所有窗扇用料讲究，均为珍贵木材，且制作精细，上下夹堂与裙板上均有精美雕刻，窗扇之内芯子装裱的是绢画，可以双面观赏，内容是苏州著名书画家张辛稼所作的花鸟图。

两侧边间的纱隔飞罩也安装在后金柱一列，纱隔制作精美，其上下夹堂以及裙板上均有精美雕刻，乱纹芯子，嵌有雕花结子，纱隔安装在须弥座上，须弥座刻有精美图案。两扇隔扇之间装有飞罩，飞罩芯子也为乱纹，嵌有雕花结子，与隔扇做法相吻合。隔扇之上为横风窗，横风窗做法与隔扇上夹宕相同。

开间方向的装修，面宽五间，前后虽有错落，但一字排开，左右对称，气派非凡，显得庄重、大气，且制作精细，用料讲究，均为红木、银杏、楠木等高档木材，因此雕刻尤为精细，当属苏州园林厅堂装修中之精品（图 2-5-20、图 2-5-21）。

图 2-5-20　五峰仙馆纱隔飞罩立面图

图 2-5-21　五峰仙馆开间方向装修立面图（局部）

2）进深方向的内檐装修

正间两侧的后步柱与后金柱之间，各装有两扇纱隔长窗。在次间另一侧的后金柱处，其前后均装有两扇纱隔长窗，所有纱隔长窗做法相同，均有精美雕刻，采用镂空雕法，玲珑剔透，两面可睹，内芯子部位，裱有古董文物的纸质拓片，古色古香。

5. 五峰仙馆的陈设布置

家具和陈设是园林建筑内部不可缺少的部分，它既供日常起居、接待、宴饮、休息之用，又起着装修作用。厅堂内部往往要靠家具的布置来烘托空间的主次，也要用家具来填补空间，以免过分空旷。

五峰仙馆整座厅堂，在进深方向，以纱隔等内檐装修分成前后两厅，在开间方向，又由家具等陈设布置将厅堂分隔成正间、次间、边间等不同的使用空间。

1）前厅的陈设布置

前厅正间，于屏门之前，摆放的是宽 3.18 米、高约 1 米的楠木天然几，两侧为高 1.5 米的老红木花几，天然几之前是宽 1.4 米、高 0.87 米的楠木供桌，两侧为楠木太师椅。

在正间的内四界处，居中是直径 1.6 米的楠木圆桌，周边围以五张楠木圆凳；依进深方向，于柱间布置的是太师椅与茶几，两侧作对称式陈列，每边各有太师椅三张、茶几两张，间隔摆放，均由楠木制成，形成一个接待宾客的主要空间。

前厅两侧次间，于纱隔长窗之前，摆放的是宽 1.25 米、高 0.85 米的楠木供桌，供桌靠近正间的一侧，摆的是高大、精致的瓷器花瓶，花瓶的底座也是红木制品，供桌的另一侧，左次间放的是高 2.30 米的落地座钟，右次间则是加工精致的雕花插屏，座钟与插屏都是楠木制品。

左右次间之外侧，布置相同，依进深方向，居中摆的都是 0.96 米见方、高 0.82 米的楠木八仙桌，两边为楠木太师椅，形成了接待宾客时，正间两边的辅助空间。

左右边间外侧，均于山墙短窗之前摆放一张茶几，两边为太师椅。边间前檐墙内侧，窗下摆的是琴桌，楠木制品，宽 1.24 米，高 0.83 米。短窗两边，各挂有深褐色的楠木挂屏，挂屏上嵌有两块大理石，宛如天然的山水画，大理石为一圆一方，寓"天圆地方"之意。

2）后厅的陈设布置

后厅正间，屏门之前，依次摆放的是楠木天然几与楠木供桌，其中天然几宽 2.8 米、高 0.9 米，供桌宽 1.4 米、高 0.87 米。天然几两侧摆的是高 1.5 米的老红木花几，供桌两侧是楠木太师椅。

后厅两侧次间的布置，靠近纱隔长窗处，居中均是楠木八仙桌，两侧是楠木太师椅。

后厅左侧边间墙边，居中摆的是被称为"留园三宝"之一的楠木插屏，插屏两侧是高约 1 米的红木花几。右侧边间墙上开有六角形门洞。后檐墙窗下摆的是楠木琴桌，与前檐相同。

五峰仙馆的平、立、剖面图，详见图 2-5-22 ～图 2-5-29。

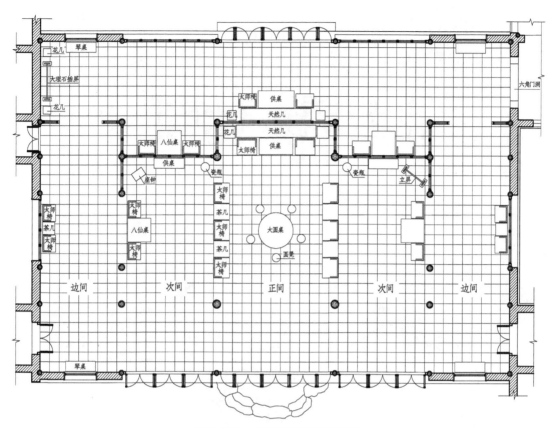

图 2-5-22　五峰仙馆的平面布置图

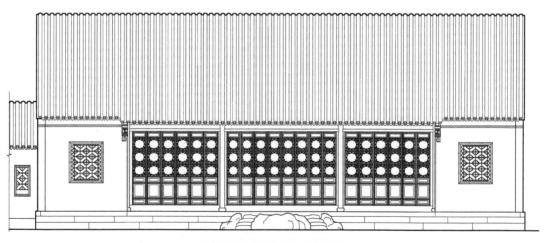

图 2-5-23　五峰仙馆南立面图

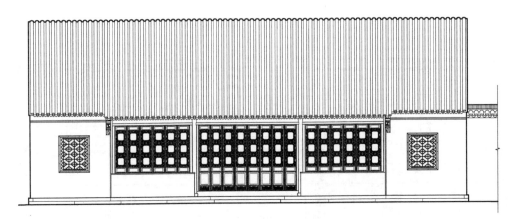

图 2-5-24　五峰仙馆北立面图

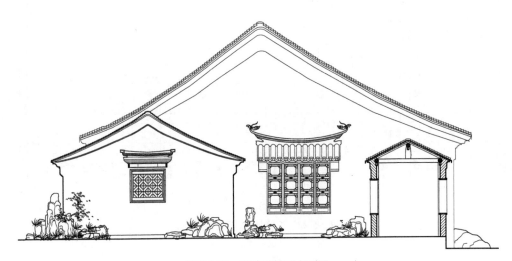

图 2-5-25　五峰仙馆西立面图

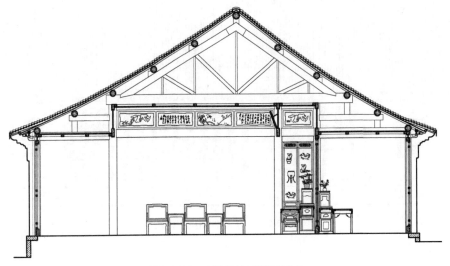

图 2-5-26　五峰仙馆正间剖面图

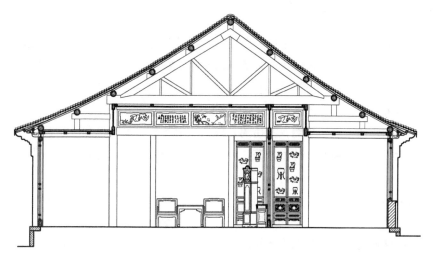

图 2-5-27　五峰仙馆次间剖面图

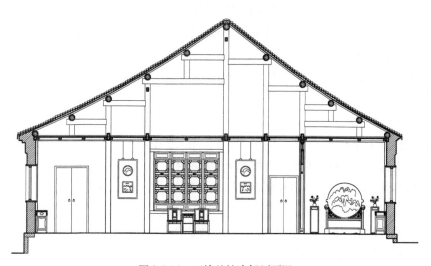

图 2-5-28　五峰仙馆边间剖面图

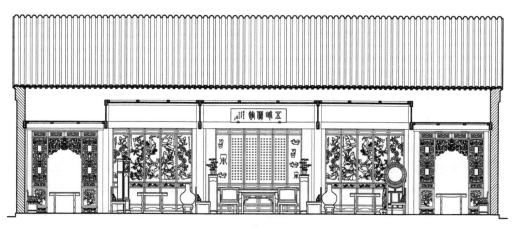

图 2-5-29　五峰仙馆纵剖立面图

（二）艺圃博雅堂

艺圃始建于明代，至今还较多地保留着建园初期的布局和风格，体现了明代第宅园林的特征，具有一定的历史价值与艺术价值，是苏州园林中已被列入《世界文化遗产名录》的九处古典园林之一。

艺圃布局简练开朗，风格自然质朴，全园占地仅为 5 亩，以水池为中心，池北以建筑为主，临水建造五开间的水榭，名延光阁，其后为艺圃的主要厅堂——博雅堂，池南以山景为主，以湖石叠成绝壁危径，山石嶙峋，林木葱茏，颇具山林野趣，是明末清初苏州一带造园家常用的叠山理水方式。

博雅堂是艺圃的主要厅堂，面宽五间，其中正厅三间，两侧为边间，以砖墙分隔，总宽16.58 米，进深八界，总深 9.68 米。前檐高 3.43 米，后檐高 3.57 米。

堂前东、西两面为走廊，与延光阁相连，形成一个规整的庭园，园内居中为湖石花台，台内主植牡丹，配以树木、花草、石峰，也是苏州园林中庭园布置的常用手法。

堂后筑有围墙，与墙后的苗圃及辅助用房做出分隔。围墙位于距后廊柱约 1 米处，高约 4 米，与博雅堂之间形成一个狭长的天井，供室内通风、采光以及屋面排水之用。

1. 博雅堂的大木做法

博雅堂的大木构架，其梁架断面均为扁方形，故属扁作做法。

1）博雅堂的正贴做法

博雅堂的正贴，于内四界之前设内轩，内轩之前再设一界为前廊，而于内四界之后亦设一界为后廊，这种做法较为少见，常见的厅堂做法，往往在内四界之后设二界为双步，不似博雅堂仅设一界为后廊，故博雅堂的前檐高度低于后檐高度。

博雅堂的内轩，其做法为三界船篷轩，因轩梁之底与内四界大梁之底相平，故该内轩的形式为抬头轩。采用抬头轩的屋架，内四界与内轩之间须设草界，使整座房屋形成双坡屋面，以利排水，因草界内的草脊桁对准内四界的金桁，故该草架做法被称为"金上起脊"。

博雅堂的内四界大梁底部以及内轩之轩梁底部，均架有梁垫及蒲鞋头，以承大梁或轩梁。正贴蒲鞋头的升口两侧均架有棹木，作为装饰。棹木形似枫栱，刻有精美图案，长为梁厚的 1.6 倍，高为梁厚的 1.1 倍，厚约 1.5 寸。安装时须向外倾斜，其倾斜角度为其高度的 1/2。

内四界的大梁之上，架有牌科两座，其上为山界梁，山界梁居中设一斗六升牌科一座，牌科两旁，架于斗腰的装饰木板称为山雾云，其形状依据山尖之样式，上刻流云飞鹤等装饰。山雾云的安装，其倾斜角度也为高度的 1/2。

轩梁之上有牌科两座，上架荷包梁，荷包梁两端架轩桁，两轩桁之间，上架弯椽，轩桁两侧为直椽，按船篷轩做法。

博雅堂的梁架构件，部分仍为明代遗物，故其屋面提栈较为平缓，具有明代建筑的特征。但苏州地区雨水较多，且雨季又长，而屋面提栈较平，则极易引起漏水，不利于古建筑的保护。据 20 世纪 80 年代参加过博雅堂大修的老工匠介绍，当初大修时，发现屋面的椽桁结构大多已经腐烂，究其原因，便是屋面提栈过于平缓之故。因此，大修时，在不影响原有建筑风格的前提下，对屋面草架及内四界的脊桁等处的提栈予以升高，作了局部调整。

博雅堂正贴做法，详见图 2-5-30。

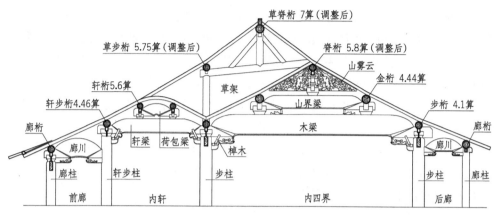

图 2-5-30 博雅堂的正贴做法

2）博雅堂的边贴做法

博雅堂的次间边贴，因砌有隔墙，故其内四界采用"五柱落地"做法。所谓"五柱落地"，便是在内四界中不设大梁与山界梁，而将脊柱、金柱分别落地，因此用料较小，梁架显得比较细巧，这也是明式建筑的特点之一。

五柱落地的具体做法是于金柱前后均设川，分别与脊柱及步柱相连，其中与脊柱相连者，称上金川，而与步柱相连者，则称下金川。上金川以下设夹底两道，下金川以及内轩的轩梁以下均设夹底一道，所设夹底与步枋兜通。夹底以上，凡屋架空隙处，均填以木板，其中竖向板称山垫板，横向板称楣板，板厚约 2 厘米。

在博雅堂次间的边贴中，轩梁与轩梁夹底间填以楣板，未设梁垫及蒲鞋头。除此之外，次间边贴的其他做法均与正贴做法相同。

另外，博雅堂的边间，其贴式做法与次间边贴做法基本相同。

博雅堂的边贴做法，详见图 2-5-31。

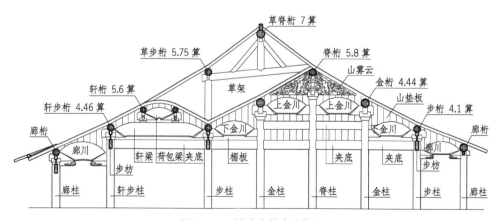

图 2-5-31 博雅堂的边贴做法

2. 博雅堂的屋面做法

博雅堂的屋面为硬山顶，由小青瓦铺设。堂之屋面前坡，因两侧均有走廊与其相交，故走廊屋面高于博雅堂前檐的部分，均向上延伸，并于相交处做斜沟。

博雅堂的屋脊，采用"滚筒三线"哺鸡筑脊，屋脊分成三段，居中三间正厅为一段，称正脊，两端均设哺鸡，两侧边间各为一段，称插脊，外端设哺鸡，内端将脊做成斜面。

脊的断面构造是于前后屋面合角处砌筑通长攀脊，攀脊之上为滚筒，滚筒以上为二路瓦条，上部瓦条上面砌束塞，束塞上面再砌一路瓦条，瓦条之上垂直排瓦作筑脊，瓦顶施以粉刷作盖头灰。因该做法共有三道瓦条，故俗称"滚筒三线"。

哺鸡置于筑脊之两端，头向外，后部用铁片弯曲，外加粉刷，翘起如尾，其下设坐盘砖。坐盘砖置于第二路瓦条之上，外侧略高，其外挑口与攀脊的嫩瓦头相平，内侧向上做回纹。

博雅堂屋脊的具体做法，详见图 2-5-32 。

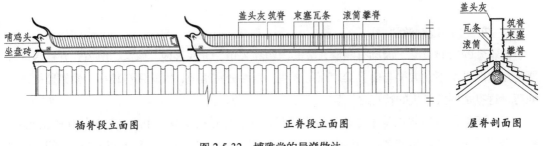

图 2-5-32　博雅堂的屋脊做法

3. 博雅堂的装修做法

1）开间方向的装修

博雅堂正厅的前檐廊柱之间，枋下装有挂落，两侧次间下部装有半栏，两侧边间与走廊相交的空隙处装的也是半栏。

正厅轩步柱之间，三间均装有落地长窗，其中正间为六扇，两侧次间各为四扇；正厅两侧边间装的是短窗，窗下是木制栏杆，栏杆内侧为裙板，因短窗装于栏杆之上，所以又称地坪窗。

正厅后步柱之间，通长三间均为落地屏门，正间装六扇，不作开启，次间各装四扇，居中两扇可作开启，以供人员出入之用。屏门为敞框档做法，较为轻便，正面漆成白色，又称白膳门。由于屏门的使用，使厅堂内部显得更高敞、更气派，这是苏州园林中厅堂布局的常用手法。两侧边间的后步柱之间，砌有半砖厚的隔墙，居中装固定方窗，方窗四周是砖细窗套。

博雅堂的后檐廊下，通长五间均装半窗，窗下为一砖厚的半墙，顶部铺有砖细面砖作为装饰。

2）进深方向的装修

正厅次间装有木门可与边间相通，木门装在边贴的步柱与轩步柱之间，共装四扇，居中两扇作开启。木门高 2.4 米，门的上槛与轩梁夹底间为垫板。

两侧边间的山墙，均于博雅堂前廊与后廊处开设砖细门洞，门洞后面为双扇对子门，可关可闭，视需要而定。边间内部，因山墙上未开设窗户，故边间室内光线较为昏暗。

4. 博雅堂的家具与陈设布置

1）博雅堂的家具布置

博雅堂所布置的家具，以明式家具为主，与其建筑风格相协调。

正间屏门之前摆的是天然几，两侧是花几，上置盆花。天然几之前为八仙桌，两侧各为太师椅一把。正间两侧的家具作对称布置，均于内四界处，摆的是二椅一几，即茶几两旁为太师椅各一把，形成以正厅为主的接待空间。

两侧次间的内山墙之前，居中为方桌，两侧为太师椅，沿墙摆放，也作对称布置，作为正厅接待时的辅助空间。

两侧边间均作单独起居与接待之用。左侧边间，于后墙窗下居中摆茶几，两旁为太师椅，两侧山墙之前，均按二椅一几作对称摆放。右侧边间，后墙窗下的布置与左边间相同，也是茶几与太师椅，两侧山墙之前，一面中间为琴桌，两旁为太师椅，而另一面墙下布置则较为简单，沿墙仅放置琴桌一张。

2）博雅堂的陈设布置

博雅堂的陈设布置简洁明快，古朴典雅。正间金桁之前，悬有横匾一块，上书"博雅堂"三字作堂名（图 2-5-33）。正间屏门挂有中堂一幅，两侧为对联条幅各一，书画精美，均为苏州当代书画家所作。天然几上摆的是石供、座屏、瓷器，古色古香，两侧花几之上置有盆栽，可随四季而更换。

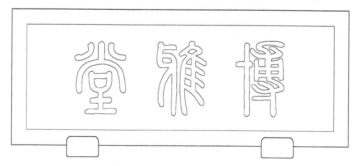

图 2-5-33　博雅堂匾额立面图

正贴前、后步柱之上均挂有抱对，其中位于后步柱之上的：上联为"名园复旧观，林泉雅集，赢得佳宾来胜地"，下联为"堂庑存遗制，花木扶疏，好凭美景颂新天"，款署"岁在甲子中秋后三日爱新觉罗曼翁篆于听蕉，何芳洲撰句"。

前步柱上所挂对联：上联为："博雅腾声数杰，烟波浩淼，浴鸥晴晖，三万顷湖裁一角"，下联为"艺圃蜚誉全吴，霁雨空蒙，乳鱼朝爽，七十二峰剪片山"，落款是"甲子年九月程可达书，王少牧撰联"。

两侧次间山墙，均为白色粉墙，下部贴砖细勒脚，勒脚高70厘米。两侧山墙之上各挂有楠木挂屏两块，挂屏长约2米，宽约90厘米，中间嵌有圆、方大理石各一块，寓"天圆地方"之意。

堂内另悬有红木宫灯作点缀，宫灯亦为明式，方形，造型简练，简洁而明快，悬于正贴大梁及轩梁之下，共六盏。

两侧边间，墙面均为白色，其陈设较为简单，仅于桁下悬宫灯作装饰。

博雅堂的地坪均为方砖铺设，青灰色的地面，显得整座建筑稳重而大方。纵观博雅堂内部，粉墙、黑柱、白门，在红木家具与陈设布置的烘托下，文人气息极浓，虽然说不上富丽堂皇，但却显得十分古朴典雅，与整个艺圃自然质朴的风格相符。

值得一提的是，博雅堂中，其正贴步柱及轩步柱的柱础亦为明代遗物，柱下为鼓状的楠木鼓磴，鼓磴之下为明代建筑常用的青石覆盆，这种柱础结合的方式在苏州园林中极为罕见，当属孤例，因此也更加提升了博雅堂的历史文化与欣赏价值（图2-5-34）。

图2-5-34 覆盆、鼓磴大样图

博雅堂的平、立、剖面图，见图2-5-35～图2-5-40。

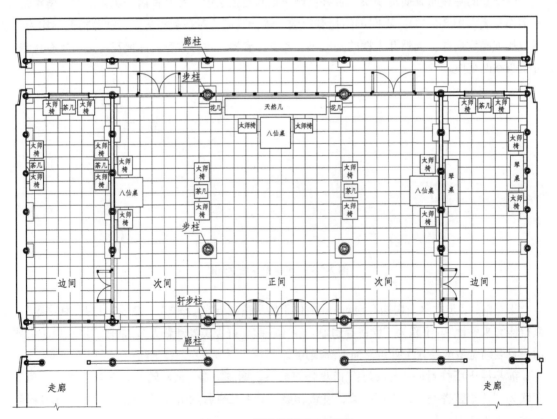

图2-5-35 博雅堂的平面布置图

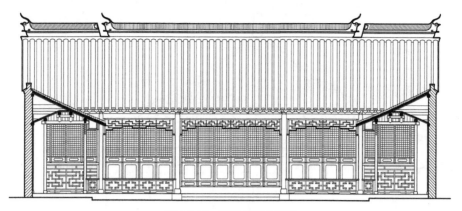

图 2-5-36 博雅堂正立面图

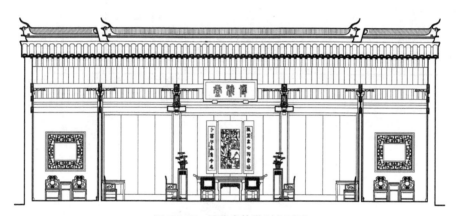

图 2-5-37 博雅堂的纵剖立面图

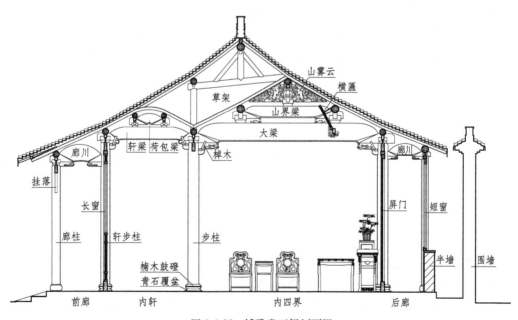

图 2-5-38 博雅堂正间剖面图

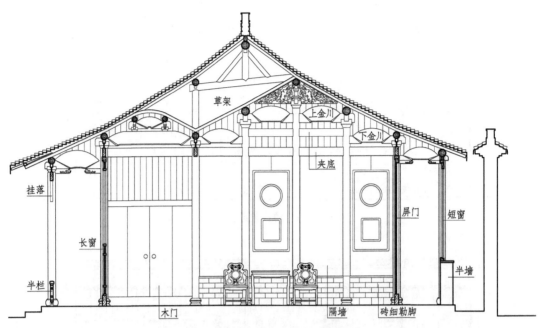

图 2-5-39　博雅堂次间剖面图

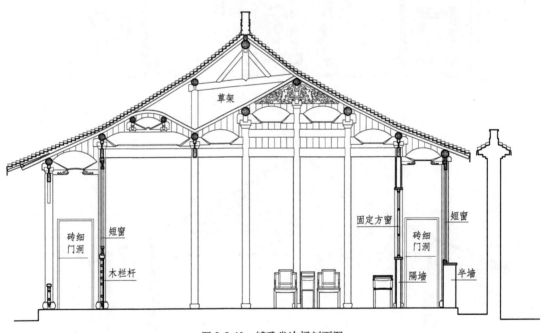

图 2-5-40　博雅堂边间剖面图

三、四面厅——拙政园远香堂

苏州园林中的四面厅，以拙政园的远香堂最为著名。

远香堂位于拙政园中部水池的南岸，是该园的主体建筑之一，周围环境开阔，环以山池林木，四季景色因时而异。堂北设宽敞的临水平台，池水清澈广阔，遍植荷花，夏日凉风习习，清香四溢，因而取"香远益清"的意境，堂名为远香堂。

远香堂平面三开间，四周为回廊，采用四面厅形式，四周长窗透空，环视四面景物，犹如观赏长幅画卷。

远香堂面宽 14.50 米，进深 11.90 米，檐高 3.40 米。屋面形式为歇山顶，屋脊采用正脊做法，为五瓦条鱼龙吻脊，显得稳重而大方，突出了其主体建筑的形象。

（一）远香堂的大木做法

远香堂与博雅堂一样，虽然称堂，但梁架却为扁作，与《营造法原》的说法不一。这是因为在苏州园林中，厅堂建筑的作用相似，其名称有时也混用。

远香堂的平面布置以及大木做法与众不同，十分巧妙。除去四周回廊，远香堂的主厅面宽三间，进深六界，共设柱 12 根，其中前、后步柱 8 根，两侧金柱 4 根，均沿厅的四周布置并将柱隐于长窗之间，因此一眼望去，厅内没有木柱遮挡，显得十分宽敞。

远香堂的正贴做法也与普通做法不同，将金柱与步柱间的距离设计成与边间同宽，因此正贴步柱之间，未设大梁，而是架搭角梁分别与金柱相连，然后再在搭角梁上立梁架，这样既拉大了梁架之间的距离，也抬高了大梁底部的高度，使得厅堂内部的空间显得更加高爽、开敞。

远香堂的边贴做法：于步柱与金柱之间设双步，双步之上居中设川，与金柱相连。两金柱之端架设山界梁，山界梁居中设荷叶凳及坐斗，上架脊桁。山界梁以下设木枋两道，分别称上夹底与下夹底，双步以下所设木枋，称双步夹底。双步夹底、下夹底与步枋兜通。夹底以上，所有屋架的空隙处均填以木板，称为垫山板，板厚 2 厘米。

远香堂进深共八界，自脊桁以下，两侧所架桁条依次为金桁、下金桁、步桁与廊桁。

主厅四周是回廊，其廊柱分别设川，与主厅的步柱及金柱相连。回廊深一界，上架出檐椽与飞椽，于回廊的转角处设置戗角，戗的形式为嫩戗发戗。

远香堂的正贴与边贴的具体做法以及梁架与椽桁的平面布置，详见图 2-5-41 ～图 2-5-43。

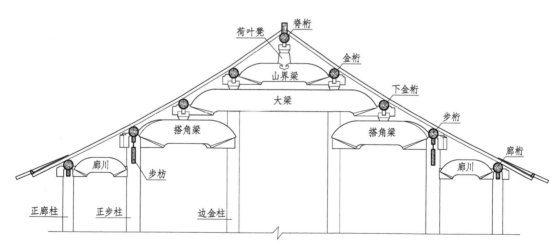

图 2-5-41　远香堂的正贴做法

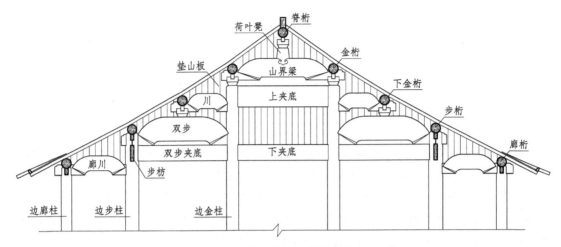

图 2-5-42 远香堂的边贴做法

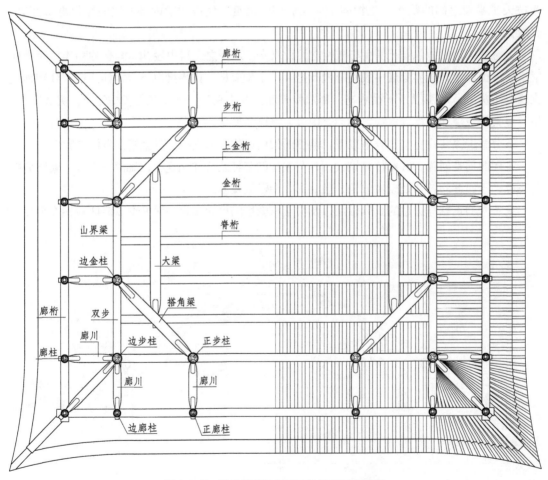

图 2-5-43 远香堂的梁架以及椽桁平面布置图

（二）远香堂的屋面做法

远香堂的屋面为歇山顶，小青瓦铺设。其屋脊采用正脊做法，为五瓦条暗花筒鱼龙吻脊，因两端吻头塑成龙首鱼尾，故称鱼龙吻脊。而所塑吻头堆塑精美，尤以尾部为最，鱼尾高翘，活灵活现，生动逼真，堪称苏州园林建筑中堆塑之精品。

脊之两端于吻头以下做吻座，吻座形式为香炉式。吻座以内，于屋面两侧做竖带，竖带位于歇山内侧的两楞盖瓦之上，其中心线对底瓦。竖带沿屋面斜坡直下，过老戗根，其端止于檐桁处，竖带端部设花篮座，座上均有堆塑，南面塑的是立式麒麟，北面塑的是四季花卉。

竖带外侧，将勾头筒、滴水瓦斜向排列于博风板之上，做成排山，排山合角处，于吻座之下，当中设勾头瓦。另于博风板上外挂方砖，做成砖细博风。

两侧歇山的屋面，称落翼，落翼屋面有一部分伸入博风板之内，其上端做赶宕脊，赶宕脊设在垫山板外侧。

远香堂的屋面戗脊，均为嫩戗发戗，戗角高翘，出檐深远，飘逸舒展。

远香堂的屋脊龙腰处，两面均有堆塑，南面堆的是"狮子滚绣球"，北面堆的是"丹凤朝阳"。所堆作品寓意吉祥，比例得当，栩栩如生，也属苏州园林堆塑中之精品。

远香堂屋脊两面所作堆塑，见图2-5-44。

南面堆塑"狮子滚绣球"

北面堆塑"丹凤朝阳"

图 2-5-44　远香堂屋脊堆塑立面图

（三）远香堂的装修做法

远香堂的四周为回廊，每间走廊的外檐，上部装挂落，下部装砖细栏杆，但正间走廊因作为通道而除外，故此处仅装挂落而未设栏杆。

远香堂的三间主厅，两侧进深方向未设隔墙，四周装的均是落地长窗，长窗从上至下装的全是玻璃，十分通透，便于四面观景，该窗式样在苏州园林中十分少见。正间前后的长窗作为通道，可以开启，其余长窗仅作采光与观景之用，一般不作开启，但能脱卸（图2-5-45）。

（四）远香堂的家具与陈设布置

远香堂内所布置全是制作精美的清式红木家具，清式家具的特点是富丽华贵，用料讲究，精雕细刻，造型厚重，是苏州园林厅堂布置中常用的家具之一。

远香堂正厅，居中摆的是直径1.6米的六足大圆桌，周边围以六

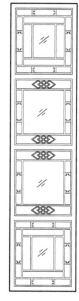
图 2-5-45　窗扇大样图

张鼓状的圆凳。

正间两侧各配以四椅二几，作对称式陈列。几即茶几，椅为太师椅，椅背形式中高两低，如同凸字形状，椅背上嵌有圆形大理石，并配以葫芦、贝叶等图案，制作十分精美。

两侧次间窗前布置相同，居中摆的都是琴桌，两旁各为花几，也作对称布置，厅之四角，各以方桌与圆桌作点缀。

家具之外，厅内布置的还有落地座屏以及瓷缸、瓷瓶等各式瓷器，显得古朴、高雅，极具文化气息。

案桌之上，摆有各式盆景与盆花，并配有石供、座屏、瓷器等小型摆件，可随季节的不同而更换鲜花和盆景，以与室外随季变换的景色、花木相融合。

远香堂的陈设布置，文人气息极浓，以匾额、楹联为主，均为白底黑字，极为雅致，集自然美、工艺美、书法美与文学美于一体，充分体现出了苏州园林深厚的文化底蕴。

匾有一块，横匾，挂于正间南侧走廊上方，上书堂名"远香堂"三字，原为隶书，由清沈德潜所书，今由张辛稼补书，见图2-5-46。

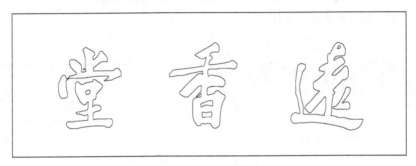

图 2-5-46　远香堂匾额

联有两副，分别挂于南、北步柱之前。

其中南步柱上所挂楹联：上联是"建业报襄，临淮总权，数年间大江屡渡，沧海曾经，更持节南来，息劳劳宦辙，探胜寻幽，良会机忘新政拙"；下联是"蛇门遥接，鹤市旁连，此地有佳木千章，崇峰百叠，当凭轩北望，与衮衮群公，开樽合坐，名园且作故乡看"。旧联上款署"光绪己丑嘉平月"，下款署"辉发文琳"。今为浙江书法家郭仲选补书。

北步柱所挂楹联：上联是"旧雨集名园，风前煎茗，琴酒留题，诸公回望燕云，应喜清游同茂苑"；下联是"德星临吴会，花外停旌，桑麻闲课，笑我徒寻鸿雪，竟无佳句续梅村"。原为临安朱福清撰，元和陆润庠书，行楷。旧联已毁，1984年由女书法家肖娴补书。

远香堂的地坪由方砖铺设，青灰的色调显得明净而光洁，与室内透空、疏朗的空间相吻合。现有青石台基及莲形覆盆均为明代遗物，其屋架形式与做法也保持了明代建筑的特点与风格，因此具有较高的历史价值与欣赏价值。

远香堂的平、立、剖面图，详见图2-5-47～图2-5-52。

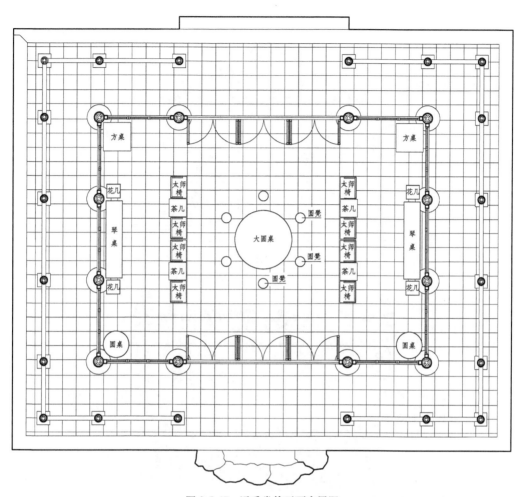

图 2-5-47 远香堂的平面布置图

图 2-5-48 远香堂正立面图

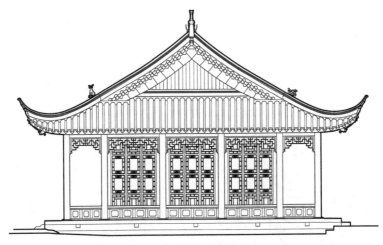

图 2-5-49　远香堂侧立面图

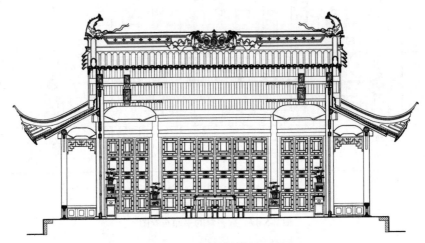

图 2-5-50　远香堂的纵剖立面图

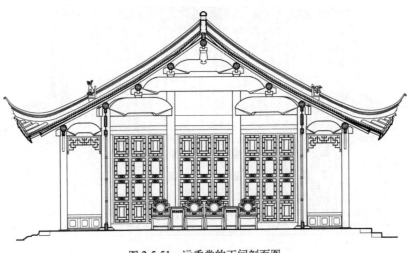

图 2-5-51　远香堂的正间剖面图

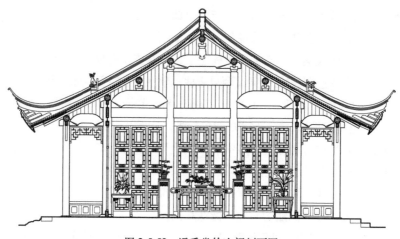

图 2-5-52　远香堂的次间剖面图

四、鸳鸯厅

（一）留园林泉耆硕之馆

林泉耆硕之馆，位于留园东部，是典型的鸳鸯厅构造，厅内以脊柱为界，梁架分为两种做法，南作圆堂，北是扁作，均为五界回顶。厅内脊柱落地，脊柱之间，正间设屏门，边间与次间设落地罩与纱隔，将厅堂分成南、北两厅，可根据季节的不同区别使用，南厅宜用于冬春，北厅宜用于夏秋。

建筑面阔五间，四周有回廊，东西宽为 22.22 米，南北深为 14 米，檐高为 3.65 米，屋面为歇山做法。虽然体量较大，但厅之外观比例得当，立面通透，造型稳重；厅内装修精美，布置豪华典雅，是苏州园林中著名的厅堂之一。

厅堂北面是苏州园林中最大的观赏独峰——冠云峰之所在。冠云峰，高 6.5 米，清秀奇特，玲珑剔透，姿态秀丽，亭亭玉立，"瘦、皱、漏、透"四态具备，并以瘦皱见长，属湖石独峰之精品，被誉为江南四大名峰之首。

峰石之前有水池，称浣云沼，因峰影倒映池中而得名。冠云峰周围的建筑也多以该峰来命名，如冠云楼、冠云亭、冠云台等。

林泉耆硕之馆坐落于冠云峰之南，与冠云楼隔峰相对，互为对景，是观赏冠云峰的绝佳之处。

1. 林泉耆硕之馆的大木做法

林泉耆硕之馆的大木构造的特点是以脊柱为界，前后布置对称，但用料与做法是一面用扁作，一面用圆料，均为五界回顶。从厅内看，是将两个做法不同的厅堂连在一起，而从厅的外观看，又是一座完整的厅堂。

林泉耆硕之馆的大木做法是：其露明部分按其用料，分别采用扁作做法与圆作做法。其露明部分以上，则在脊柱前后筑草架，架草桁，铺草椽，以承屋面。因其草脊桁位于脊柱之上，故其草架做法称为脊上起脊。

现将其具体做法分别介绍如下：

草架的做法是：将厅内脊柱延伸至顶，脊柱前后为双步，称草双步，草双步一端连于柱，一端架于回顶之上；双步之上为草川，草川一端连于柱，一端架于双步之上的童柱上。脊柱以及草川之上所架桁条，分别称草脊桁与草金桁，上铺草界椽。

露明部分的梁架，一为圆作，一为扁作，做法虽不同，但其前后布置相同，故脊柱前后分别设立步柱。前后梁架的大梁，一端架于步柱之上，一端连于脊柱，大梁长度均为五界。

五界回顶的圆作做法是：大梁之上架设两只童柱，童柱之上架梁，称三界梁；三界梁之上再架童柱两只，其上所架的短梁，称月梁。月梁两端架桁，称轩脊桁，因桁有两根，故轩脊桁有上、下之分。上、下轩脊桁之间，称为顶界，顶界的界深较浅，为两边界深的3/4，但也可将三界或五界的界深做均分，视屋面提栈而定。顶界之间架弯椽，两边均架直椽，弯椽的上弯曲度是界深的1/10。

五界回顶的扁作做法是：因扁作梁架不设童柱，而以牌科代之，故扁作大梁之上设牌科两座，牌科之上为三界梁，梁上再架牌科与短梁，因短梁中部隆起似荷包状，故称之为荷包梁，而不称其为月梁。除此之外，其他做法均与圆作做法相同。

林泉耆硕之馆，开间方向为五间两落翼，居中称正间，两边为次间与边间，两边回廊称为落翼，其屋架分别称正贴、次贴、边贴。其中，正贴与次贴的做法相同，但边贴做法与之略有不同，大梁以下无论扁圆，均设通长木枋为夹底，夹底与步枋兜通。边贴的梁架空隙处均填以木板，称为垫山板。

林泉耆硕之馆的四周为围廊，围廊深一界，上架出檐椽与飞椽。椽下为扁作廊轩，形式为一枝香鹤胫轩，轩梁外端伸出廊柱之外，做成云头，上架梓桁，云头以下为蒲鞋头。

林泉耆硕之馆是歇山建筑，厅堂北侧设有戗角，嫩戗发戗。但厅堂南侧却没有戗角，这是因为南侧有走廊，并与厅堂相连，且其檐高及出檐均与厅堂相同，故此处的做法是于两处廊桁相交处做沟底木，两处出檐椽汇合于沟底木，其上搭鳌壳板，并将走廊后坡的出檐椽与厅堂落翼做通。

林泉耆硕之馆的大木做法，详见图2-5-53～图2-5-55。

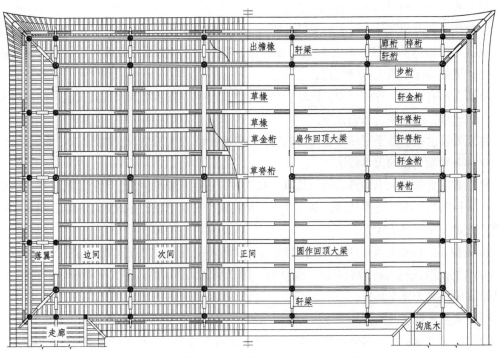

图2-5-53　林泉耆硕之馆的梁架与椽桁布置仰视图

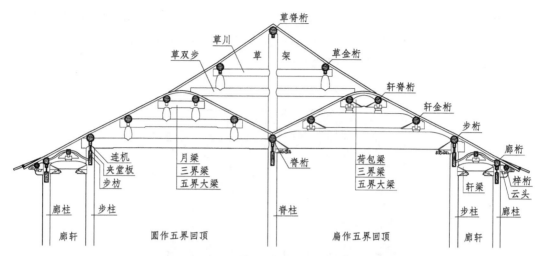

图 2-5-54 林泉耆硕之馆的正贴（次贴）做法

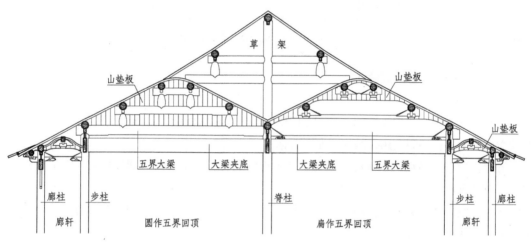

图 2-5-55 林泉耆硕之馆的边贴做法

2. 林泉耆硕之馆的屋面做法

林泉耆硕之馆的屋面较为朴素、简单，由小青瓦铺设，歇山顶，采用黄瓜环脊。其具体做法是：

北坡屋面两侧设有戗角两座，嫩戗发戗，戗尖采用洋叶戗形式，塑成"凤穿牡丹"造型，图案优美、形态逼真，具有较高的观赏性，见图 2-5-56 所示。

南坡屋面两侧，与走廊相连，走廊屋面为双落水坡顶，也采用黄瓜环脊。走廊檐口与厅堂檐口相平，走廊前坡屋面高于厅堂檐口的部分，须向上延伸，与厅堂屋面相交处做斜沟，以利屋面排水。走廊后坡屋面，与厅堂的落翼屋面做通。

厅堂两侧山尖处为山墙，墙砌筑于落翼屋面后端，墙顶之上铺瓦，其高度依屋面斜坡，并

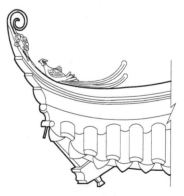

图 2-5-56 洋叶戗做法立面

与屋面相平、做通。山墙之上为竖带，竖带前后相连环通，顶作弧状，其北端与戗根相交后，沿戗而下，转为戗角，其南端向下延伸至走廊屋脊处为止，并砌筑花篮座作为收头。

林泉耆硕之馆的屋面平面图，见图 2-5-57。

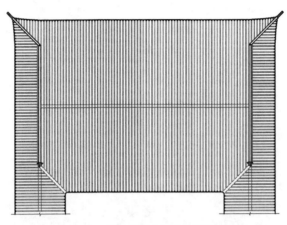

图 2-5-57　林泉耆硕之馆的屋面平面图

3. 林泉耆硕之馆的装修做法

1）外檐装修

林泉耆硕之馆的四周为围廊。前后之围廊，均于廊柱之间装有挂落，而两侧之围廊，则于廊柱之间装插角，每间走廊装两片，左右对称。

五间正厅，其前后均于步柱处装窗，其中正间装长窗，次间及边间装短窗，窗下为栏杆，栏杆内侧装有裙板，以分隔内外。

正厅两侧山墙各装有景窗四宕，其中北厅为方形景窗，南厅为八角景窗，与厅堂木架做法相协调，见图 2-5-58 所示。

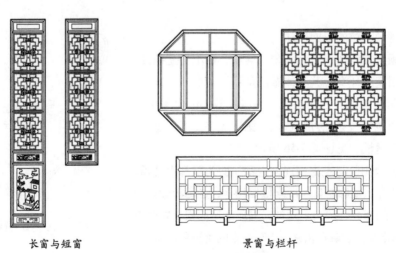

长窗与短窗　　　　　　　　　　　　　景窗与栏杆

图 2-5-58　林泉耆硕之馆的各式外檐装修

2）内檐装修

内檐装修的做法是：厅内脊柱落地，于正间脊柱间设直拼屏门六扇，两次间各为雕花落地圆光罩一宕，上设横风窗，两边间各设雕花纱隔五扇，纱隔前后均做雕花、填绿，由清水银杏制成。

由于位于冠云峰之南，故厅内屏门前后所作之雕刻，均与冠云峰有关。南厅一面雕"冠云峰图"，图为白描，线条流畅，作线雕，色填绿；北厅一面刻文字，内容是清末学者俞樾所撰的"冠云峰赞有序"，书为行楷，笔力雄劲，作阴刻，色为蓝。屏门两面，可谓图文并茂，相得益彰。

整列装修，面宽五间，一字排开，左右对称，显得庄重、大方，且雕刻精细，格调高雅，属内檐装修中之精品。

4. 林泉耆硕之馆的家具布置

林泉耆硕之馆所布置的家具全部采用清式红木家具，显得富丽华贵，古朴典雅。

1）南厅

南厅屏门之前，居中摆放的是一张榻，榻大如卧床，三面有围屏，是接待尊贵宾客用的家具。榻之中央摆放一张矮几，将榻分为左右两部分，可供宾主分别就坐，几上置茶具等物品。因榻较为高大，榻前分别摆放两张踏凳，以方便就坐。

榻的两侧，对称摆放的是瓷器古瓶与花几，瓷瓶底部置有底座，底座为圆形，有三足，亦为红木制品。

榻之前方，摆有茶几与太师椅等家具，家具分成两组，对称布置于榻之两侧。每组又分两列，每列均是居中为茶几，左右为太师椅，相背而设。

两侧边间山墙之前，居中摆放的是八仙桌，桌之左右为太师椅。左侧边间纱隔之前摆放的是大理石座屏，右侧边间纱隔之前摆放的是落地衣镜。

2）北厅

北厅屏门之前，居中摆放的是天然几，两侧各为花几，天然几前面是供桌。供桌之前，两侧各有茶几与太师椅一组，其具体布置与南厅相同。

两侧边间，纱隔之前，均是居中为八仙桌，左右是太师椅。山墙之前，居中摆的是榻，榻上有矮几，榻前为踏凳。

5. 林泉耆硕之馆的陈设布置

林泉耆硕之馆，共有匾额两块，均由清水银杏制成，分别悬挂于正间屏门的上方。

北厅匾额，上书"林泉耆硕之馆"，将其作为堂名，字体为小篆，由吴县汪东所书。南厅匾额，题为"奇石寿太古"，落款是"庚辰七月，九六叟孝思书"，字体为行书。原匾为清代张之万所书，2000 年（庚辰）由著名书法家谢孝思补书（图 2-5-59）。

图 2-5-59　林泉耆硕之馆　匾额立面图

厅内现有对联三副。其一："胜地长留，即今历劫重新，共话绉云来父老；奇峰特立，依旧干霄直上，旁罗拳石似儿孙。"原联为清代朱霆清书，1984 年请徐穆如补书（行书），现挂于正间脊柱之北厅一侧。其二："瑶检金泥封以神岳；赤文绿字披之宝符。"其三："沧胜如归寄心清尚；聆音俞漠托契孤游。"以上二联均为隶书，分别镌刻于边间两侧的纱隔屏门上。另有旧联一副："此峰疑天外飞来，历劫饱风霜，夐绝尘寰谁伯仲；斯地为吴中最胜，后堂饶丝竹，婆娑岁月若神仙。"原联亦为清代朱霆清所书。

林泉耆硕之馆的平、立、剖面图，详见图 2-5-60～图 2-5-67。

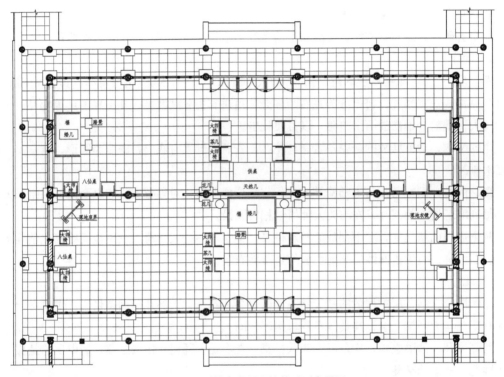

图 2-5-60 林泉耆硕之馆的平面布置图

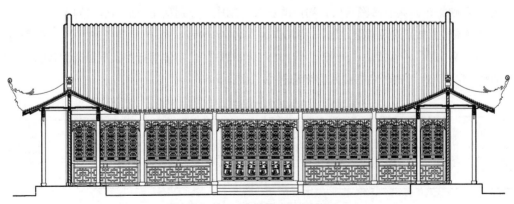

图 2-5-61 林泉耆硕之馆南立面图

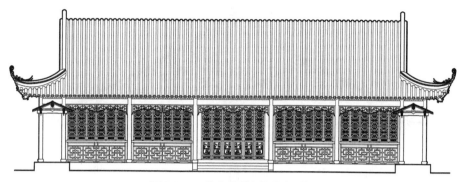

图 2-5-62　林泉耆硕之馆北立面图

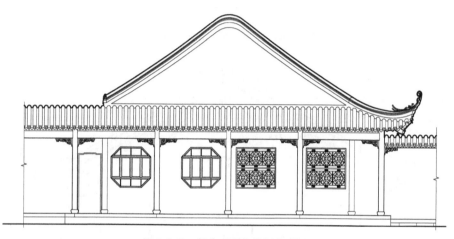

图 2-5-63　林泉耆硕之馆侧立面图

图 2-5-64　林泉耆硕之馆的内檐装修与陈设　南厅立面图

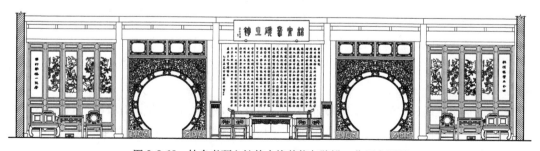

图 2-5-65　林泉耆硕之馆的内檐装修与陈设　北厅立面图

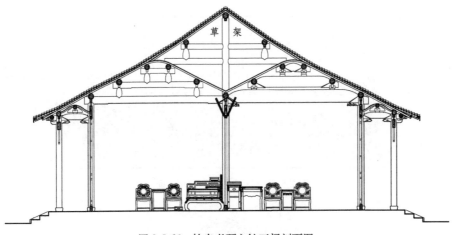

图 2-5-66　林泉耆硕之馆正间剖面图

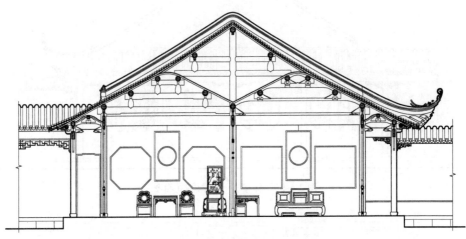

图 2-5-67　林泉耆硕之馆次间剖面图

（二）狮子林燕誉堂

燕誉堂位于狮子林东部，是苏州园林中著名的鸳鸯厅之一。厅内以屏门纱隔分成南北两厅：南厅名"燕誉堂"，为扁作五界回顶；北厅称"绿玉青瑶之馆"，圆堂五界回顶。

堂之前后均设一界为廊，廊端各有砖细门洞，往东可通向祠堂、大厅，向西能到达立雪堂、卧云室。门额之上，分别题有"听香"、"读画"、"幽观"、"胜赏"，古朴典雅，引人入胜。

堂南庭园，以粉墙作背景，筑有湖石花台，花台之内，立有石笋，丛植牡丹，花台两侧，各有玉兰一株，由此构成精美的立体画面，被称为庭园布置中的佳例。

堂北与小方厅隔园相对，互为对景，园内散点石峰与花卉，植有海棠、樱花各一株，环境幽静，景色宜人。

燕誉堂面宽三间，总宽 12.11 米，进深八界，总深 14.94 米，因檐口设有牌科，故檐高为 4.87 米。屋面形式为硬山顶，由小青瓦铺设，屋脊采用纹头筑脊。整座建筑，立面稳重、高大气派，是狮子林的主要厅堂。

1. 燕誉堂的大木做法

燕誉堂属鸳鸯厅，一般鸳鸯厅的大木做法都是以脊柱为界，前后布置对称，梁架部分一面用扁作，一面用圆料，不过一般均用圆柱，而在燕誉堂中，所用木柱也随梁架的不同有方柱与圆柱之分，而居中的脊柱则为半方半圆，与所对应的梁架相统一。

燕誉堂中露明部分的梁架，一为扁作，一为圆作，其形式虽然均为五界回顶，但是所用轩椽的用料与做法却有所区分。扁作梁架，按菱角轩做法，用的是菱角椽，断面为扁方形；圆作梁架，按鹤胫轩做法，用的是鹤胫椽，断面是荷包状。

由于燕誉堂的厅内梁架分别采用菱角轩与鹤胫轩做法，而该类轩的上面是不可以直接铺设屋面的，因此，轩上的草架就必须全部设草桁、铺草椽，以便于屋面的铺设。

燕誉堂内的草架将进深分为八界，采用的也是脊上起脊做法，将厅内脊柱延伸至顶，脊柱前后为双步，双步之上为草川，其上架草桁，草桁之上铺草椽。所架草桁，自上而下，依次称为草脊桁、上草金桁、下草金桁、草步桁、廊桁。

燕誉堂的梁架，前后步柱之外侧均设一界为廊。廊桁以下设有牌科，形式为一斗六升桁间牌科，架于斗盘枋之上，斗盘枋以下为廊枋。牌科数量，除柱头牌科以外，正间设四座，边间设三座，其间距根据开间尺寸作均分。

走廊之出檐椽，一端架于草步桁上，一端伸出廊桁之外，椽端再加设飞椽，以增加出檐长度。出檐椽以下做廊轩，廊轩做法也分以扁、圆，所用轩式与厅内回顶做法相同，前轩做的是一枝香菱角轩，后轩为一枝香鹤胫轩。廊轩的轩梁外端，无论扁、圆，均做成云头，架于柱头牌科之上，云头之上架梓桁，为一斗六升云头挑梓桁做法。

燕誉堂的正贴做法，圆作回顶的大梁两端设有梁垫与蒲鞋头，以增加美观。大梁以上，除轩椽形状不同之外，其余做法均与林泉耆硕之馆的回顶做法相同。扁作回顶的做法也是如此，除轩椽形状不同外，其余均与林泉耆硕之馆的做法相同。

具体做法，详见图2-5-68，不详之处，读者可参见"林泉耆硕之馆"一节中的相关内容。

燕誉堂的边贴做法，边贴大梁以下，无论扁、圆，均设有一斗三升牌科二座，牌科底部为夹底，其高度与步枋高度相同。走廊轩梁以下也设有夹底，所设夹底与廊坊做通。边贴的梁架空隙处均填以山垫板。

燕誉堂大木的具体做法，详见图2-5-68、图2-5-69。

2. 燕誉堂的屋面做法

燕誉堂的屋面为硬山顶，由小青瓦铺设，屋脊采用纹头筑脊。屋脊高约50厘米，具体做法是：在前后屋面合角处砌筑通长攀脊，其面高于盖瓦约5～6厘米，两端覆花边瓦，称嫩瓦头，挑出墙面3～4厘米。攀脊之上为滚筒，两端须做出螳螂肚形状，其位置在屋面内侧缩进一楞半瓦的距离处。滚筒以上为二路瓦条，上部瓦条上面砌束塞，束塞上面再砌一路瓦条。瓦条之上砌筑纹头，纹头长约50～60厘米，以青砖砌成，再粉出线条与图案，砌筑时，其外侧应略高于内，且与嫩瓦头成一直线。纹头之后，将瓦竖立紧排于瓦条之上，称为筑脊。脊顶施以粉刷作盖头灰，以防雨水。整条屋脊，除纹头外，未施任何装饰，显得简洁、大方。

燕誉堂屋脊的具体做法，详见图2-5-70。

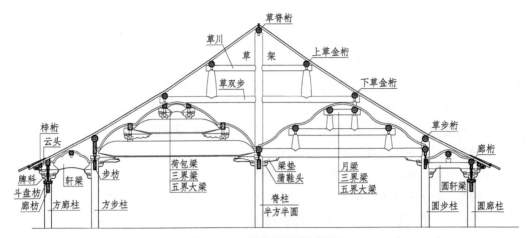

图 2-5-68　燕誉堂的正贴做法

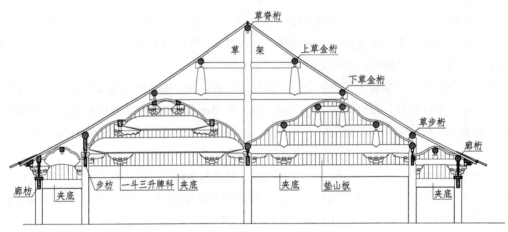

图 2-5-69　燕誉堂的边贴做法

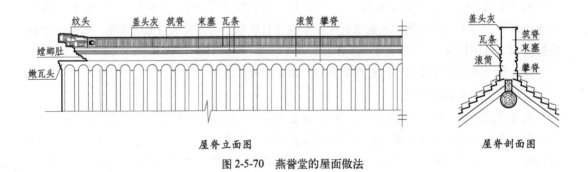

屋脊立面图　　　　　　　　　屋脊剖面图

图 2-5-70　燕誉堂的屋面做法

3. 燕誉堂的装修做法

1）外檐装修

燕誉堂的前后廊柱之间均装有挂落。挂落做法较为特殊，两端下垂较多，内嵌雕花结子，与飞罩做法相似。

前廊挂落底部，其轮廓线由多种弧线构成，所嵌结子，居中为花瓶图案，两面图案各为一片贝叶，雕刻精细，惟妙惟肖。

后廊挂落底部，其轮廓线仍以挂落芯子作收边，内嵌雕花结子较多，对称设置，其中两片较大，图案为宫式团扇。

前廊挂落以下，于两侧边间各装有木制栏杆，栏杆之内也嵌有雕刻图案，居中图案为"凤穿牡丹"，寓意吉祥。燕誉堂的挂落立面，详见图 2-5-71。

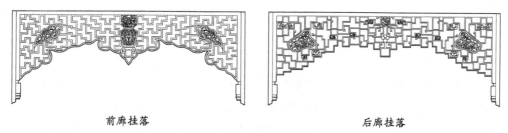

前廊挂落　　　　　　　　　　　　　　　后廊挂落

图 2-5-71　燕誉堂的挂落立面图

厅内前后步柱之间，通长三间均装有长窗，其中正间装六扇，两侧边间各为五扇。长窗之上为横风窗，所装扇数与长窗相同。长窗制作精细，所有夹堂板以及裙板之上，均有精美雕刻，其内容为各式花卉。

长窗及横风窗，前后做法各异，除窗芯图案不同之外，所安装的玻璃也有所不同，前檐窗扇安装的是大片无色透明玻璃，而后檐窗扇则是根据窗芯形状镶嵌各种颜色的彩色压花玻璃。两侧山墙，前厅居中装有景窗一宕，景窗呈长八角形，周边饰以砖细镶边。

燕誉堂的窗扇及栏杆，见图 2-5-72。

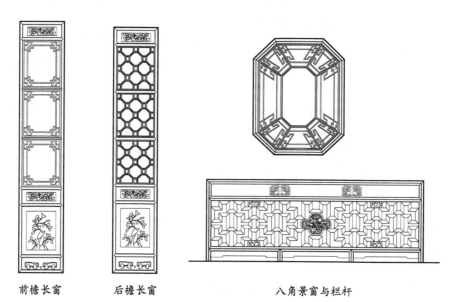

前檐长窗　　　　　　后檐长窗　　　　　　　　　八角景窗与栏杆

图 2-5-72　燕誉堂的窗扇及栏杆立面图

2）内檐装修

燕誉堂的内檐装修，安装于厅内脊柱之间。正间安装的是八扇直拼屏门，将厅分成前后两个部分，每扇屏门均由独块银杏木制成，清水做法，十分珍贵。

屏门两面均有精美雕刻，南面刻的是"重修狮子林记"，全文650余字，记述了民国初年重修狮子林的经过，字为楷书，字体秀美，排列端正，采用阴刻手法，字填石蓝。北面雕的是"狮子林图"，画的是重修后的狮子林全景图，由主持重修的苏州画家刘照所绘，其作用颇似现在的方案图。图为白描，以刀作笔，线条流畅，填以石绿。

两侧边间安装的均是纱隔飞罩，便于人员出入。飞罩及纱隔均由红木或楠木等珍贵木材制成，因此加工精细、制作精美。

飞罩底部由大小三段圆弧组成，犹如拱门下垂，颇似西洋手法。飞罩芯子，制作精细，粗细一致，榫接严密，并嵌有大小不等的雕花结子，疏密有致，分布合理，其中三个较大，居中所嵌为牡丹图案，两边为凤凰图案，雕刻精细，生动逼真，堪称飞罩中之精品。

两旁纱隔，上下夹堂及裙板两面均有精美雕刻，所雕内容为各式花卉。纱隔之芯子部位将其分成三格，每格中间为玻璃方框，框内可裱糊书画。框之四周饰以雕花镶边，镶边采用镂空雕法，以便双面观赏。

由于厅内高度较高，屏门以及纱隔飞罩上部均设有横风窗，横风窗的做法与纱隔芯子相似，也是中间为玻璃方框，周边围以雕花镶边，镶边采用镂空雕法。

4. 燕誉堂的家具布置

燕誉堂内所布置的多为清式家具，用材讲究，均为红木或楠木等名贵木材所制成，且制作精细，造型厚重，显得雍容华贵，富丽堂皇，更能凸显出其主要厅堂的形象。

南厅屏门之前，居中摆放的是宽大的天然几，几上有供石、座屏、瓷瓶等古玩作为陈设，显得古朴典雅。几之两旁为花几，上置盆花，花几造型特殊，以线条为主，不施雕饰，简练质朴，颇具明式做法。天然几之前是供桌，两旁各为太师椅。

南厅中央置有圆桌一张，圆桌两旁是茶几与太师椅，按两椅夹一几摆放，位于花几之前。两侧山墙八角景窗处，沿墙摆放的是八仙桌，两旁也为太师椅。另于纱隔之前靠近山墙一端左右各置落地座钟与圆形花几，座钟位于左侧，花几位于右侧。

南厅所配置的太师椅，椅背成中高侧低，如凸字形状，两侧带有扶手，椅背中间嵌有圆形大理石，并配以葫芦、贝叶等图案，制作精美，在旧时属于最隆重的坐具。

北厅屏门之前，居中摆放的是榻，榻上有矮几，榻前有踏凳。榻之两侧是花几，几上置盆花。其余的家具布置，北厅均与南厅相同，也是居中为圆桌，两侧为两椅夹一几，再两侧为两椅夹一桌。所不同的是，在南厅所置落地座钟的背面，北厅置的是红木落地衣镜。另外，北厅的家具较南厅为简，规格也较之略小，其座椅仅有靠背而无扶手，称一统背式椅，其等级比太师椅稍低一筹。

5. 燕誉堂的陈设布置

南厅屏门之上，悬有白底黑字横匾一块，庄重而大方，上书堂名"燕誉堂"三字，款署"丙寅中秋后二日，毕诒策，年七十又四"。丙寅年，即 1926 年，毕诒策，字勋阁，江苏太仓籍人，寓吴县 (今苏州)。毕沅 (1730-1797) 裔孙。工书，善工笔花卉。

北厅屏门之上挂的则是清水银杏匾额，字为汉隶，苍劲古朴，由苏州著名书法家吴进贤所书，额名"绿玉青瑶之馆"，款署"新安吴进贤，时年八十三"。

燕誉堂的两块匾额，详见图 2-5-73。

图 2-5-73　燕誉堂　匾额立面图

北厅屏门两侧柱上挂有抱对一副，上联是"具峰岚起伏之奇，晴云吐月，夕朝含晖，尘劫几经年，胜地重新狮子座"，下联是"于筋咏流连而外，赡族承先，树人裕后，今名园得主，高风不让谢公墩"。由晚清时曾任山东巡抚的孙宝琦所撰书。

两侧山墙均为白色粉墙，下部贴有砖细勒脚，勒脚高约 1 米。铺贴式样，南厅将整块方砖作斜向铺贴，称斜角细；北厅用半块高的方砖，按水平做错缝铺贴，称勒脚细。走廊两端，前后均有砖细门洞，门洞为长方形，其上口做成茶壶档形。门洞上方为砖细字碑，上有题字。前廊所题。左侧为"读画"，右侧为"听香"；后廊所题，左侧为"胜赏"，右侧为"幽观"。其内容含蓄典雅，文字对仗工整，文化气息极浓。

勒脚以上，南厅于八角景窗两侧各挂有楠木挂屏一块，挂屏中间嵌有圆、方大理石各一块，寓"天圆地方"之意。北厅所挂为书画作品，一书一画，相互映衬，十分雅致。

堂内南北两厅，均于正贴大梁之下悬挂红木宫灯作装饰，其式样也是南北有别：南厅所挂为六角宫灯，清式，雕刻精细；北厅悬的是方形宫灯，明式，造型简练。

堂内地坪，虽然均由方砖铺设，但因铺设方向不同，其效果亦有不同，南厅按斜向铺设呈菱形，北厅及前后走廊按正向铺设为正方形。柱下鼓磴，两厅做法也有区别：南厅为方柱，鼓磴也随之而方，且饰有线脚，较为华丽；北厅是圆柱，鼓磴亦为圆形，且按普通做法，甚为朴素。

燕誉堂内，南北两厅，构架各有不同，南厅精雕细刻，北厅朴实无华，家具陈设也布置相异，各有千秋，就连细节处理也是处处有别，极具特色。这在苏州园林诸鸳鸯厅中尚属罕见，当为孤例。

燕誉堂的平、立、剖面图，详见图 2-5-74 ～图 2-5-80。

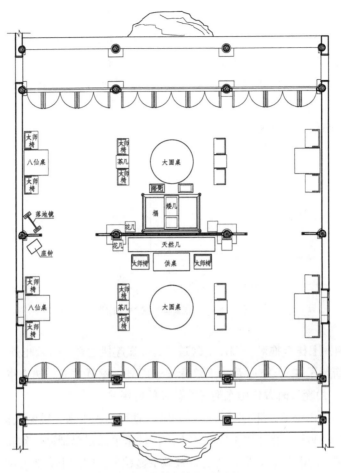

图 2-5-74　燕誉堂的平面布置图

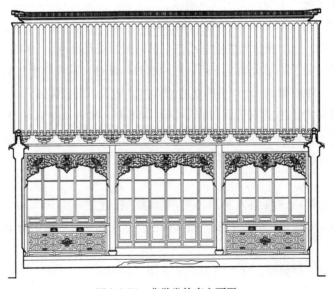

图 2-5-75　燕誉堂的南立面图

图 2-5-76　燕誉堂的北立面图

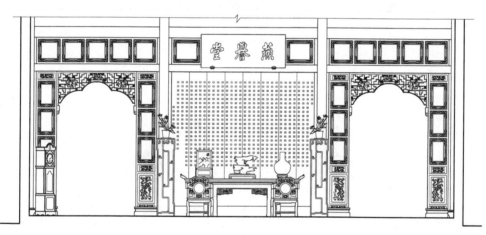

图 2-5-77　燕誉堂的内檐装修与陈设　南厅立面图

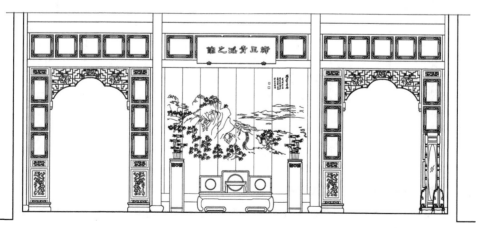

图 2-5-78　燕誉堂的内檐装修与陈设　北厅立面图

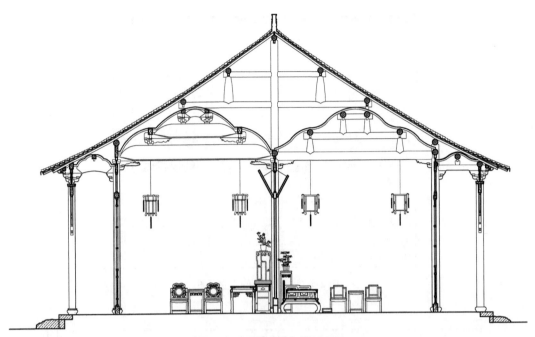

图 2-5-79　燕誉堂的正间剖面图

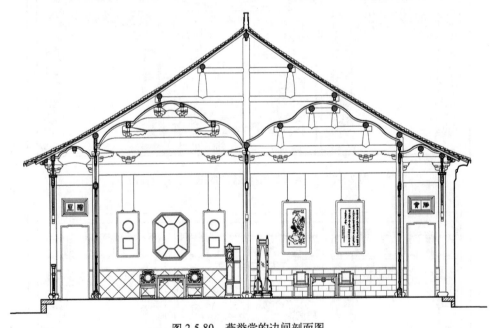

图 2-5-80　燕誉堂的边间剖面图

五、花篮厅——狮子林"水墼风来"厅

狮子林内有一座著名的花篮厅，厅名"水墼风来"。其构造特点是厅内前步柱不落地，而代之以短柱。因短柱端部雕有花篮，故称花篮柱，而厅亦随之称为花篮厅。

花篮柱悬挂于两端搁在山墙的通长木枋之上，厅的屋面重量主要由木枋承受，故木枋须由受力较强的硬木制成。由于木材承载能力的局限，花篮厅的开间与进深都不宜过大。

该厅面宽三间，开间不大，总宽8.68米，进深方向，采取满轩形式，由四轩相连组成，总深9.99米，檐高3.53米。硬山顶，屋脊做法简单，仅以黄瓜环脊结顶，以减少屋面负重。

"壂"，指堂室。花篮厅面水而筑，前有平台，于厅前平台眺望，池南假山叠嶂，山上古树掩映，峰、树倒映池中，随波摇曳，别是一番景象。池中植有荷花，夏日凉风习习，荷香飘逸，令人心旷神怡，故厅名"水壂风来"。

此厅原名"荷花厅"，1945年抗日战争胜利后，当时的国民政府曾在此举行仪式，接受日本侵略军的投降，因此很有历史意义。

原筑毁于1968年的一场火灾，后从别处将该花篮厅移建于此，以恢复旧观。

（一）"水壂风来"厅的大木构造

"水壂风来"厅的构架，进深方向，由四轩相连而成，现将其具体做法分述如下：

厅之后步柱落地，前步柱不落地，而以花篮柱代之，两柱之间，筑五界回顶，按船篷轩做法。

后步柱之后筑有后轩，形式为三界船篷轩，轩梁一端连于后步柱，一端架于后廊柱之上，并伸出柱外，做成云头挑梓桁形式。

五界回顶之前筑有内轩，内轩轩梁一端连于花篮柱上，一端与花篮柱之前所设的轩步柱相连，内轩的轩式为三界鹤胫轩，进深较浅，以减少花篮柱的荷重。

轩步柱之前设一界为廊，廊内筑有廊轩，其轩式为一枝香菱角轩，轩梁前端亦伸出前廊柱之外，并做成云头挑梓桁形式。

"水壂风来"厅的构架，均采用方柱，梁架采用贡式做法。所谓贡式，便是梁架虽用扁方料，但其做法却按圆作做法，梁、川等构件，通过上弯下挖等加工手段，将其做成软带形，甚为美观。贡式做法的桁、椽也都采用方料，具体做法见图2-5-81，因该厅构件均施有精美雕刻，为能清晰地表示出贡式做法的特点，图中构件所示均为其轮廓线。

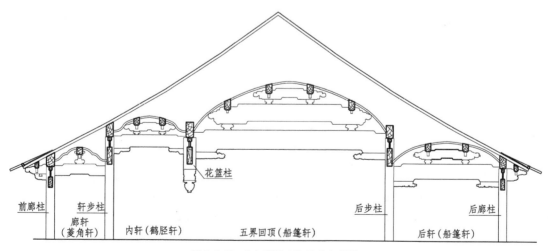

图2-5-81 "水壂风来"的构架做法

"水壁风来"厅以雕刻精细著称，尤以花篮柱的雕刻为最，篮内所插花枝分别是号称画中四君子的"梅、兰、竹、菊"，显得格调高雅，并采用透雕、圆雕、浅雕、线刻等雕刻手法，将其雕刻得玲珑剔透，姿态各异，栩栩如生，就连细节之处也是清晰可见，堪称雕刻中之精品。

　　厅内雕刻随处可见，除内外装修上所施雕刻以外，所有梁、枋、夹堂板以及矮柱等处，无一不雕。特别是将构架内所有矮柱也雕刻成花篮形状，其处理手法尤为巧妙、别致。

　　"水壁风来"厅构件表面的雕刻图案，见图 2-5-82 ~ 图 2-5-85。

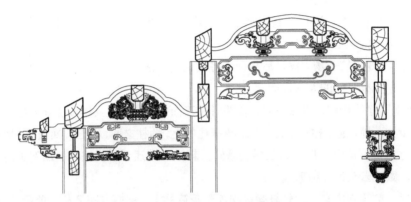

图 2-5-82　廊轩与内轩的雕刻图案

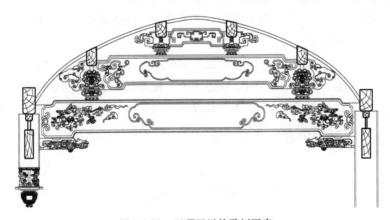

图 2-5-83　回顶五界的雕刻图案

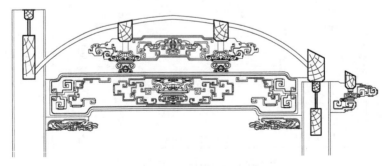

图 2-5-84　后轩的雕刻图案

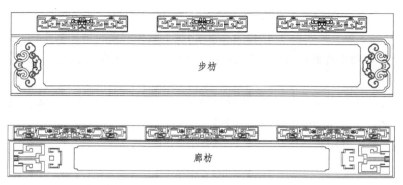

图 2-5-85　步枋、廊枋及夹堂板的雕刻图案

　　构架之上为草架，其具体做法不详，亦无可靠资料作为参考。但根据厅内构架以及屋面外观来推算，草架应由人字梁组成。

　　人字梁的具体做法应该是：根据屋面坡度用两根斜梁组成一个人字，斜梁之间用木枋相连，作为拉结梁，使其形成一个稳定的三角形。

　　在花篮柱的上方，设一根特大规格的通长木枋作为草搁梁，搁置在两侧山墙上，另将后步柱也升高至顶。人字斜梁的下端，一根与草搁梁相连，一根与后步柱相连。各节点之间的连接，以牢固为原则，采用铁件加固或榫卯连接均可。

　　另于人字梁的前后各设一根短梁，分别与草搁梁及后步柱相连，另一端架在轩上，短梁的长度，根据所在草界桁条的位置而定，高度不够时，可用垫木调整。

　　将厅内草架，以草脊桁为界，前后各分成四界，所有草界桁条则依次架在斜梁与短梁上。具体做法，详见图 2-5-86 "草架做法构想图"。

　　必须特别说明的是，图示做法并非测绘图，仅为作者所作的一种设计构想，若与建筑实例不符，请以建筑实例为准。另外，作者所作之构想，仅供读者参考，不建议直接运用于设计，其中如有不妥之处，欢迎专家与读者批评指正。

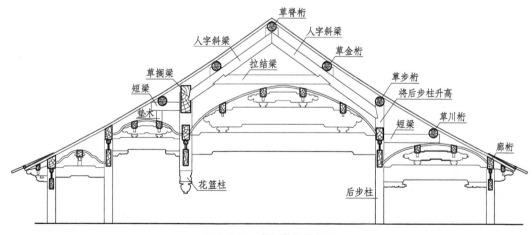

图 2-5-86　草架做法构想图

（二）"水墅风来"厅的屋面做法

"水墅风来"厅的屋面形式为硬山，由小青瓦铺设，其屋脊做法较为简单，以黄瓜环脊作顶，轻盈简洁，与其小巧玲珑的建筑外观相协调，一般花篮厅形式的厅堂多用之，借以减轻屋面自重。

前后屋面均为出檐做法，故两侧山墙两端均向外逐皮挑出做成垛头，垛头以砖细作装饰，兜肚之上刻有精美图案，制作精细，古朴典雅。

（三）"水墅风来"厅的装修做法

1. 外檐装修

"水墅风来"厅的前檐设有外廊，其廊柱一列均于廊枋之下悬装挂落，两侧边间，在廊柱下部装有木制栏杆。所装挂落、栏杆均为乱纹图案，并嵌有雕花结子，周边框料及栏杆芯子均施有精美线脚，虽视之美观，但制作繁复，耗工较大，非装修精美之建筑，一般不用，见图2-5-87。

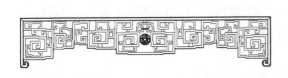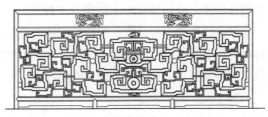

图 2-5-87　挂落与栏杆立面图

外廊之后，于轩步柱一列，通长三间均装落地长窗，其中正间为六扇，两侧边间各为四扇。长窗芯子为软景纹样，显得高档大气，上下夹堂及裙板上均有精美雕刻，中夹堂上刻有古诗词一首，十四扇长窗，每扇一首，无一雷同。因长窗较高，故长窗之上装有横风窗，横风窗按开间设置，每间各三扇。

后檐廊下装有长短窗，正间为长窗，共六扇，边间为短窗，两侧各四扇。窗之芯子均为冰纹图案，古朴典雅，上下夹堂刻有各式图案，长窗裙板上刻有人物故事，其内容为古代的各种风土人情，极具欣赏价值。

由于边贴未设脊柱，故两侧山墙居中各有短窗一组，每组四扇，短窗图案亦为冰纹。窗之上方，于外侧做雀宿檐，雀宿檐为凸出墙面的小型屋面，上有纹头筑脊作装饰，雕塑精美，古色古香。雀宿檐的设置，既保护了窗户，又丰富了山墙立面，是苏州园林中山墙外窗处理的一种常用手法。

各式外檐窗扇的立面图，见图2-5-88。

2. 内檐装修

内檐装修位于后步柱一列，正间为直屏门四扇，屏门于朝南一面刻有《松寿图》，朝北一面刻的是东汉学者仲长统所作的《乐志论》，由晚清民国年间苏州著名书画家王同愈所撰书。所刻书画均采用阴刻手法，色填石绿。

轩步柱一列之长窗、横风窗安装立面（边间）　　　后檐长、短窗立面　　　山墙短窗立面

图 2-5-88　各式外檐窗扇立面图

　　两侧边间设置的均是纱隔与挂落飞罩。纱隔制作精细，所有夹堂板与裙板两面均有精美雕刻。所刻内容：上夹堂刻有各类花卉，下夹堂刻的是蝙蝠图案；而裙板图案共有八幅，朝南的正面是以"渔、樵、耕、读"为题材的四幅山水风景，反面刻的是四种吉祥鸟类，即凤凰、孔雀、锦鸡与仙鹤；中夹堂图案也是八幅，正面是四幅不同的花鸟图，反面是以"琴、棋、书、画"为内容的静物图案。纱隔的芯子部位分成两块，居中是玻璃方框，周边围以雕花镶边，玻璃框内可裱糊书画，以作观赏之用。纱隔底部为须弥座，纱隔即安装于须弥座之上，挂落飞罩采用葵式做法，安装于两扇纱隔中间。

　　纱隔飞罩以上设有横风窗，横风窗每间三扇，其做法是中间为玻璃方框，周边围以镶边，框内裱有书画，甚为雅致。

　　（四）"水墅风来"厅的家具与陈设布置

　　"水墅风来"厅面积不大，故厅内家具也布置不多。屏门之前置有琴桌一张，上有小型座屏与古瓶各一。琴桌两侧各为花几，上置盆花作点缀。琴桌之前，居中所设为圆桌，两侧各为太师椅及茶几，按三椅夹二几排放，对称布置，位于正贴大梁下方。屏门之后，仅有琴桌一张，别无其他家具。

　　厅之朝南一面，于屏门上方悬挂横匾一块，为清水做法，上题"水墅风来"四字，上款署"癸亥夏日"，下款署"芗研吴炳元"，见图 2-5-89。

图 2-5-89　水墅风来匾额

屏门两旁挂有对联一副，该联亦由清末民初书法家吴炳元所撰并书，其上联是"尘世阅沧桑，问昔年翠辇经过，石不能言，叠嶂奇峰还依旧"，下联是"清淡只风月，于此地碧筒酣饮，花应解语，凌波出水共争妍"，上款署"癸亥七月既望"，下款署"芗研吴炳元"。

两侧山墙均于花篮柱之前后挂有内嵌方、圆大理石的挂屏各一块，所嵌大理石的石纹清晰，犹如天然山水画，极具情趣。

正间两侧的大梁底下挂有红木宫灯作点缀，五界回顶处两盏，后轩一盏，两侧共计六盏。所挂宫灯为六角，清式，制作精细，有上下两个层次，周边玻璃框内裱有精美绢画，十分雅致。

"水墅风来"厅的构架做法也特别值得一提。该厅采用花篮厅形式，从而使厅内空间显得宽敞、高爽，而构架所采用的贡式做法，又使构件显得纤巧、秀丽，使其更具观赏性，尤其是采用了四轩相连的满轩形式，并根据柱的受力情况来分配各轩的进深大小，更是科学、合理，既提高了建筑的安全系数，又延长了使用年限。

该厅集花篮厅、贡式厅、满轩三种厅堂形式为一体，乃苏州园林中之唯一佳例，具有很高的欣赏价值与参考价值。

"水墅风来"厅的平、立、剖面图，详见图2-5-90～图2-5-95。

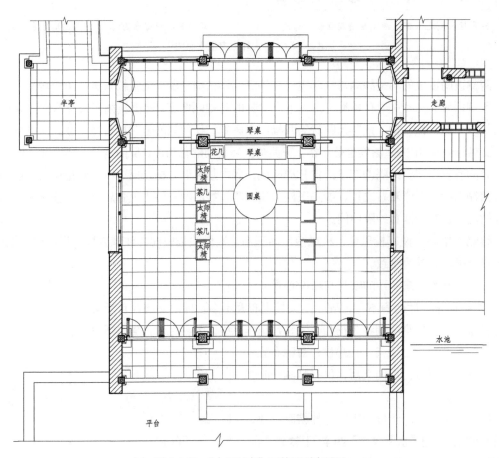

图2-5-90 "水墅风来"厅的平面布置图

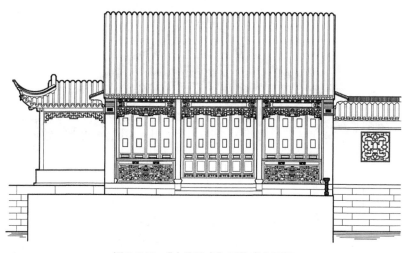

图 2-5-91 "水墅风来"厅的南立面图

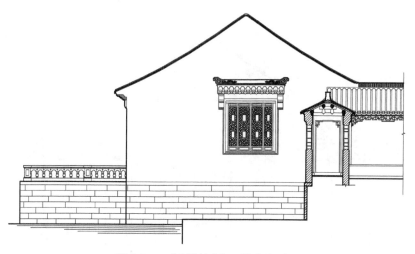

图 2-5-92 "水墅风来"厅的东立面图

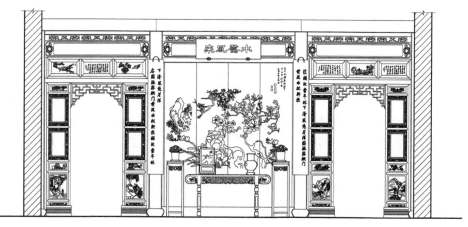

图 2-5-93 "水墅风来"厅的内檐装修与陈设 南立面图

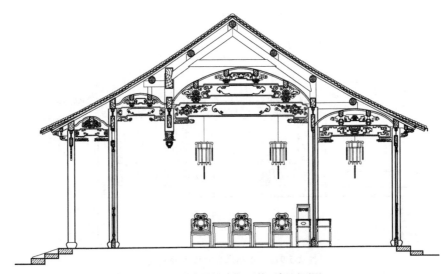

图 2-5-94 "水壂风来"厅的正间剖面图

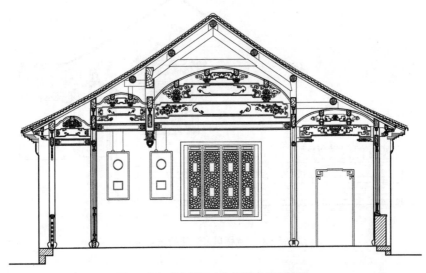

图 2-5-95 "水壂风来"厅的次间剖面图

六、满轩——拙政园卅六鸳鸯馆

卅六鸳鸯馆是拙政园西部的主体建筑，精美华丽，北临水池，南有小院。平面为鸳鸯厅形式，由屏风、纱隔、飞罩等内檐装修将其划分为南北两厅。北厅名"卅六鸳鸯馆"，因池中养有三十六对鸳鸯而得名；南厅为"十八曼陀罗花馆"，曼陀罗花为山茶花之别称，为与北厅相对应，造园时特在馆前小院内栽种十八株名贵品种的山茶花，因而称为"十八曼陀罗花馆"。该馆虽按鸳鸯厅方式做平面布置，但其梁架却是满轩做法，由四轩相连而成，与鸳鸯厅的梁架做法不同，故一般都将其归类为满轩式厅堂。

馆之平面为方形，带有四耳室，耳室建于馆之四角的门洞外侧，既可作为附房使用，又可为馆内挡风避雨，故又称暖阁。

主厅为三开间,两侧各设外廊,以连通南北之耳室。三间主厅宽11.10米,另加耳室各宽2.90米,总宽16.90米,总深14.54米,檐高4.01米,外廊与耳室之檐高均与主厅相同。

卅六鸳鸯馆的屋面形式较为特殊,其主厅为硬山顶,南北双向落水;两侧外廊各按东西向,单坡落水;四角耳室为攒尖顶,四坡落水。故该馆之平面形式与外观造型在苏州园林中未见有相同者,当为孤例。

（一）卅六鸳鸯馆的大木做法

卅六鸳鸯馆的构架,由四轩连成,称为满轩。轩与轩之间,以柱予以分隔。每贴屋架共设柱五根,居中为脊柱,其前后设步柱各一,步柱之前再设廊柱各一,各柱之间设轩相连。脊柱与步柱之间,所设为三界船篷轩,轩深3.09米;步柱与廊柱之间,为三界鹤胫轩,轩深稍浅,为2.78米。以脊柱为界,前后对称布置。

轩之梁架均为扁作,轩梁长三界,架于柱上所设之坐斗上,轩梁以下为梁垫与蒲鞋头。轩梁之上架坐斗两座,斗上架荷包梁,其两端架上、下轩桁各一,上、下轩桁间为弯椽,其两侧各为轩椽。

各轩之做法基本相同,且所有轩梁之底所设高度亦均相同。不同之处在于:船篷轩之轩桁为圆桁,轩椽为单弯椽,弯度上拱,底下视之,轩顶似船篷状,称船篷轩;而鹤胫轩之轩桁为方形,轩椽为双弯椽,上下反向弯曲呈鹤胫状,故称鹤胫轩。

轩以上为草架,其具体做法是:将脊柱与步柱分别延伸至顶,脊柱与步柱间设梁称草三步,三步之上架童柱,童柱上架草双步,双步之另一端连于脊柱,双步之上再设童柱,上架草川,川亦与脊柱相连。另于步柱之前设一短梁,短梁一端架于轩顶之轩桁上。草架前后各分五界,所架桁条,自上而下分别称为草脊桁、上草金桁、下草金桁、草步桁、草川桁及廊桁。桁上铺钉木椽,以铺设屋面,脊桁两侧者,称头停椽,端部伸出桁外者,称出檐椽,其余各界均称花架椽,出檐椽之端部,上加飞椽,以增加出檐长度。

廊桁以下,设有桁间牌科,形式为一斗三升,架于斗盘枋上。鹤胫轩的外端便架于柱头牌科之上,并伸出柱外,做成云头挑梓桁形式。

卅六鸳鸯馆大木的具体做法,详见图2-5-96、图2-5-97所示。

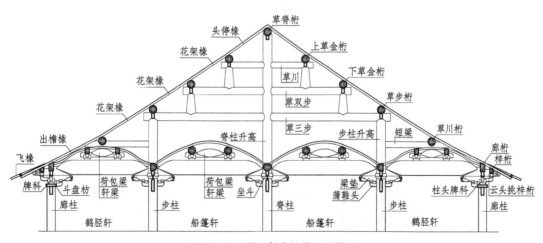

图2-5-96　卅六鸳鸯馆的正贴做法

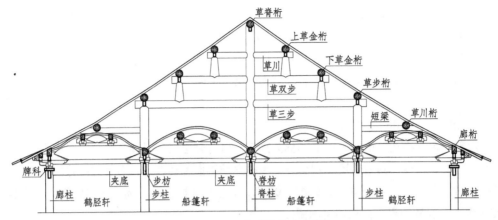

图 2-5-97　卅六鸳鸯馆的边贴做法

（二）卅六鸳鸯馆的屋面做法

卅六鸳鸯馆的屋面形式较为特殊与复杂，由主厅、两侧走廊及四角耳室共同组成，均由小青瓦铺设。其中主厅为硬山顶，南北双向落水，屋脊采用纹头筑脊，显得稳重、大方。山墙两侧的走廊为单坡落水，排水方向为东西向，屋面上端与山墙交接处以攀脊作为收头，显得简洁、自然，攀脊须砌入墙内，以防漏水。四角耳室为攒尖顶，四坡落水，居中宝顶由砖细制成，形状为四方形，与其平面形式相协调，戗角采用水戗发戗，起翘不高，显得轻巧、舒展。

耳室屋面与其他屋面相交处须斜向往上做出斜沟，斜沟的作用是改变原有屋面的排水方向，将雨水导入沟内，改由斜沟排水。斜沟共设两条，主厅及走廊屋面各一条，并将与其他屋面相交的戗角下部取消，延伸至主厅山墙即可。

卅六鸳鸯馆的屋面平面布置与做法，见图 2-5-98。

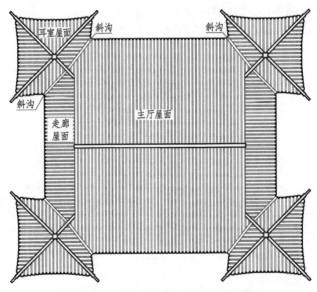

图 2-5-98　卅六鸳鸯馆的屋面平面布置图

（三）卅六鸳鸯馆的装修做法

卅六鸳鸯馆主厅，前后廊柱之间安装的都是落地长窗，无论正间或边间，均为六扇，外开。北厅因临池，长窗之后，另设木制栏杆，以供游人凭栏观景。长窗芯子采用海棠菱花图案，所嵌玻璃蓝白相间，具有特殊的光影效果。

两侧山墙，各辟景窗四宕，均为长八角形，以宫万芯子做斜向设置，周边围以砖细镶边，简练而大方。墙上另辟有长八角形的砖细门洞，分别与四个耳室相通，上有砖细门额，根据方位及周边景物，分别题额为"迎旭"、"延爽"、"来熏"、"纳凉"，委婉含蓄，切合主题，所刻字体为篆书，优美隽秀，古朴典雅（图2-5-99）。另外，墙上所有门窗外形均呈八角形，与厅内弧形的轩顶较为吻合，可谓是独具匠心。

迎旭　　　　　　　延爽　　　　　　　来熏　　　　　　　纳凉

图 2-5-99　砖细门额立面图

四角耳室，周边均设半窗，半窗离地约60厘米，窗下为木制裙板，内设坐槛，可供游人凭坐休息。窗之芯子，与馆内长窗相同，也是海棠菱花图案，镶嵌蓝白相间的玻璃。

山墙两侧，各有外廊三间，将两端耳室相连。外廊居中的一间与园内走廊相接，于相接处砌墙、设门洞，所设门洞，一为八角，一为全圆，门洞周边，均以砖细镶边作装饰。全圆门洞的上方有"得少佳趣"砖细门额。其余两间外廊均上悬挂落，下砌半墙，半墙之上有砖细坐槛，可凭坐观景。外廊两端设门，游人可由此经耳室进入馆内。

馆内于脊柱一列设有内檐装修，正间装的是六扇落地屏风窗，两侧边间均为纱隔与飞罩，将馆分为南北两部，与鸳鸯厅做法相同。

屏风窗制作精美，其芯子部位四周是双层雕花镶边，镶边之间夹以带有花格图案的磨砂玻璃，其夹堂板及裙板部位，单面刻有精美图案，雕花位于南面一侧。

纱隔双面均施雕刻，裙板上南面刻的是传统的喜庆图案，北面刻的是梅兰竹菊，其芯子部位装的是大片透明玻璃，以雕花件略加点缀，既通透又古朴。两扇纱隔之间装的是挂落飞罩，按葵式做法，居中嵌有花篮图案的雕花结子，简洁典雅。

（四）卅六鸳鸯馆的家具与陈设布置

卅六鸳鸯馆建于清代末年，馆内所布置的均是清式家具。

南厅（十八曼陀罗花馆），屏风窗之前，居中摆有琴桌一张，上置红木插屏与瓷瓶，瓶内以几枝孔雀翎毛作装饰，两侧为花几，置有盆花。琴桌之前安放的是榻，榻上是矮几，可放茶具，榻前有踏凳，为方便宾客就坐而用。榻之两侧是太师椅与茶几，按两椅夹一几方式摆放，对称布置。

两侧山墙，沿墙摆放的是圆形半桌与花几，半桌放于景窗之前，花几位于靠近纱隔一侧，可置盆花。

北厅(卅六鸳鸯馆),将天然几摆放于屏风窗之前,几上置有古瓶、石供及大理石座屏作装饰。几前为供桌,桌之左右各为太师椅一把,椅背上嵌有圆形大理石,周边围以灵芝花纹,椅之两侧为青花瓷瓶一对。

于正间步柱内侧,置方凳各一,该凳又名满机,四足,机面较凳宽大,约2尺见方,可单独摆放。

边间两侧,沿山墙摆放的是八仙桌、太师椅与花几,其中八仙桌居中,太师椅分列左右,而花几则置于靠近纱隔的一侧,上置盆花。

屏风窗之上方,南北两面均悬有匾额,北厅匾额由清代同治年间的状元洪钧所题,上书"卅六鸳鸯馆",南厅匾额由清代光绪年间的状元陆润庠所书,额名"十八曼陀罗花馆"。洪、陆两位状元均为苏州人士,同一座建筑,两块匾额分别由两位苏州状元所题,这在当时是绝无仅有的一件盛事,同时也成为苏州园林中留传至今的一段佳话(图2-5-100)。

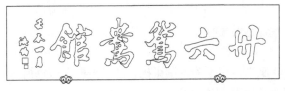 

图2-5-100 卅六鸳鸯馆 匾额立面图

馆内挂有楹联四副,已非原物,均为旧联新书。其中南厅挂两副:其一,"迎春地暖花争坼,茂苑莺声雨后新"。由已故人大副委员长胡厥文先生补书,黑底金字,挂于正间脊柱之南侧。其二,"小径四时花,随分逍遥,真闲却、香车风马;一池千古月,称情欢笑,好商量、酒政茶经"。由浙江著名书画家沈迈士先生所补书,绿底黑字,挂于南厅正间步柱之南侧。

北厅也挂有两副楹联:其中挂于正间脊柱北侧的是"绿意红情,春风夜雨;高山流水,琴韵书声",由著名书法家林散之先生补书,黑底金字。另有一联"燕子来时,细雨满天风满院;阑干倚处,青梅如豆柳如烟",由当代著名书法家沈鹏先生补书,该联亦为黑底金字,挂于北厅正间步柱之北侧。

馆内两侧山墙各挂有两幅彩墨花卉图,由苏州当代著名书画家所作,挂于八角门洞之内侧。

卅六鸳鸯馆形体较大,坐落于花岗石制作的台基之上,室内地坪均由方砖铺设。馆北临池,于是设石柱、架石梁,使馆北局部跨于水面,任水面延伸至建筑之下,似水之源头,使水面有不尽之活意。虽然此举是苏州园林中理水之常用手法,但运用于此处,却也并非完全妥当。诚如刘敦桢教授在其所著的《苏州古典园林》一书中所分析的那样:"此馆体形硕大,而基地狭窄,迫使向北挑出水上,以致池面被挤,空间逼隘,既不能表现建筑本身的特点,水面又由此失却辽阔之势。"

尽管如此,单就建筑本身而言,卅六鸳鸯馆尚有诸多优点与特点,可供借鉴,因此仍属于苏州园林中著名的厅堂之一,具有一定的欣赏价值与参考价值。

卅六鸳鸯馆的平、立、剖面图，详见图 2-5-101 ～ 图 2-5-108。

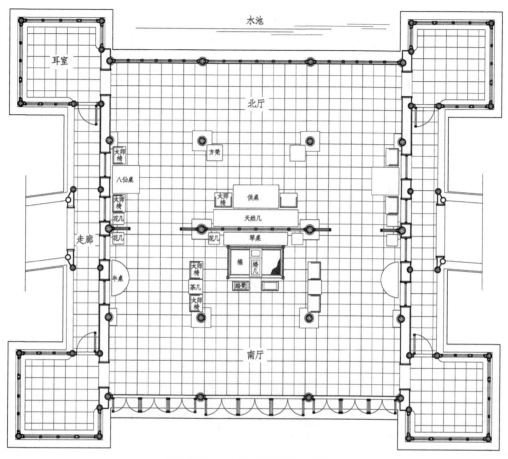

图 2-5-101　卅六鸳鸯馆的平面布置图

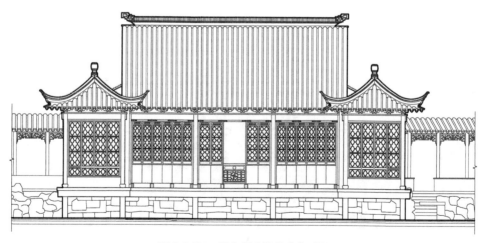

图 2-5-102　卅六鸳鸯馆的北立面图

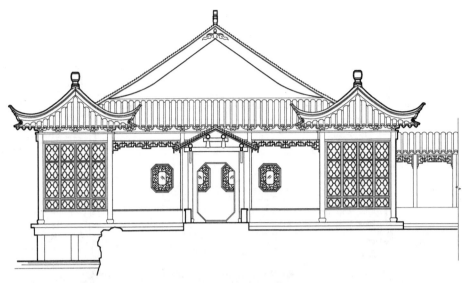

图 2-5-103　卅六鸳鸯馆的西立面图

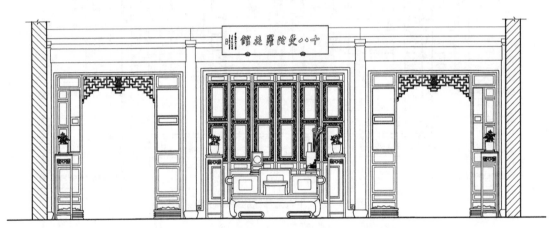

图 2-5-104　卅六鸳鸯馆的内檐装修与陈设　南厅立面图

图 2-5-105　卅六鸳鸯馆的内檐装修与陈设　北厅立面图

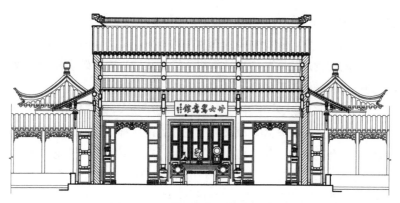

图 2-5-106　卅六鸳鸯馆的纵向剖面图

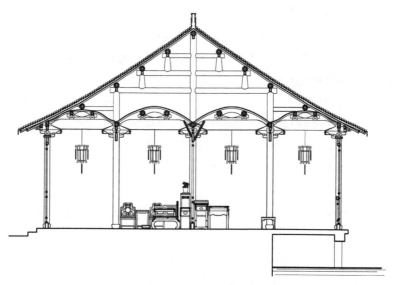

图 2-5-107　卅六鸳鸯馆的正间剖面图

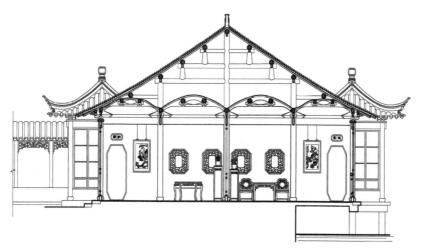

图 2-5-108　卅六鸳鸯馆的边间剖面图

七、荷花厅——怡园藕香榭

藕香榭是一座歇山式厅堂，位于怡园西部水池的南岸，是该园的主要建筑。原筑由苏州香山帮建筑大师、著名的《营造法原》作者姚承祖所设计建造，内部装修极为精致，但毁于日军占领期间，现筑为后来所修复。

此厅内部以纱隔、屏门分成大小不等的南北两厅，北厅较大，称"藕香榭"，厅北有平台临池，池中遍植荷花，夏季赏荷，荷香阵阵，故又名荷花厅。南厅称"锄月轩"，厅南叠有湖石花台，高低错落，上植牡丹、芍药、杉、桂、白皮松等花木，东侧有数十株梅花，故又称梅花厅。

藕香榭为歇山形式，面宽五间，其中主厅三间，两侧为落翼，总宽 12.90 米；进深方向，南厅深三界，北厅深五界，前后设廊，廊深与落翼同宽，总深 10.85 米；主厅四周做成回廊形式，回廊檐高 3.30 米。

厅东有曲廊通向南雪亭，与复廊相接，复廊北端为绿荫轩；厅西可通往面壁亭、碧梧栖凤等处。厅北临水面山，池北假山以湖石叠成，山上筑亭有二："小沧浪"高居山巅，"螺髻亭"绿荫掩隐，凭水北眺，山池掩映，一派自然山水风光。藕香榭周边环境幽静，景色优美，层次丰富，是怡园西部的主要观景区。

（一）藕香榭的大木做法

藕香榭的大木构架，正贴与边贴均为脊柱落地，将厅分为南北两厅，与鸳鸯厅做法相仿，但脊柱前后布置并不对称，南厅为三界回顶，北厅为五界回顶。

藕香榭的正贴做法是：两厅屋架均按圆作做法，但较为精致，大梁以下设有梁垫与蒲鞋头作为装饰。

回顶屋架以上为草架，因脊柱前后布置不对称，故草脊桁位于五界回顶之金桁以上，属金上起脊。

回顶以外均设一界为廊，廊内于出檐椽以下做成弓形轩形式，轩梁按扁作做法，制作精良，梁面施有精美雕花，梁下设有梁垫。轩梁一端做成云头，伸出廊柱以外，按云头挑梓桁做法，云头以下为蒲鞋头。正贴屋架的具体做法，见图 2-5-109 所示。

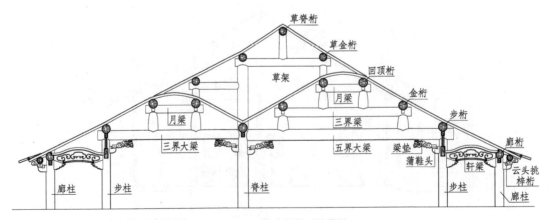

图 2-5-109　藕香榭的正贴做法

边贴做法与正贴大致相似，不同之处在于：①边贴大梁以下须设置通长木枋，称夹底，为美观起见，夹底须与相邻的步枋做平，夹底与大梁之间的空隙处填以横向设置的木板，称楣板。②大梁以上，屋架的空隙处须填以山垫板，山垫板外侧，于大梁之上架设半片草桁，草桁上口与大梁两端所架桁条相平，并按敲交做法，以便架设戗角的上端。落翼出檐椽的上端，也架在半片草桁上。

除此之外，边贴的其他做法均与正贴相同。边贴的具体做法，见图2-5-110。

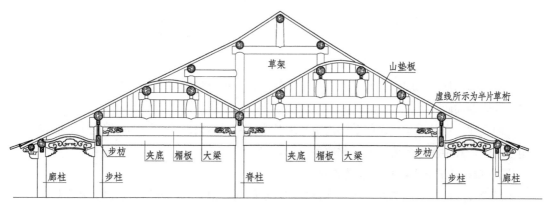

图 2-5-110 藕香榭的边贴做法

（二）藕香榭的屋面做法

藕香榭的屋面由小青瓦铺设，屋脊采用五瓦条花筒脊，屋脊底部为亮龙筋做法。所谓亮龙筋做法，便是脊之底部不做攀脊，而将滚筒直接砌于屋面合角处的盖瓦之上，使底瓦处流空，以减少风力，传统上将其称为"亮龙筋"。

"亮龙筋"做法的构造较为复杂，笔者在《图解〈营造法原〉做法》一书中，对此有详尽的图文介绍，读者如有兴趣，可参见该书原文。

藕香榭的屋脊为五瓦条花筒脊，采用暗花筒与亮花筒交替设置的方式，居中为暗花筒段，两侧为亮花筒段，再两侧又为暗花筒段，屋脊两端采用纹头作装饰。暗花筒上堆有精美泥塑，图案为各式花卉，堆塑精美，具有一定的欣赏价值。

藕香榭屋脊的具体做法，见图2-5-111所示。

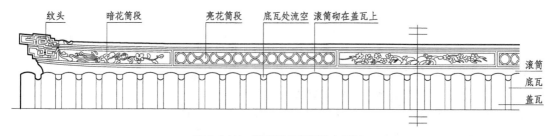

图 2-5-111 藕香榭屋脊做法立面图

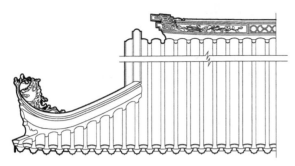

图 2-5-112 藕香榭屋面做法立面图

藕香榭的屋面做法较为特殊，屋脊是纹头花筒脊，为正脊做法，因为是歇山，所以有竖带，但其竖带为环包状，却又是回顶做法，把这两种做法用在同一座建筑上，在苏州园林中比较少见。

藕香榭的发戗形式为水戗发戗，洋叶戗做法，造型为凤穿牡丹，堆塑精美，纤巧、秀丽，别具一格。

藕香榭屋面做法，详见图 2-5-112。

（三）藕香榭的装修做法

藕香榭的四周为回廊，廊柱之间上部悬有挂落，其下方除留出通道口外，均砌有半墙，半墙之上为砖细面砖。

三间主厅，在前后步柱之间装的均是落地长窗，每间六扇。主厅两侧内墙之上，各辟有长六角形三宕，其中南厅各为一宕，北厅各为两宕。

（四）藕香榭的室内陈设与家具布置

主厅脊柱之间，正间装的是落地直拼屏门，屏门共八扇，为清水银杏所制，两面均刻有精美书画，南面刻的是清末苏州著名国学大师俞樾所撰写的《怡园记》，由苏州著名书画家谢孝思补书，书为行楷，字体优美，笔力雄劲，字为阴刻，填绿，古朴典雅。北面雕的是《怡园图》，图为线刻，以刀作笔，线条流畅，填黑。屏门两面，一书一画，交相辉映，相得益彰，其内容均是清末扩建时的建园情况，颇具历史与文化价值。

两侧次间装的是纱隔挂落，纱隔以上为横风窗。纱隔制作精细，上下夹堂及裙板两面均施以精美雕刻，所雕内容为各式花卉与静物图案，古色古香。纱隔内心仔部分，上嵌玻璃方框二，下嵌玻璃圆框一，方圆对比，显得活泼，有所变化。玻璃框四周饰以雕花镶边，镶边采用镂空雕法，线条纤细，两面可睹（图 2-5-113）。

正间屏门上方，南厅居中悬挂的是清水银杏横匾，匾上题有"梅花厅事"四字，由许宝骥补书，并附有跋语："先外曾祖曲园俞公《怡园记》中谓，藕花水榭南向旧有此额，今失去，敬为补书。"字为阴刻，填黑，字上撒煤作装饰。

北厅屏门上方，居中悬挂的是混水匾额，匾为白色，上题"藕香榭"三个大字，由著名苏州籍书法家顾廷龙所题，字为黑色，堆字做法，撒煤。屏门两侧，于脊柱之上，挂有抱对一副："舆古为新香霭流玉；犹春于绿荏苒在衣。"由园主顾文斌所撰并书，联亦为白色，黑字，古朴典雅，极具文化气息。

藕香榭的两块匾额，详见图 2-5-114。

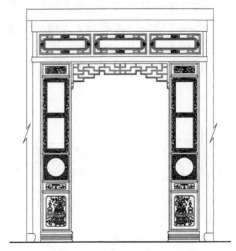

图 2-5-113 藕香榭纱隔挂落立面图

图 2-5-114　藕香榭 匾额立面图

　　藕香榭内所布置的均是清式家具，由红木、楠木等高档木材制作而成。

　　南厅屏门之前，居中摆放的是榻，榻大如卧床，三面有围屏，是接待尊贵宾客用的家具。榻之中央摆放一张矮几，将榻分为左右两部分，可供宾主分别就坐，几上置茶具等物品。因榻较为高大，榻前分别摆放两张踏凳，以方便就坐。榻的两侧各置花几一张，几上置盆栽，可随四季而更换。次间纱隔之前，左侧靠墙处摆放的是落地穿衣镜，右侧靠墙处摆放的是落地座钟。两侧景窗之前，沿墙布置的均是半圆桌。

　　北厅屏门之前，居中摆放的是天然几，几上摆有数件古玩作装饰，中间是供石，左侧是大理石画屏，右侧是青花瓷瓶。几前为供桌，供桌两侧为太师椅。另有花几一对，摆放于天然几两侧，花几之上均置盆花作点缀。两侧次间景窗之前，沿墙居中摆放的是八仙桌，左右各为太师椅一把。

　　纵观藕香榭的室内陈设布置，虽称不上装修豪华、富丽堂皇，但也显得高档大气，与其作为怡园主体建筑的地位相符。

　　藕香榭的平、立、剖面图，详见图 2-5-115 ～图 2-5-123。

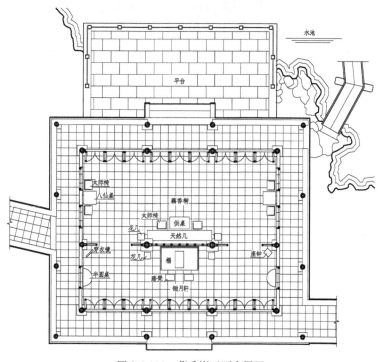

图 2-5-115　藕香榭平面布置图

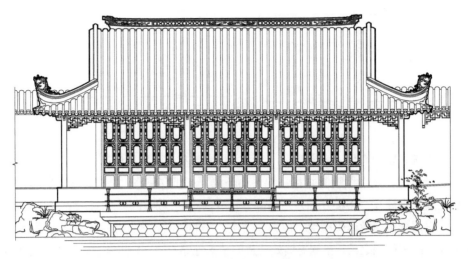

图 2-5-116　藕香榭北立面图

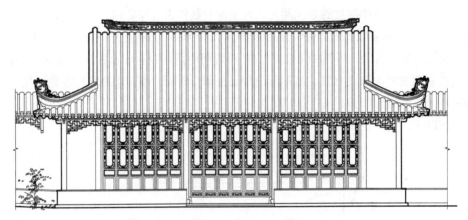

图 2-5-117　藕香榭南立面图

图 2-5-118　藕香榭东立面图

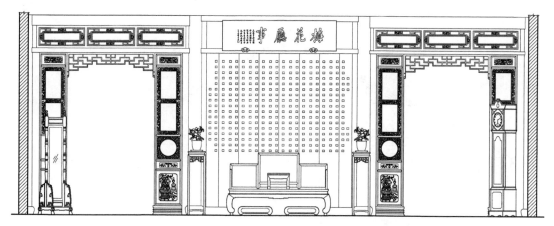

图 2-5-119　藕香榭的内檐装修与陈设　南厅立面图

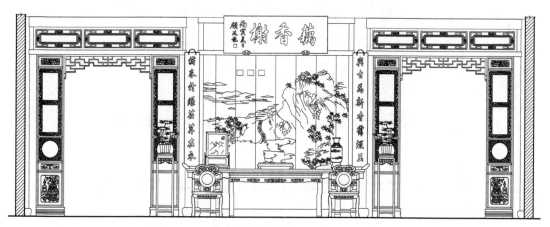

图 2-5-120　藕香榭的内檐装修与陈设　北厅立面图

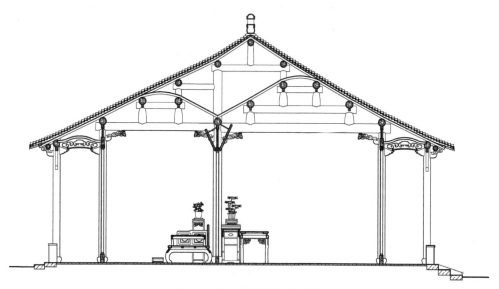

图 2-5-121　藕香榭正间剖面图

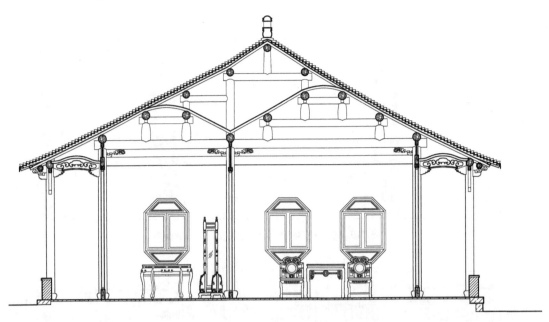

图 2-5-122　藕香榭次间剖面图

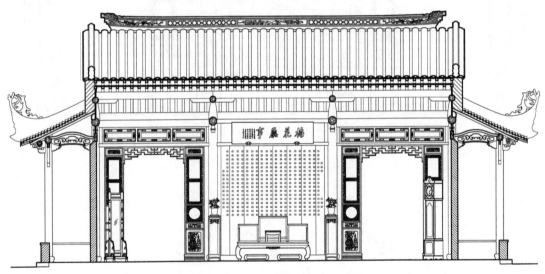

图 2-5-123　藕香榭纵向剖面图

八、对照厅——艺圃的南斋和香草居

在艺圃的西南有一小园，与中部景区以园墙相隔，墙上辟有圆形洞门，上有"浴鸥"砖额一块。进洞门，墙内自成小园，环境清幽，别是一番天地，园内小池，称浴鸥池，池岸曲折，湖石叠成，点缀以花木，僻静雅致。

浴鸥池的西侧有一园中庭院，称"芹庐"，环境更为幽静，原是园主读书之所。园内两座书厅，南北相对而立，其中南厅名"南斋"，北厅称"香草居"。两厅正间相对，式样相似，属典型的对照厅格局。

南斋与香草居之面宽均为三开间，总宽 6.50 米；进深均为五界，总深 4.50 米；南斋的檐高为 2.90 米，香草居的檐高稍高，为 3.10 米。

两厅之间，东侧以园墙相连，居中辟有洞门，上嵌砖额，额为书卷形，上刻"芹芦"二字，古朴典雅。两厅西侧有座三开间的小屋，称"鹤柴"，旧时曾是艺圃的入口门厅。

两厅之前的庭院有湖石叠成的花台，植以山茶、柏树等花木，花影摇曳，树荫葱翠，显出勃勃生机。花台周边为花街铺地，采用正六角形图案，黑、黄两色卵石相间，显得干净而整洁，是苏州园林中庭院布置的常用手法。

（一）南斋与香草居的大木做法

南斋与香草居之面宽均为三开间，东侧边间为落翼，做歇山，西侧边间做硬山，因此屋架设三榀。西侧屋架一为正贴，一为边贴，东侧正贴因与落翼相连，故按歇山边贴做法。

南斋与香草居之屋架均为五界回顶，进深都是 4.50 米，所用提栈均为两个，分别是 3.68 算与 4 算，屋面坡度较为平缓，与艺圃的明式建筑风格相符。因此两厅的屋架做法，除檐高不同外，其余均相同，现以南斋为例，将其屋架做法介绍如下：

南斋的正贴，设五界大梁架在两侧檐柱之上，大梁之上立童柱，以架三界梁，三界梁上再立童柱，上架月梁，月梁两端架回顶桁，回顶桁上架弯椽，以做回顶，弯椽之上设草脊桁，上铺鳌壳板与屋面瓦片。

南斋的边贴，因屋架采用回顶形式，边贴不设脊柱，故边贴做法，除其所用梁的规格可比正贴略小外，其余做法均与正贴相同。

南斋的正贴与边贴做法，见图 2-5-124 所示。

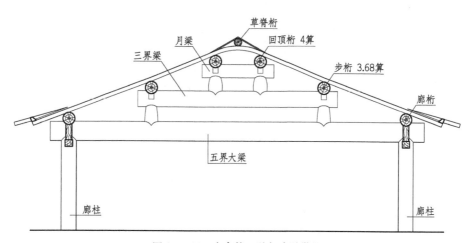

图 2-5-124 南斋的正贴与边贴做法

南斋东侧的屋架，与上述正贴做法基本相同，因与落翼相连，故屋架空隙处须设垫山板，垫山板的外侧，在三界梁之上，设半片草桁一根，以架落翼出檐椽与戗角的上端，草桁的上口高度，根据落翼的宽度及提栈，经计算或放样后确定，见图 2-5-125 所示。

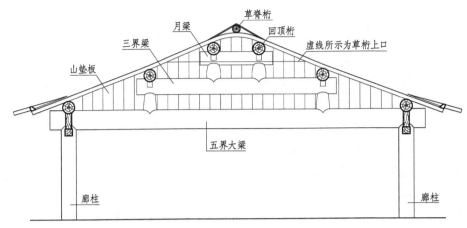

图 2-5-125　南斋东侧屋架做法

（二）南斋与香草居的屋面做法

南斋与香草居的屋面形式均为半边歇山、半边硬山，采用黄瓜环脊，由小青瓦铺设，坡度平缓，水戗发戗，戗脊起翘不高，简洁淡雅，与艺圃质朴自然的建筑风格相符。

南斋于硬山一侧，高于鹤柴屋面的部分，须向上延伸，设草桁，架草椽，搭设鳖壳，上铺屋面，屋面相交处做斜沟，作排水之用。香草居于硬山一侧，另设走廊与鹤柴相连，屋面相交处也做斜沟，作排水之用。

南斋与香草居以及鹤柴屋面的平面布置，详见图 2-5-126。

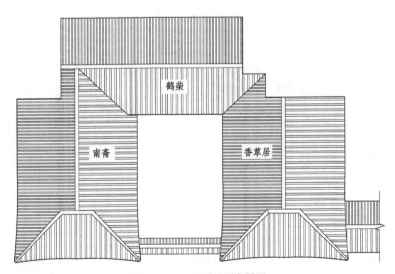

图 2-5-126　屋面平面布置图

（三）南斋与香草居的装修做法

南斋与香草居的前檐均为落地长窗，其中正间为六扇，两侧边间各为两扇。两厅的后檐墙上各辟方形景窗一宕，四周以砖细镶边作装饰。另于香草居的后檐墙上辟有门洞，经走廊可通往中部景区。

　　两厅的东侧，南斋装的是落地长窗，香草居装的是短窗，窗下为半墙。两厅的西侧，南斋设对子门一宕，与鹤柴相通，而香草居则设廊与鹤柴相连。

　　（四）南斋与香草居的家具与陈设

　　两厅的家具与陈设较为简单，家具按传统的书房布置，两厅均设书桌与书柜各一张，以突出其读书学习的文化氛围，另以桌、椅、几等日常家具作点缀。

　　两厅后檐景窗的上方均悬有匾额，南斋悬挂的是混水匾，湖蓝色，黑字，上书"南斋"二字，款署"甲字仲秋钱太初"，由苏州近代书法家钱太初所书。

　　香草居悬挂的是清水匾，银杏本色，黑字，上书"香草居"三字，款署"甲子仲秋新我左笔"，由苏州近代书法家费新我所书，费先生擅长左笔，以左笔书法闻名于世（图 2-5-127）。

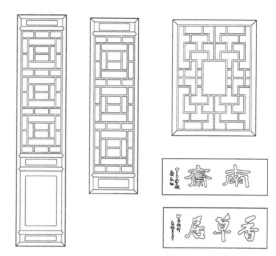

图 2-5-127　南斋与香草居 装修与匾额立面图

　　南斋与香草居的平、立、剖面图，详见图 2-5-128～图 2-5-134。

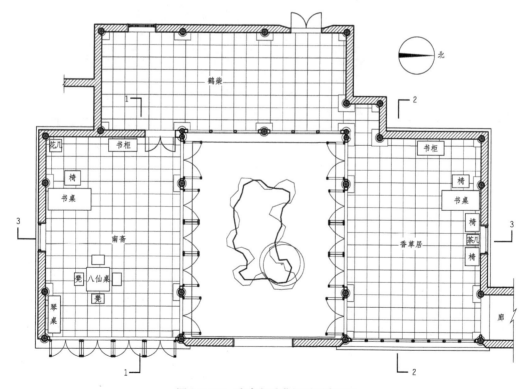

图 2-5-128　南斋与香草居平面布置图

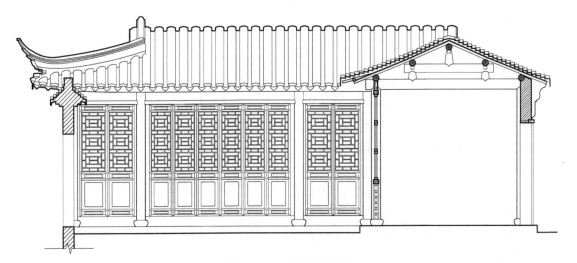

图 2-5-129　南斋北立面图

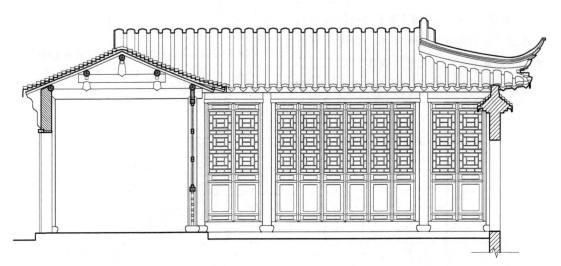

图 2-5-130　香草居南立面图

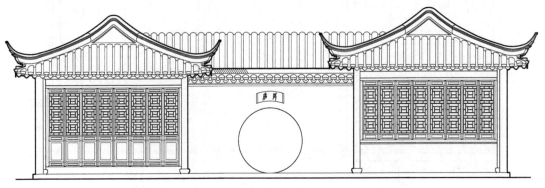

图 2-5-131　南斋、香草居东立面图

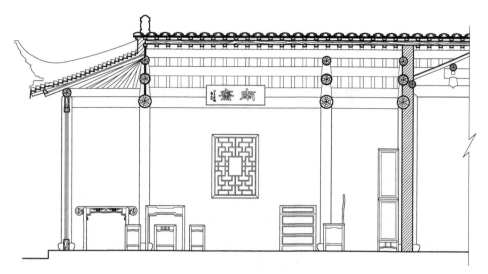

图 2-5-132　南斋纵 1-1 剖面图

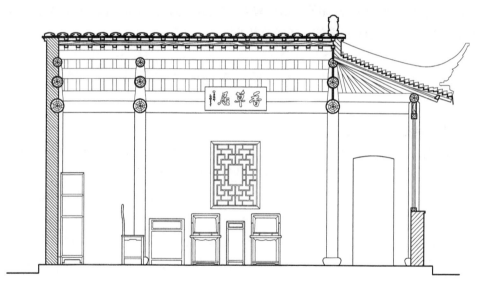

图 2-5-133　香草居纵 2-2 剖面图

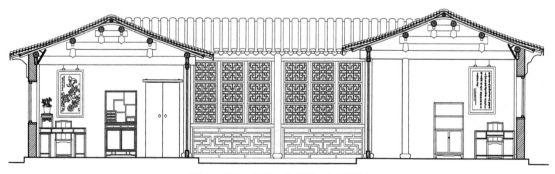

图 2-5-134　南斋、香草居 3-3 剖面图

第三章　苏州园林的楼阁

苏州园林中的楼，其规模一般不大，比普通厅堂要小，面阔三间五间不等，进深多至六界，二层居多，屋顶常做歇山或硬山式。

阁与楼相似，是可登临的建筑，重檐四面开窗，造型较楼更为轻盈。平面常做方形或多边形。屋顶做歇山式或攒尖顶，构造与亭相仿。

楼与阁作为二层建筑，既可登高望远，欣赏园内外之景色，又以其高耸的建筑外形引人注目，并丰富了园景，是园林中常见的建筑类型之一。

楼阁所处的位置，根据其在园林布局中所起的作用而定。如作为主景或重要对景，须明显突出，常设于池畔、山间，如拙政园的见山楼与浮翠阁；如作为配景，位于园之四周或隐僻处居多，如沧浪亭的看山楼，留园的远翠阁与还我读书处等。

第一节　楼的平面和立面

一、楼的平面

楼的平面，以长方形居多，一般是开间大于进深，开间多为三间或五间，偶有四间、三间半或一间带走廊的。楼梯可设于室内，或由室外假山上至二楼。

楼的底层和上层平面大小相同的较多，外观显得平稳，如留园的曲溪楼、西楼以及拙政园的倒影楼等。

楼若位于池畔，为使楼与池面相协调，通常将楼的上层四周缩进，底层形成回廊，廊檐下设坐槛与吴王靠，上为挂落，屋面采用歇山式，楼显得轻盈通透，如拙政园的见山楼。

临池建楼，体量应与水面相称，若水面较小，则楼亦宜小，如拙政园西部的倒影楼，而池面较大，则建楼可稍大，如留园的曲溪楼。

楼大多作为单体建筑布局于园林之中，可单面或双面与廊连接，来凸显其高耸的形体。楼若与其他建筑组合在一起，则在平面和立面处理上，应注意其中的进退和高低错落，以形成不对称但又和谐、统一的构图，如留园中明瑟楼与涵碧山房的组合以及曲溪楼与西楼的组合，均是很好的实例。

有的楼将平面做成凸字形，使楼的外观轻快活泼，有所变化，打破了单调的局面，从而丰富了园景，实例有留园的冠云楼与狮子林的卧云室。

楼的各式平面图例，见图 3-1-1 ～图 3-1-4 所示。

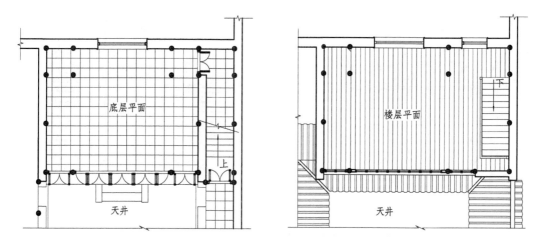

图 3-1-1　平面三开间带廊的图例（留园还我读书处）

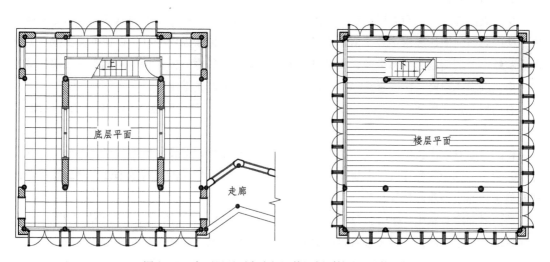

图 3-1-2　上下层平面大小相同的图例（拙政园倒影楼）

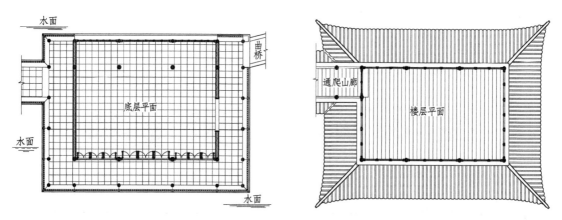

图 3-1-3　上层较下层四周缩进的图例（拙政园见山楼）

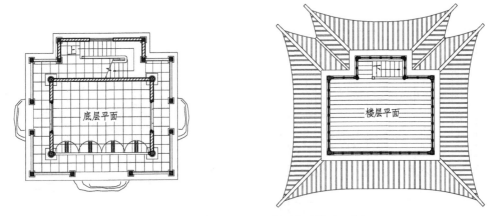

图 3-1-4　平面呈凸字形的图例（狮子林卧云室）

二、楼的立面

楼的立面宜精巧，而无需堂皇，故桁下一般不设牌科，半槛、挂落随意设计，造型富有变化。楼的向园一面，底层多装长窗，上层有的也装长窗，但须设内栏杆，以便推窗观景。如楼后庭院较小，则后檐为半墙半窗，或以粉墙为主，墙上辟砖框景窗。楼的两侧多砌山墙，墙上辟景窗、洞门或空窗，粉墙黛瓦，加之青灰色的砖细边框，尤觉幽雅。

有的楼上层稍收进，上下层之间饰以通长的砖细挂枋，枋上略施线脚，两端为回纹图案，显得简洁大方。

楼的屋面有歇山、硬山二式，也有半边歇山、半边硬山，如留园的明瑟楼、西楼。苏州园林中，除住宅部分的楼厅外，以歇山为多，硬山较少，仅有留园的还我读书处、冠云楼两侧配楼及狮子林的暗香疏影楼等数座。

楼的屋面除有歇山、硬山之分外，又有单檐、重檐之别。所谓单檐者，即楼的上层有屋面，而在楼的上下层之间，其前檐往往饰以通长的砖细挂枋，枋上略施线脚，两端为回纹图案，显得简洁大方。重檐屋面的上层与单檐做法相同，其底层向前增设一界为廊，将屋面做成二层，故称重檐。

楼的各式立面图例，详见图 3-1-5 ～图 3-1-8 所示。

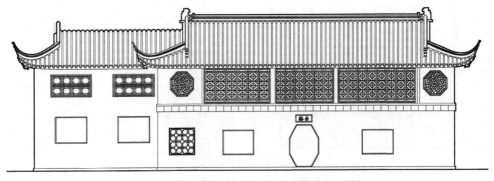

图 3-1-5　单檐歇山的图例（留园曲溪楼与西楼）

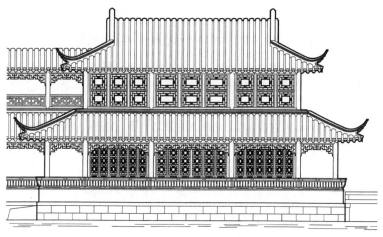

图 3-1-6　重檐歇山的图例（拙政园见山楼）

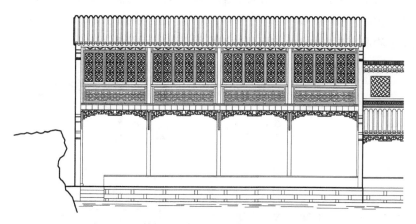

图 3-1-7　单檐硬山的图例（狮子林暗香疏影楼）

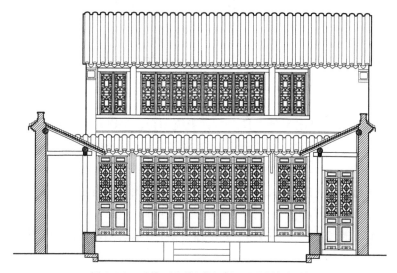

图 3-1-8　重檐硬山的图例（留园还我读书处）

第二节　楼的大木构造及其构件名称

现以单檐硬山六界楼房为例，简述其大木构造及构件名称。

升造楼房时，须将廊柱与步柱通长升高至上层屋顶。于楼下两步柱间设大梁，所设大梁称承重，其断面为长方形。于承重之上安放搁栅，搁栅之上铺设楼板。搁栅之断面，亦为长方形。搁栅之距离，按每界一根，故用材较厚，有四六搁栅、五七搁栅之制。廊柱与步柱之间设短川相连，其面与搁栅相平，上铺楼板，其功能与搁栅相似。

楼板厚度约为2寸，楼板铺设须紧密，并于两板之间起和合缝或凹凸缝，以阻尘埃。

楼房亦有正贴、边贴之分，于边贴处设通长脊柱，脊柱与两步柱间所设承重称双步承重。

楼房之楼面高度，按普通平房之檐高，而上层檐高通常为楼面高度的七折。楼房之上层构架，与平房结构相同。

楼房之楼下构造及其构件名称与部位，详见图3-2-1、图3-2-2。

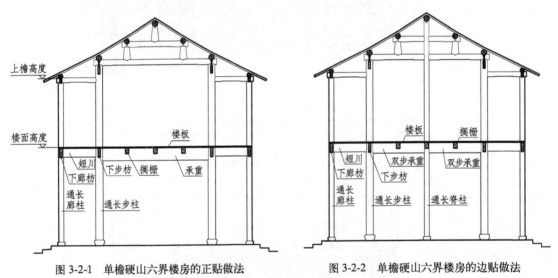

图3-2-1　单檐硬山六界楼房的正贴做法　　　　图3-2-2　单檐硬山六界楼房的边贴做法

如将承重前端伸长，挑出屋外2尺左右，上筑阳台，绕以栏杆，或于承重之端立方柱，以短川连于正廊柱，上覆屋顶，凡以承重一端挑出而承阳台或屋面者，该结构方法谓之硬挑头。

凡以短枋连于楼面，支以斜撑，弯曲若鹤胫，上覆屋面者，谓之雀宿檐。该结构方法称为软挑头。

上述做法，详见图2-2-3、图2-2-4，其中图2-2-3所示为阳台做法一，图2-2-4所示为阳台做法二。

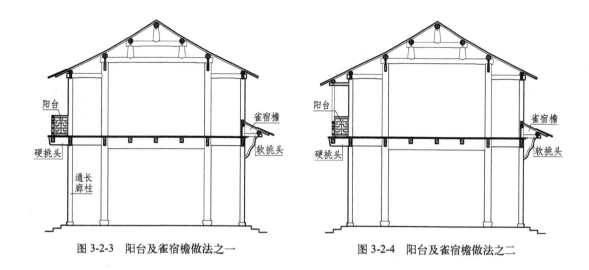

图 3-2-3　阳台及雀宿檐做法之一　　　　　　　图 3-2-4　阳台及雀宿檐做法之二

第三节　楼厅的各类贴式及其做法

　　规模较大的楼房，若于楼上或楼下筑翻轩，则称为楼厅。在苏州园林中，楼厅大多位于原园主的住宅部分，楼厅的屋面形式多为硬山式，且两端山墙均加砌屏风墙或观音兜，用以防火。

　　楼厅的构造与楼房大部分相同，但根据轩所处位置以及贴式的不同，可分为下列数式：

一、楼下轩

　　楼厅四界承重之前，其廊柱与步柱通长至上层屋顶，而于楼下两柱间筑轩者，称为楼下轩。其界深为一界时，可用一枝香式，而深在二界或以上时，则用船篷、鹤胫、菱角诸式。

　　若因楼下轩较浅而作为走廊使用时，则在廊柱间装挂落，步柱间装窗，便称该轩为廊轩。

　　两种做法的楼下轩贴式图，见图 3-3-1 与图 3-3-2。

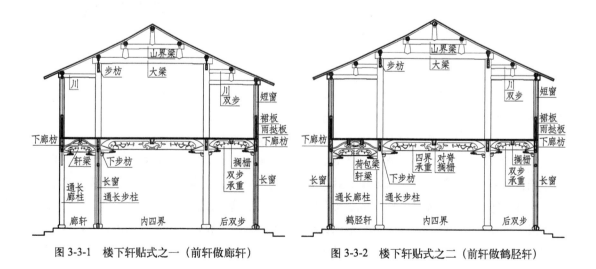

图 3-3-1　楼下轩贴式之一（前轩做廊轩）　　　　图 3-3-2　楼下轩贴式之二（前轩做鹤胫轩）

二、骑廊轩

楼厅四界承重之前，其步柱通顶，而于廊柱与步柱之间筑轩，上廊柱退后，架于轩之中或轩桁之上，该贴式称为骑廊轩。

骑廊轩之轩深为二界，以船篷与鹤胫二式居多。轩桁之上，前后须设一短梁，架于廊柱与步柱之间，以承上廊柱，该短梁称为门限梁，又称门槛梁。梁之前端，做云头以挑梓桁。轩之挑出于上廊柱以外部分之屋面，下端架于廊桁，上端则架于上层窗槛下半片桁条之上。

详见图 3-3-3。

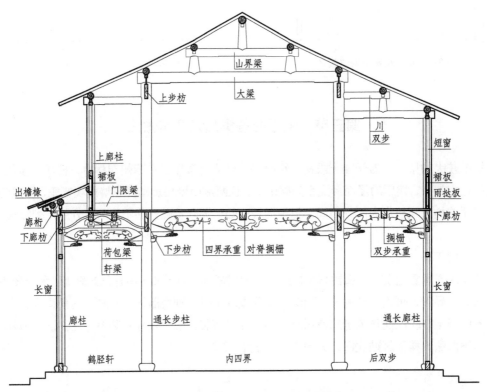

图 3-3-3 骑廊轩楼厅正贴式（苏州留园）

三、副檐轩

将楼厅的步柱或轩步柱通顶，在柱前与廊柱之间筑翻轩，上覆屋面，因该轩附连于楼房，故称为副檐轩，副檐轩之前后均装长窗。若于廊柱间装挂落，则亦可称为廊轩。

楼厅也可采用雀宿檐或挑阳台做法，但须筑于双步承重之前，以防倾覆。

楼厅的下层构造，除轩之外，与楼房相同，其上层构架多为圆料，用料与圆堂相似，也可在上廊柱与步柱之间筑翻轩，但须视房屋之精美程度而定。上层檐高通常为下层楼面高度的七折。后檐高通常低于前檐高，相差高度为 1/10，但亦可酌情增减。

以上所述之做法，详见图 3-3-4 所示图例，该图例之内四界，前连一界设廊川，后连二界为双步，故前檐高于后檐，其中前檐高为楼面高的七折。在后檐的双步承重外侧，筑雀宿檐。

轩步柱与廊柱间筑一枝香轩，因进深较浅，于廊柱间装挂落，而轩步柱间则装长窗，故该副檐轩亦称廊轩。

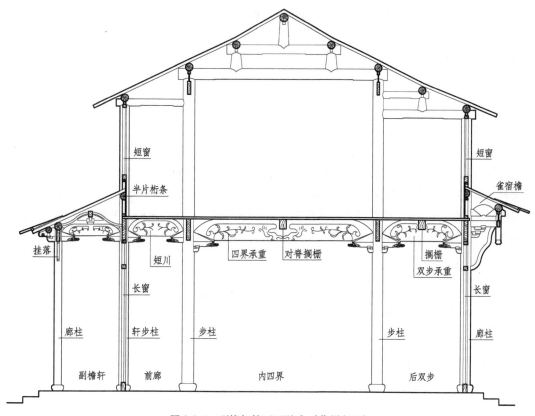

图 3-3-4　副檐轩楼厅正贴式（苏州留园）

第四节　楼的精选实例

一、拙政园见山楼

见山楼位于拙政园中部水池之西北，三面环水，西靠湖石假山，与荷风四面亭、雪香云蔚亭隔池相望，互为对景。

该楼为重檐歇山顶，坡度平缓。底层四周带有回廊，回廊东、南、西三面环通，廊柱之间，上悬挂落，下为半墙，设坐槛与吴王靠，供游人凭坐观景。北面回廊被并入楼内，以扩大楼内空间。底楼三间，前面设落地长窗，后面为半墙半窗，东西两侧均为粉墙，东侧墙上开有全圆砖细门洞，使楼内显得明亮而通透。楼上三间全是木构，四周为和合窗，与底层粉墙形成虚实对比。

楼内不设楼梯，而是于楼西另设走廊，与西部爬山廊相接，取代楼梯，或于楼西之假山蹬道拾步上楼，以增添几分登山情趣，可谓是设计巧妙。

见山楼底层宽 12.18 米,深 8.84 米;上层四周缩进,宽 8.98 米,深 5.64 米。底层檐高 2.60 米,楼面高度为 2.85 米;上层檐高 5.44 米,距楼面的净高度为 2.59 米。檐高虽然不高,但其尺度与比例却掌握得极为得当,楼之外形宽而不高,上下比例协调,坐落于花岗石台基之上,显得稳重而又端庄,且台基也不高,低于相邻的石板平桥一个踏步,使楼更加贴近水面,与周边的环境相融合。在古木、山石以及水中倒影的映衬下,见山楼四面皆景,处处入画,是拙政园的主要景点之一。

(一)见山楼的大木做法

1. 楼面做法

见山楼面宽三间,设步柱八根。进深方向,于前后步柱之间,以断面为长方形的木枋相连,称为承重,承重之上架木枋,称搁栅,搁栅共设五根,其间距按承重长度作均分。

开间方向,于前步柱之间设步枋相连,称前步枋,枋底与承重之底相平,枋上架桁,桁面与搁栅面相平;后步柱之间所设步枋称后步枋,枋底亦与承重之底相平,但枋上不架桁,枋面与搁栅面相平。于前后步枋之间铺设木楼板,楼板厚 4 厘米,铺设于桁枋及搁栅之上,楼面高度为 2.85 米。楼面做法见图 3-4-1。

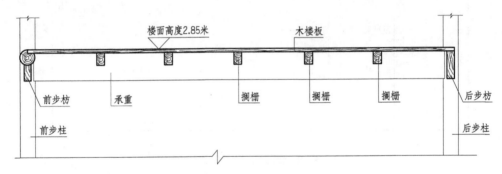

图 3-4-1　楼面做法剖面图

2. 底层回廊做法

楼的底层,四周筑有回廊,回廊筑于步柱外围,其具体做法是:于步柱外侧立廊柱,设川与步柱相连,廊深 1.6 米。廊柱共设 20 根,其中 12 根分别与楼之四角边步柱设川相连,4 根与楼之前后正步柱以川相连,另有 4 根分别位于楼之两侧,因该处川下无柱,故设川与边贴承重相连,其间距根据承重长度作三等分。回廊的檐高为 2.6 米,出檐椽一端架于檐桁上,一端架于上层步柱之间所设的半片桁条上。

回廊之东、南、西三面环通,其出檐椽以下,于廊内筑轩,形式为三界船篷轩。北面回廊因被并入楼内,故未筑轩,仅以木板吊顶作装饰,与楼板以下的做法相同。

见山楼底层回廊的剖面做法,见图 3-4-2 所示。

西面回廊另筑走廊与曲廊"柳荫路曲"之北端相接,游人可由此进入楼内,走廊底部以石板架空,使楼前后水面相通。回廊转角处筑有戗角,因回廊较宽,戗角两面各设 11 根摔网椽,为降低戗角高度,老戗之上未设嫩戗,而以角飞椽代之,按水戗发戗做法,见图 3-4-3。

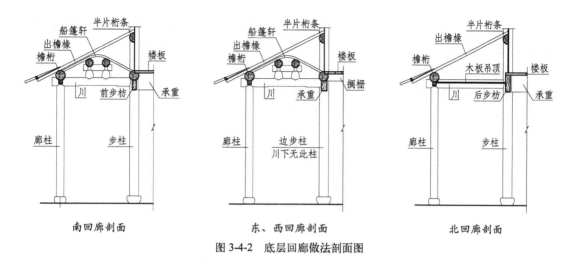

南回廊剖面　　　　　　　　东、西回廊剖面　　　　　　　　北回廊剖面

图 3-4-2　底层回廊做法剖面图

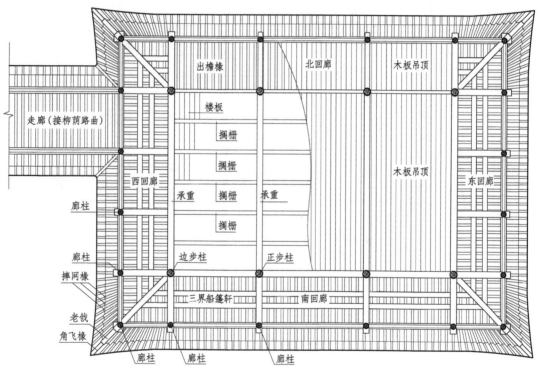

图 3-4-3　底层回廊及楼面构造仰视图

3. 上层屋架做法

将底层步柱升高，上端架大梁或檐桁，其中正步柱上端架大梁，大梁两端再架檐桁，而边步柱上端则直接架檐桁。所架檐桁四周环通，上层檐高为 5.44 米，桁底与楼面的距离为 2.59 米，转角处须按戗交做法，以架戗角，所架戗角与底层一样，也按水戗发戗做法。

上层屋架的正贴，大梁以上立童柱二，上架山界梁，梁上再立童柱二，架月梁，按五界回顶做法。其边贴则于屋内拔落翼，按歇山做法，具体做法是：设两根搭角梁分别架于正、侧两面的檐桁之上，搭角梁居中均立童柱，上架山界梁，并与正贴山界梁端所架的桁条以敲交方式连接，以便搁置戗角的上端。其上再立童柱，架月梁，均与正贴做法相同。

另于楼层西侧筑走廊三间，与爬山廊接通，游人须经此廊方能入楼，走廊为二层，也是将底层廊柱升高，然后架川、架桁，与上层屋架做法相同。

上层屋架的具体做法以及椽桁布置，详见图3-4-4～图3-4-6。

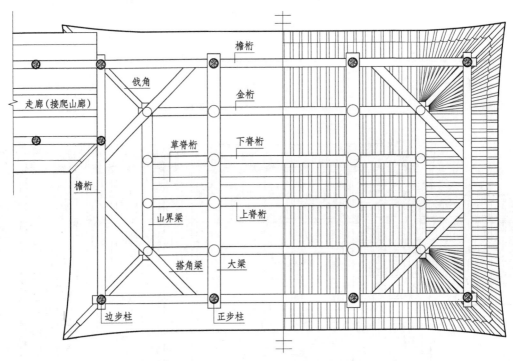

图3-4-4　上层梁架及椽桁平面布置仰视图

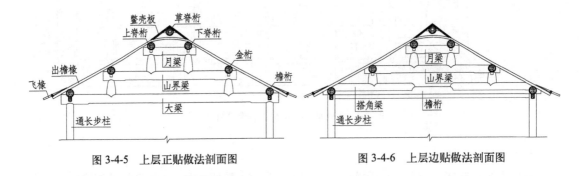

图3-4-5　上层正贴做法剖面图　　　　图3-4-6　上层边贴做法剖面图

（二）见山楼的屋面做法

见山楼为重檐歇山顶，由小青瓦铺设，屋面坡度较为平缓。上层屋脊为回顶，采用黄瓜环脊，显得柔和。两侧歇山为砖砌，山尖处塑有泥塑，均为象征福禄寿等内容的传统图案，寓意吉祥。山墙之上为竖带，竖带前后环通，采用环包脊形式，与黄瓜环脊做法相协调，显得轻盈、简洁。其下端与戗相接，戗之形式为水戗发戗，虽起翘不高，但出檐深远，飘逸而舒展。

底层屋面，其上端为赶宕脊，赶宕脊位于上层窗槛下方，绕楼四周兜通，其上方与窗槛之间，设有砖细面砖，既作窗台，又可防止该处漏水。底层戗角与赶宕脊，在转角处呈45°相连，其做法与上层戗角相同。

（三）见山楼的装修做法

见山楼的上层，四周装的均是和合窗。和合窗又称支摘窗，外形为扁方形，其开启方式与普通窗扇不同，系向上旋开。安装时，通常是以上、中、下三扇为一列，但因见山楼之上层檐高较低，故每列仅装两扇，其上扇能向上旋开，下扇不作开启，但能拆脱。每列窗扇之间立有木枨，木枨立在窗的上下槛之间，下槛以下为内裙板。

楼之前后，和合窗安装按开间排列，每间均装三列。楼之两侧，根据柱的间距排列，东侧装有六列，西侧虽然也装六列，但因有走廊相连，故将其中的两列改成长窗形式，可作开启，以便人员出入，长窗的内芯子部分仍与和合窗做法相同。

上层西侧的走廊装的也是和合窗，窗下为木栏杆。

楼四周的和合窗，其内芯子部分装有明瓦，显得古朴、典雅，具有一定的年代感。明瓦为旧时透光材料的一种，系由蚌壳磨制而成，因透明度差而被玻璃所替代，现已很难找到，即使在苏州古典园林中也较为少见。

和合窗的安装，以上层西侧为例，详见图3-4-7所示。

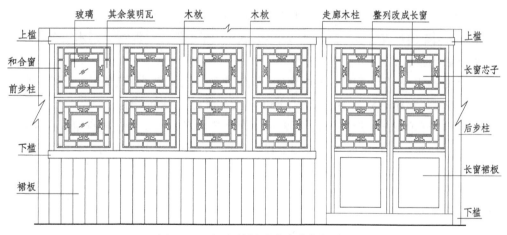

图 3-4-7　上层西侧和合窗安装内立面图

见山楼的底层，三间主楼于前步柱之间装长窗，每间六扇，因前有回廊，长窗均向内作开启。后檐廊柱之间装的是短窗，也是每间六扇，其内芯子之图案及做法与长窗相同，窗下砌半墙，墙顶饰有砖细面砖。

底层三面回廊，廊柱之间均上悬挂落，下砌半墙。墙高约50厘米，铺有砖细面砖，外侧装有吴王靠，游人可凭坐倚栏观景。吴王靠按竖芯子做法，虽然简单，但制作较为精细，芯子雕成花瓶或竹节形状，别具一格，甚为雅致。

底层通往"柳荫路曲"的走廊，其两侧也是上悬挂落，下砌半墙，装有吴王靠，其形式和做法均与回廊一样。

（四）见山楼的家具与陈设布置

见山楼的底层称"藕香榭"，因楼前有满池荷花而得名。相传太平天国时期，忠王李秀成曾在此办公，故楼内家具也是模拟当年的情景而布置。

底楼正间中央摆的是红木书桌，桌上置有笔、墨、砚台以及水盂等文房用品，桌后是红木圈椅一把，为忠王阅批公文时就坐所用。桌前两旁，置有茶几及坐具，按两椅夹一几形式作对称陈列，亦可在此开会议事。整组家具，为模拟忠王办公情景而设置，庄重而威严。

楼之后檐，正间窗前放有供桌一张，两旁为花几，两侧边间窗前摆的均是琴桌。东侧沿墙摆放的是书柜，内储古籍数册。西侧沿墙布置的是博古架，架之造型较为别致，以木仿竹，制作精细，架内置有供石、古瓷等作装饰。

博古架旁，墙面空白处悬挂四幅画屏，屏内裱糊的均为彩墨山水画，由苏州当代书画家所作。楼内有对联一副，上联是"西南诸峰，林壑尤美"，下联是"春秋佳日，觞咏其间"，款署"乙丑（1985年）年二月，子丞时年八十又二"。联为白底黑字，挂于正间后步柱之南侧。楼内布置质朴素雅，不尚华丽，但庄重大方，颇具文化气息。

楼之上层，于正间南面檐下悬挂匾额一块，突出醒目，上书楼名"见山楼"三字，款署"蜀郡张大千"，笔力雄劲。两侧柱上挂有对联一副："束云归砚盒，栽梦入花心"，白底黑字，隶书，由苏州著名书法家吴进贤所书。此联为郑板桥旧联，原为赞美扬州八怪之一的画家李方膺的画技而作，将该联移挂于此，用以赞美见山楼之雄姿，也颇为贴切。

底层正间回廊内悬有隶书"藕香榭"匾额，款署"壬申新正王萼华"，清水银杏底，绿字，挂在正间长窗上槛的上方。

另有对联一副，挂于正间前廊柱之南侧，面对水池，上联是"林气映天，竹阴在地"，下联是"日长若岁，水静于人"，款署"八十四岁叟沈本干书"，绿底黑字。

见山楼内所有的匾额与对联均为名家所书，书体各异，或正楷，或行草，或汉隶，精彩纷纭，各有所长。而联语内容，或写景抒情，格调高雅，或以典集句，意境深远，令人浮想联翩，且文字隽秀，对仗工整，体现出深厚的文化底蕴，具有较高的历史文化与欣赏价值。

见山楼的两块匾额，详见图3-4-8。

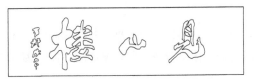 

图3-4-8　见山楼匾额立面图

见山楼的平、立、剖面图，详见图3-4-9～图3-4-17。

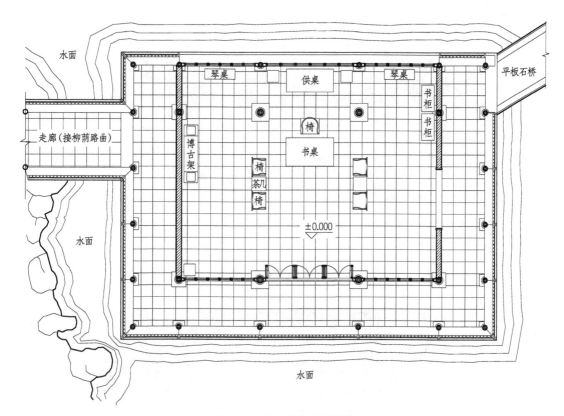

图 3-4-9　见山楼底层平面图

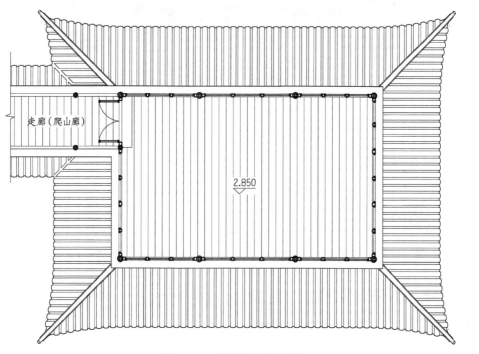

图 3-4-10　见山楼上层平面图

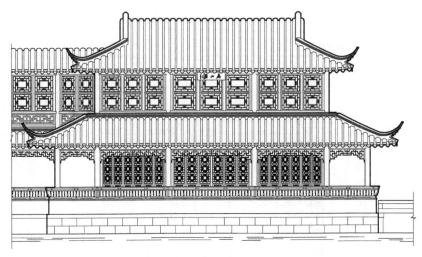

图 3-4-11　见山楼南立面图

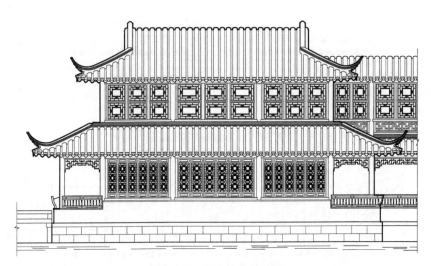

图 3-4-12　见山楼北立面图

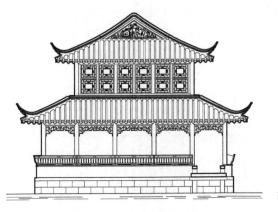

图 3-4-13　见山楼东立面图

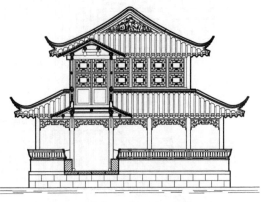

图 3-4-14　见山楼西立面图

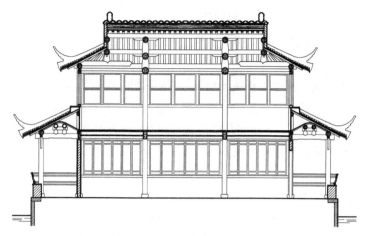

图 3-4-15 见山楼纵向剖面图

图 3-4-16 见山楼正间剖面图　　　图 3-4-17 见山楼次间剖面图

二、拙政园倒影楼

倒影楼位于拙政园西部水池之北端，其东侧与水廊相接，水廊曲折起伏，跨水而建，凌水若波，构筑别致，廊下辟有水洞，使池水与中部水池相通。倒影楼临池而建，楼前水池呈狭长形，故楼之体形较小，其比例与水池十分相称。

倒影楼面宽三间，正间较宽，为 3.80 米，两侧边间较窄，仅 1.60 米，总宽 7.00 米，进深八界，内四界之前后为双步，其中内四界深为 4.20 米，前后双步与边间同宽，各为 1.60 米，总深 7.40 米。楼为二层，楼面高度为 2.87 米，上层檐高 5.11 米。

楼之下层，前檐临池，装的是落地长窗，内设栏杆，后檐正间装的是长窗，两侧边间砌墙，墙上置花窗。楼之边间两侧，于前后双步处均砌砖墙，前双步之墙上辟有砖细门洞，游人可由此进楼，后双步之墙上置花窗，与后檐墙一样。步柱之间砌的是坐槛半墙，显得通透，立面处理较为开敞。

楼之上层，四面全是落地长窗，与下层砖砌粉墙形成虚实对比，窗内设有栏杆，开窗可凭栏观景。

楼为单檐歇山顶，上下层之间以木枋作适当挑出，做成木挑檐作为装饰，不过该做法较为少见，苏州园林中仅此一例。因为木挑檐长期暴露在外，容易腐烂，一般做法均是以砖细方砖作为挑檐，挑檐以下为砖细挂枋，大多单檐楼房均是如此做法，如留园的冠云楼、曲溪楼以及狮子林的暗香疏影楼等。

倒影楼临池贴水而建，楼之倒影映于水面，清晰可见，波浮影动，别是一番景象，楼名亦由此而来。楼前水池一带是拙政园西部景色最佳之处，池东有水廊与倒影楼相接，池西有扇亭、笠亭等作点缀，池南有宜两亭，与倒影楼隔池遥遥相对，互为对景。池周古木掩映，池岸曲折，环境清幽，真可谓风景旖旎，美不胜收。

（一）倒影楼的大木做法

1. 底层屋架与楼面做法

倒影楼面宽三间，采取一间两落翼形式。正间屋架于进深方向，在前后步柱之间设承重，上架搁栅，搁栅共六根，其间距按承重长度作均分。后步柱与后廊柱之间所架承重称后承重，上架搁栅一根，因该处为楼梯位置，故搁栅安装须根据楼梯宽度而定。前步柱与前廊柱之间，因底层三间均设有廊轩，故于步柱之前改承重为轩梁。轩之形式为一枝香鹤胫轩，于轩梁之上设坐斗，斗上架轩桁，桁之两旁架轩椽。此处不设搁栅，而以轩桁代之。

正间屋架于开间方向，在两柱之间设枋相连，其高度均与承重相平。所设木枋，根据柱的位置，分别称前檐枋、前步枋、后步枋、后檐枋。除楼梯位置外，所有木枋与搁栅之上均铺设木楼板，楼板厚为4厘米，铺设方向与搁栅互相垂直，楼面高度为2.87米。

两侧边间的开间方向，步柱之间设枋相连，均称边承重，廊柱之间所设木枋则称前檐枋、后檐枋，其高度、断面与正间檐枋相同。

进深方向，于边承重及后檐枋之上各架设搁栅两根，间距根据边承重长度作均分。边柱之间，均设枋相连，称边檐枋，高度、断面均与前后檐枋相同。搁栅与木枋之上铺设楼板，做法与正间相同。楼面四周，均以木枋适当挑出，做成木挑檐，挑檐之面与楼面相平。

倒影楼的底层与楼面做法，详见图3-4-18、图3-4-19。

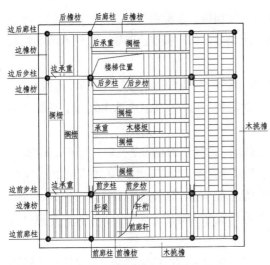

图 3-4-18　倒影楼底层屋架仰视图

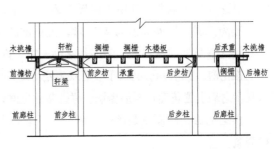

图 3-4-19　倒影楼底层屋架正间剖面图

2. 上层屋架做法

将底层所有木柱升高，以架上层屋架，其中底层正间步柱，升高后仍称前步柱与后步柱，高度至大梁底；因上层屋架为歇山，故将边间的上层作为落翼，因此四周各柱升高后均称为上廊柱，高度至四周檐桁底。

上层屋架正贴的做法是：在前后步柱的上端架设大梁，大梁之上架童柱与山界梁，山界梁上再架童柱与月梁，梁端架桁，桁上铺椽，采用五界回顶做法。

每根步柱均与三根上廊柱以双步相连，双步居中立童柱，童柱之上所架桁条名川桁，川桁转角相交时，须按敲交做法。所有上廊柱之上端均架设檐桁，檐桁于转角相交处亦按敲交做法，以便戗角的安装。

戗角的老戗木安装于转角敲交处，其上端向上延伸至步柱，将戗边与柱的交点作为摔网椽分位线的基准点。

倒影楼戗角的做法较为特殊，因出檐椽的端部未设飞椽，而出挑距离又较大，若按常规做法，老戗木向下延伸后，其高度势必低于屋面檐口高度，会使屋面檐口线的两端产生下垂的效果而影响美观。为此，将老戗木适当缩短，在戗端上方加设角飞椽，并使之稍微翘起，从而使屋面檐口形成一条向两端微翘的优美曲线。

倒影楼上层屋架的具体做法，见图3-4-20、图3-4-21。

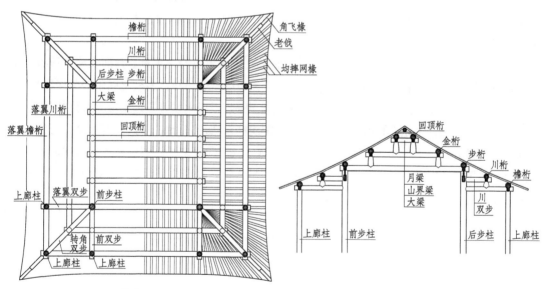

图 3-4-20　倒影楼上层屋架仰视图　　　　图 3-4-21　倒影楼上层屋架正间剖面图

（二）倒影楼的屋面做法

倒影楼为单檐歇山顶，由小青瓦铺设。屋脊为回顶，采用黄瓜环脊，两侧竖带按环包脊形式，与黄瓜环脊做法相协调，显得轻巧、柔和。戗脊虽为水戗发戗，起翘不高，但出檐较深，显得飘逸而舒展。

倒影楼的屋脊不长，仅为一开间，而落翼较宽，故戗脊较长，但两者之间比例得当，使屋面外观，轻快活泼，与楼之造型极为协调。

（三）倒影楼的装修与陈设

倒影楼的底层，称"拜文揖沈之斋"，文、沈指的是文徵明与沈周，两位均是明代苏州著名画家。沈周又名沈石田，是文徵明的老师，文徵明曾参与拙政园的最初设计，绘有著名的拙政园三十一景图，并配有题咏，另撰有《王氏拙政园记》一文，均是研究拙政园历史与变迁的重要史料，该楼便是为纪念此二人而建。

底层前檐临池，面对主景，故通长三间全为落地长窗，其中正间六扇，两侧边间各为两扇，窗为外开，内设栏杆，便于观景。后檐三间，正间装的是六扇外开长窗，供人出入，两侧边间砌墙，墙上各置瓦作花窗一宕。

正间后步柱之间装的是六扇银杏木制成的直拼屏门。屏门为清水做法，门上刻有郑板桥所作的竹石图，并有题跋，所有图文均为阴刻，以刀作笔，色填石绿，颇具板桥遗风。屏门为清代旧物，十分珍贵。

屏门之后为楼梯间，内设单跑楼梯一座，楼梯宽80厘米，分十三级，游人可由此登楼。梯上有栏杆，并绕上层楼梯口兜通，以作围护。楼梯间于梯前一侧设门，使楼之上下层之间可分可合。

屏门上方悬有匾额一块，上书"拜文揖沈之斋"，匾为横匾，清水银杏底，字为行书，阴刻，色填石绿，由清末嘉兴书法家沈景修所书。

正间步柱之间为粉墙，墙上各置木制景窗一宕，窗为扁方形，较为宽大，长2.02米，高1.01米，制作精美。粉墙内侧嵌有文徵明与沈周的画像以及文徵明所作的《王氏拙政园记》一文，以书条石的形式分列左右。

楼之两侧的山墙，步柱外侧均砌至木挑檐底部，以承木挑檐之重量。前面山墙各辟有砖细门洞，游人可由此进楼；后面山墙则各置花窗一宕，与后檐墙一样。步柱之间砌的是坐槛半墙，墙高约50厘米，上置砖细面砖。立面处理较为通透、开敞，于楼内即可透过景窗欣赏到楼外景色。

楼之上层，四面全是落地长窗，与下层砖砌粉墙形成虚实对比，窗内设有栏杆，开窗可凭栏观景。前檐外侧窗上，居中悬有"倒影楼"匾额一块，由清末浙江书画家高邕所书。

楼内布置较为简单，后步柱之间为雕花隔扇一宕，整宕隔扇共分六扇，上刻山水画与诗文，图文并茂，古朴典雅。隔扇之后为楼梯，其周边围有栏杆，栏杆采用竖芯子，将木料通过车制而成，颇具西洋风格。

楼内不设吊顶，任其屋架外露，仅施油漆作装饰，因此楼内空间高爽、开敞，凭栏远眺，四周美景，历历在目，令人心旷神怡。

倒影楼的两块匾额，详见图3-4-22。

图3-4-22　倒影楼匾额立面图

倒影楼的平、立、剖面图，详见图 3-4-23 ～ 图 3-4-29。

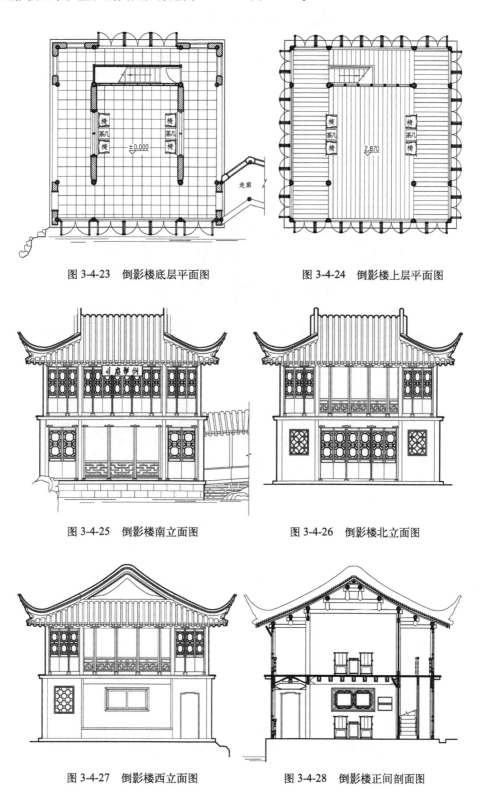

图 3-4-23　倒影楼底层平面图　　　　　　图 3-4-24　倒影楼上层平面图

图 3-4-25　倒影楼南立面图　　　　　　图 3-4-26　倒影楼北立面图

图 3-4-27　倒影楼西立面图　　　　　　图 3-4-28　倒影楼正间剖面图

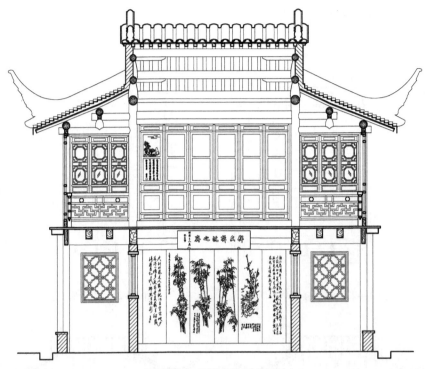

图 3-4-29　倒影楼纵剖立面图

三、沧浪亭看山楼

沧浪亭的布局以山为主，多数建筑环山布置，山为土阜，四周叠石护坡，沿坡砌筑磴道。山上石径盘回，林木森郁，路边箬竹丛生，藤萝垂挂，景色自然，是苏州园林中山景较佳的一处。著名的山亭——沧浪亭便位于土阜最高处，登亭可俯瞰全园，亦可远借郊外景色。但因清同治年间亭南所建的明道堂、五百名贤祠等建筑阻挡了西南方向的视线，对登高望远有所影响，于是另筑看山楼以作补救。

看山楼位于园之最南端，由两座亭式建筑相连而成，前为一层，后作二层，因筑于由黄石堆叠而成的印心石屋之上，宛如一体，故将其合称为楼。若将印心石屋也算上，楼之最高处将达三层，登楼远眺，市郊西南诸峰犹如槛前，清晰可见，楼名亦由此而来。

看山楼东西方向，总宽为 5.85 米，南北方向，总深为 9.85 米，分成前楼与后楼两部分，均为歇山顶，其形式与体量颇似一高一低的两座歇山方亭相连而成，其中前楼为一层，后楼为二层。底层檐高为 3.30 米，上层檐高距楼面高度为 2.70 米。

整座建筑，立面通透，飞檐翘角，舒展灵动，坐落于黄石堆叠的洞曲之上，形成较好的虚实对比，显得稳重而大方。底层屋檐未按对称设置，造型别致，生动活泼。

（一）看山楼的大木做法

看山楼的大木结构，分成前楼与后楼两部分，均为歇山顶。

后楼为二层，共设柱 16 根，4 根为步柱，其余为廊柱。每根步柱均与 3 根廊柱设川相连，以作底层四周围廊。将步柱升高作楼，其楼面构造与上层屋架做法，均与普通二层楼阁的做法相同。

前楼为一层，外观与歇山方亭相似，楼之四角各设角柱一根，角柱之上为檐桁，四周兜通，檐桁以内为木板吊顶，与普通歇山方亭做法相同。

前楼开间较宽，为增加楼的稳定性以及减小前檐桁的荷重，楼内设有前步柱两根，与前檐角柱设川相连，但未设后步柱，因此后檐桁的荷重仍然偏大，这也是其大木处理的不足之处。因前楼设柱较少，楼内空间显得开敞、空旷，且四周视野开阔，适宜登楼远眺。

（二）看山楼的屋面做法

看山楼的屋面，后楼为重檐，前楼为单檐，均为歇山顶，由小青瓦铺设，黄瓜环脊，轻盈简洁。戗角为嫩戗发戗做法，戗角高翘，飘逸舒展。

前楼与后楼之间间距较小，故前楼的后檐以及后楼底层的前檐出檐部分均挑出较小，且椽端未设飞椽，以留出一定余地作屋面排水之用，屋面雨水排到屋檐以下所设的天沟之内。天沟以下做有木板吊顶，从楼内观看，两楼浑然一体。

由于该处的出檐较小，因此戗角也随之缩短，显得较为低矮，由于处理得当，与其他戗角形成了一种不对称的和谐，使其更具动感，反倒增加了立面的美感。

（三）看山楼的装修做法

看山楼的前楼以及后楼的底层，四周廊柱之间均上悬挂落，下砌砖墙，墙厚半砖，墙高80厘米，上有通长木槛，以增加墙体牢度，游人可倚墙观景。墙为白色，嵌有海棠形花墙洞，显得通透典雅。

后楼底层，于步柱之间三面砌墙，左右墙上各辟短窗一组，每组两扇，十字海棠图案。后墙之前为楼梯间，内设单跑楼梯一座，以供人员上下。楼梯间之前，设纱隔长窗四扇，其内芯子部位裱有书画，均为当代苏州书画家所作。

长窗以上，悬挂横匾一块，匾为清水银杏制，刻有楼名"看山楼"三字，字为阴刻，填绿，由苏州著名书画家吴羪木先生所书，见图3-4-30。

图3-4-30　看山楼匾额

将后楼底层三面墙体延伸至上层檐枋底，每面墙上各辟六角景窗一宕，窗芯图案为十字海棠。楼之前檐枋下为短窗一组，共六扇，窗芯图案亦为十字海棠，与楼内所有窗扇相统一。窗下为半墙，砌于底层屋面之上，上铺砖细面砖。楼内除楼梯口用作围护的栏杆外，别无其他装修。

看山楼的平、立、剖面图，详见图3-4-31～图3-4-37。

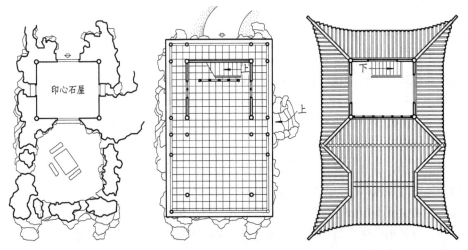

图 3-4-31　印心石屋平面图　　图 3-4-32　看山楼底层平面图　　图 3-4-33　看山楼上层平面图

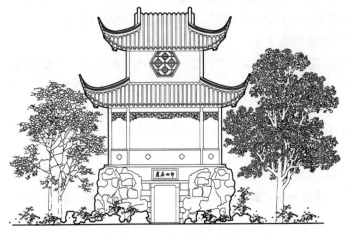

图 3-4-34　看山楼南立面图

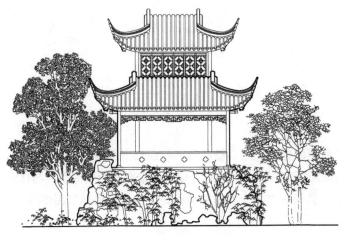

图 3-4-35　看山楼北立面图

图 3-4-36　看山楼侧立面图

图 3-4-37　看山楼剖面图

四、留园冠云楼

在留园东部有一组环绕冠云峰而建的建筑群，布局上以突出该峰为主。冠云峰高 6.5 米，为苏州园林中最高的湖石独峰，且"瘦、皱、漏、透"四态具备，十分难得，被誉为江南四大石峰之首。

冠云楼位于该组建筑群的北侧，因是专为观赏冠云峰而建，楼以峰名，称冠云楼，与峰南著名的鸳鸯厅——林泉耆硕之馆隔峰相对，互为对景。

因建筑布局以突出冠云峰为主，而湖石峰要有适当的衬托才能更好地显示出其姿态与轮廓，古代匠师深谙其理，冠云楼与林泉耆硕之馆的设置便是较好的例证。

从林泉耆硕之馆向北望去，冠云峰色彩灰白淡雅，姿态清秀奇特，而冠云楼深色的门窗和屋顶正是衬托冠云峰曼妙身姿与轮廓的绝好背景。

冠云楼坐北朝南，平面呈凸字形，由主楼及两侧配楼组成，是一座二层单檐楼房。面阔五间，总宽 21.64 米，进深较浅，其中主楼向前凸出，三开间，进深 4.40 米，两侧配楼各为一开间，其后檐与主楼相平，前檐退后，进深 2.70 米。冠云楼之楼面高度为 3.32 米，上层檐高距楼面高度为 2.63 米。

冠云楼为二层单檐楼房，三间主楼为歇山，两侧配楼则为硬山，因该楼进深较浅，故屋面体量不大，且呈中高两低，其两座戗角又为水戗发戗，使整个立面显得轻盈、简洁。

（一）冠云楼的大木做法

冠云楼内不设步柱，仅于楼之前后各设檐柱一排，且均隐于后檐墙内及长窗之中。故入其楼内，只见粉墙明窗，空间宽敞，虽面积不大，却不觉其小，然进深虽浅，亦不觉其浅。

楼面构架的做法是：于前后檐柱之间，均设承重相连，以架搁栅，搁栅之上铺设楼板。于西配楼内设木楼梯一座，东配楼则与室外盘旋而上的假山踏步相连。

冠云楼之楼面高度为 3.32 米，上层檐高与楼面的距离为 2.63 米。前檐柱较下层稍为缩进，按骑廊轩作法；将后檐柱通长升高，前后檐柱之端，即架设上层屋架。其中，主楼屋架采用五界圆作回顶，于屋内拔落翼，按歇山做法。配楼屋架则采用三界圆作回顶，两侧为硬山做法。

（二）冠云楼的屋面做法

冠云楼面阔五间，因进深较浅，屋面体量不大，由小青瓦铺设，采用黄瓜环脊，轻盈、简洁。

主楼三间为歇山回顶，进深五界，两边配楼为硬山回顶，进深三界，故屋面呈中高两低。主楼两侧歇山为环包脊形式，其下端与戗角相连，戗角为水戗发戗，而配楼两侧为硬山，均为对称设置，使整个立面既统一又有变化，显得生动活泼，但又稳重大方。

（三）冠云楼的装修做法

冠云楼的前檐，上层装的均是长窗，外开，内设栏杆，供人登楼眺望。主楼底层亦为长窗，内开，而配楼底层为粉墙，上辟景窗，与长窗形成虚实对比。

楼之前檐，于上层长窗以下做硬挑头为阳台，阳台以砖细构件作装饰，面铺方砖，前设台口砖，下为挂枋。台口砖与挂枋立面，均略施线脚，简洁而大方。

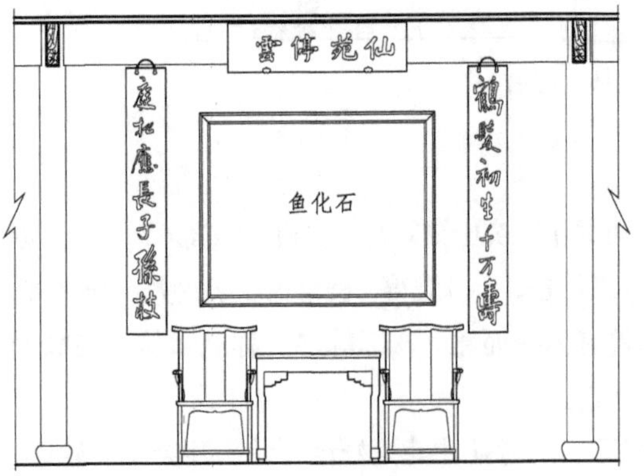

冠云楼之后檐，上下两层均为粉墙，因墙之北侧便是园外，故底层墙上未设窗户，仅于正间居中嵌鱼化石一方作装饰，鱼化石为"留园三宝"之一，十分珍贵。所谓"留园三宝"，即冠云峰、鱼化石及五峰仙馆内的大理石挂屏。

鱼化石之上方悬有匾额一块，上书"仙苑亭云"四字，由当代书法家沈尹墨所书。鱼化石之两侧，挂有对联一副："鹤发初生千万寿，庭松应长子孙枝"，由清末浙江书法家陈鸿寿所书（图 3-4-38）。

图 3-4-38　冠云楼底层装饰立面图

上层三间主楼，其后墙上各辟有六角景窗一宕，透过景窗，可北望虎丘，这也是借景手法之一例，可惜现在苏州之城内、郊外，到处是高楼林立，北望虎丘已成旧事。

冠云楼的平、立、剖面图，详见图 3-4-39 ～图 3-4-45。

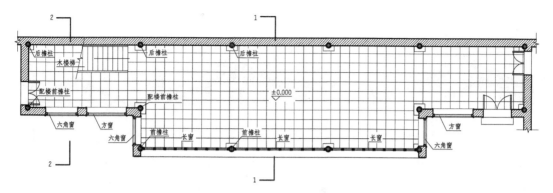

图 3-4-39　冠云楼底层平面图

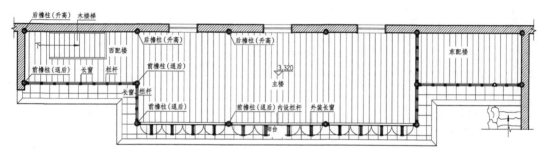

图 3-4-40　冠云楼二层平面图

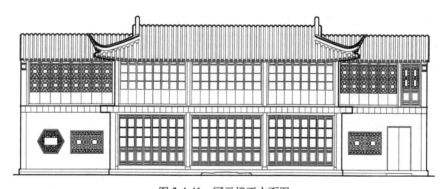

图 3-4-41　冠云楼正立面图

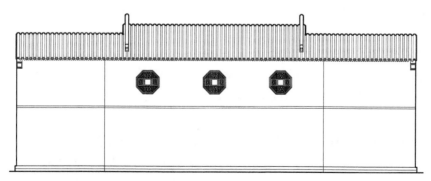

图 3-4-42　冠云楼背立面图

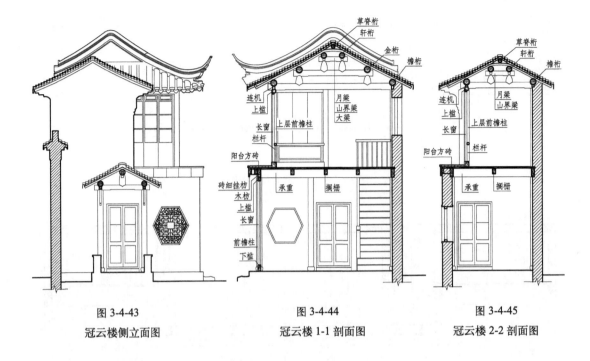

图 3-4-43
冠云楼侧立面图

图 3-4-44
冠云楼 1-1 剖面图

图 3-4-45
冠云楼 2-2 剖面图

五、留园明瑟楼

明瑟楼位于留园中部水池之南，是一座二层重檐小楼。面宽仅两间，一大一小，大的为正间，小的作走廊，总宽 4.45 米；进深六界，内四界前后各设一界为廊，廊深与开间走廊同宽，总深 5.58 米；其楼面高度为 3.07 米，上层檐高为 2.18 米。

明瑟楼因开间较小，屋顶采用半边歇山、半边硬山，与相邻的涵碧山房硬山顶相协调，两者组合在一起，虽然不对称，但却和谐、统一，具有另一番美感，在苏州园林中，是不同建筑类型组合的经典实例。

更为令人叫绝的是，该组建筑依山傍水而建，而明瑟楼的竖带做法又颇为别致，在其收头处，将传统的花篮座改为水戗发戗，且翼角轻盈，犹如风帆展开，与涵碧山房组合在一起，明瑟楼恰似船的尾舱，而涵碧山房就是中舱，若于对岸远远望去，两者仿佛为荡漾于青山绿水之间的一艘精美的画舫，因此是留园中部的主要景致，也是苏州园林中难得的佳构。

（一）明瑟楼的大木做法

明瑟楼的底层，做法与半座歇山楼房相同。共设柱 12 根，其中 4 根为步柱，另外 8 根均为廊柱，内四界前后做廊，走廊三面兜通，廊柱上端架廊桁，相邻廊桁于转角处，按敲交做法，以架设戗角。

在前后步柱之间设承重，步柱与廊柱间设廊川相连，其作用与承重相同。承重与廊川之上再架搁栅，以铺楼板。在三面走廊的楼板之下，做茶壶档轩为装饰，甚为幽雅。

将廊川一端挑出桁外做云头，上挑梓桁，云头之下承以蒲鞋头，其规格为五七式。底层走廊的出檐椽，其下端架于廊桁之上，上端则架于上廊柱之间所设的承椽枋上。

明瑟楼之楼面高度为3.07米，上层檐高为2.18米。其上层构架，将步柱通长升高，上层廊柱略为收进，梁架也采用内四界前后各设一界为廊，走廊三面兜通，楼层之内四界采用三界圆作回顶。楼内不设楼梯，而是由楼旁堆叠的假山踏步登楼入内。

（二）明瑟楼的屋面做法

明瑟楼是一座重檐小楼，因开间较小，且与涵碧山房紧密相连，故屋顶采取半边歇山、半边硬山的形式，以与涵碧山房的硬山顶相协调。

明瑟楼的屋面由小青瓦铺设，采用黄瓜环脊，简洁大方，与涵碧山房相邻的一面，采用硬山做法，另一面采用歇山做法，其戗角均为嫩戗发戗。

硬山墙与歇山墙的顶部均做有环包状的竖带，竖带下方收头处，将传统的花篮座改为水戗发戗，做法新颖别致，显得轻盈而有动感。

（三）明瑟楼的装修做法

明瑟楼之外檐装修，楼层三面除南面留有两扇长窗以供出入外，其余均为和合窗，和合窗每排分上下两扇，其上扇能向上作开启，每扇和合窗均嵌有明瓦，古色古香。

底层三面均未设窗，显得立面通透，廊柱之间，上为挂落，下设半墙，半墙之上为吴王靠。游人倚栏观景，仿佛置身于画舫一般，故明瑟楼之底层悬额一块，称"恰杭"，其意即是等待开航的意思，真是恰如其分。

明瑟楼的平、立、剖面图，详见图3-4-46～图3-4-51。

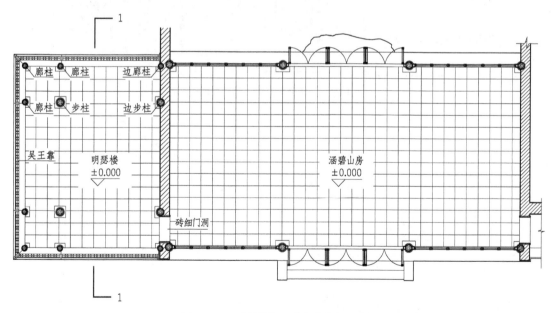

图 3-4-46　明瑟楼与涵碧山房底层平面图

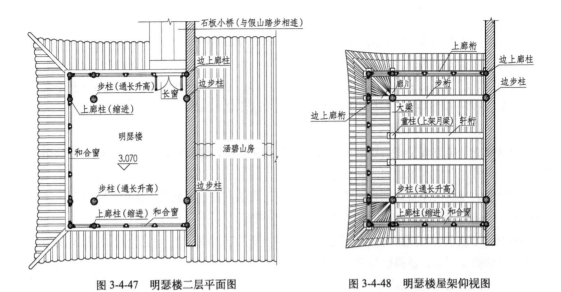

图 3-4-47 明瑟楼二层平面图　　　　　图 3-4-48 明瑟楼屋架仰视图

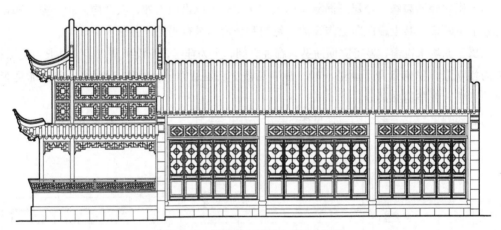

图 3-4-49　明瑟楼与涵碧山房正立面图

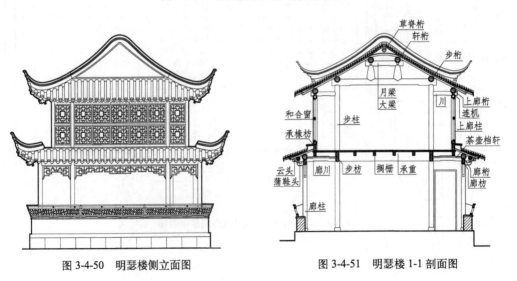

图 3-4-50　明瑟楼侧立面图　　　　图 3-4-51　明瑟楼 1-1 剖面图

第五节　阁的精选实例

一、拙政园浮翠阁

拙政园的浮翠阁，八角重檐攒尖顶，位于拙政园西部的土山上，山上林木茂密，绿草如茵，如同浮动于一片翠绿浓荫之上，因而得名浮翠阁。登阁眺望四周，但见山清水秀，满园青翠，一派生机盎然，令人赏心悦目，心旷神怡。

浮翠阁之平面，为不等边的八角形，其长边宽为 2.53 米，短边宽为 1.81 米，是一座双层楼阁，楼面高度为 3.87 米，上层檐高为 2.60 米。屋顶形式为重檐攒尖顶，上置砖细宝顶，阁顶距室内地坪高度为 8.86 米，因浮翠阁本身位于高处，故为拙政园中的制高点。

浮翠阁坐落于花岗石制作的台基之上，台基周边为平台，平台外围有石栏。平台与石栏的设置加大了立面底部的宽度，使浮翠阁显得更加稳重与端庄。

（一）浮翠阁的大木做法

浮翠阁的构架，以八根步柱通长作楼，其楼面高为 3.87 米，上层檐高为 2.60 米。阁之后设双跑楼梯一座，以供上下。

底层步柱之前，未设檐柱，而是采用软挑头，做雀宿檐为底层落翼屋面，屋面檐口未设飞椽，故采用水戗发戗。楼面结构采用两根通长承重，分别做榫连于前后步柱内，承重之上架搁栅，搁栅之上铺楼板。

上层构架与普通八角亭基本相似，设两根通长搭角梁，架于前后短边的檐桁之上，再设两根横梁联系之，从而形成一个四方形之框架。框架之上立童柱，上设搭角梁，所设搭角梁与相应的檐桁平行，相互间按敲交做法，搭设成与平面相似的不等边的八边形"蒸笼架"。上层之老戗与木椽均架于其上，将老戗后端向上延伸，并相汇于灯芯木处，灯芯木下端未设横梁，由八根老戗支撑。

（二）浮翠阁的屋面做法

浮翠阁为八角重檐攒尖顶，屋面坡度较为平缓，由小青瓦铺设。上层八条戗脊均为水戗发戗，起翘不高，戗端伸出也较短，显得稳重。阁之顶部设砖细宝顶，宝顶亦为八角，制作精细，比例得当。

底层屋面采用雀宿檐形式，故出挑不多，戗脊的形式与做法均与上层戗脊相同。

（三）浮翠阁的装修做法

浮翠阁的底层，面向主景区的三面，均装有落地长窗，居中长边一面装四扇，两侧短边一面均为三扇，窗的内芯子图案为八角龟纹景，与阁的平面形式相吻合。其余数面均为粉墙，上辟八角景窗，景窗周边围有砖细镶边，其窗芯图案亦为八角龟纹景。

浮翠阁的上层，八面均为长窗，长边一面装四扇，短边一面装两扇，窗芯图案与下层长窗相同。长窗以内，每边各装有通长木制栏杆，以便开窗后凭栏观景。

面向主景区的一面，上层檐下悬挂横匾一块，为清水银杏做法，上刻"浮翠阁"三个大字及落款，字为线刻，黑色，撒煤，由清末举人、浙江书法家杨岘所书。

楼内装修不多，底层楼梯间之前装有纱隔长窗一列，共有八扇，每扇均裱有精美书画，古朴典雅。两边窗扇可作开启，以便开窗登楼。

上层楼梯间之前，居中装有纱隔长窗六扇，长窗两侧各装挂落，以便人员出入。楼梯口边上装有栏杆，用作围护。

浮翠阁的平、立、剖面图，详见图 3-5-1 ～ 图 3-5-7。

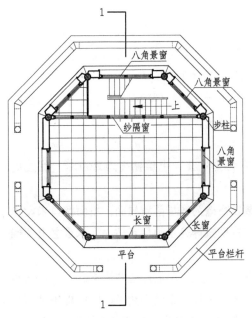

图 3-5-1　浮翠阁底层平面图

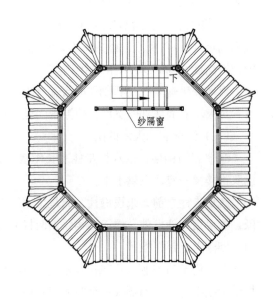

图 3-5-2　浮翠阁上层平面图

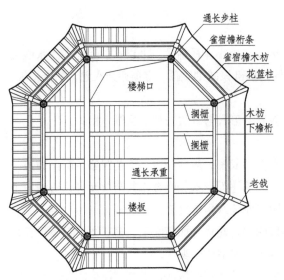

图 3-5-3　浮翠阁底层屋架仰视图

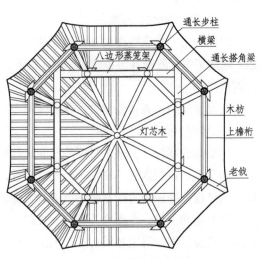

图 3-5-4　浮翠阁上层屋架仰视图

图 3-5-5　浮翠阁立面图

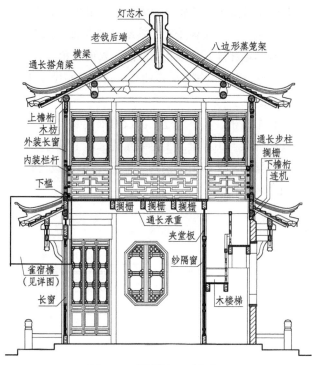

灯芯木
老戗后端
横梁
通长搭角梁
八边形蒸笼架

上檐桁
木枋
外装长窗
内装栏杆
下槛
雀宿檐
（见详图）
长窗

搁栅　搁栅　搁栅
通长步柱
搁栅
下檐桁
连机
通长承重
夹堂板
纱隔窗
木楼梯

图 3-5-6　浮翠阁 1-1 剖面图

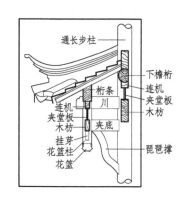

通长步柱
下檐桁
连机
夹堂板
木枋
桁条
川
连机
夹堂板
木枋
挂芽
花篮柱
花篮
夹底
琵琶撑

图 3-5-7　匾额与雀宿檐详图

二、留园远翠阁

远翠阁位于留园中部山池以北，背靠园墙，面向主景区，东西各有长廊相连，为一座二层楼阁，平面方形，重檐歇山回顶。

远翠阁的底层，面宽三间，居中为正间，两侧为走廊，正间较宽，为 5.5 米，走廊各宽 1.45米，总宽 8.4 米；进深六界，内四界之前，设一界为廊，其后设一界为楼梯间，内四界深为 4.1

米，廊与楼梯间之深均为 1.45 米，总深 7 米。底层檐高为 3 米，楼面高度为 3.45 米，因楼之后部为楼梯间，故前后檐高不同，其中前檐高为 5.90 米，后檐高为 5.35 米。

远翠阁所在位置，原有建筑称"自在处"，前有石制牡丹花坛，雕刻生动，为明代遗物，至今尚在，十分珍贵。"自在处"之名，取自宋代陆游"高高下下天成景，密密疏疏自在花"，其意便是该处为赏花观景的好去处。为此，远翠阁的底层仍称"自在处"。

远翠阁之名，取自古诗"前山含远翠，罗列在窗中"，在阁上远眺，绿树翠竹，山池廊亭，尽收眼底，其景色令人欣然，尤以西部为最，只见土山之上，云墙起伏，墙外更有高阜枫林作为远景，层次丰富，满目青翠，故阁名"远翠"。

（一）远翠阁的大木做法

远翠阁列柱 16 根，与《营造法原》中"其重檐者，方亭多至十六柱"之规定相符，但因其前走廊面宽为 5.5 米，故另立 2 根方柱，以辅受力之不足，因此共设柱为 18 根。

远翠阁的构架，以 4 根步柱通长作楼，因其后檐为楼梯间，故其正间的两根后檐柱亦随之升高。楼面高为 3.45 米，前檐高为 5.90 米，后檐高为 5.35 米。

远翠阁底层的 12 根檐柱，分别与 4 根步柱设川相连。檐柱上端为檐桁，出檐椽的下端搁于檐桁之上，而上端则搁在设于步柱间的承椽枋上。左右两侧走廊的前端与前走廊相交处，各设戗角一座，为歇山做法。左右走廊之后端因与围墙相连，故按硬山做法，未设戗角。

远翠阁的楼面结构，于前后步柱之间设置承重，上架搁栅，后步柱与后檐柱间亦设川相连，其做法及作用与承重相同，木楼板便铺设于搁栅之上。

远翠阁的上层构架，于步柱上端架檐桁，称上檐桁，其下为连机。设两根横梁架于前后檐桁之上，以代大梁。横梁之上立童柱二，上架山界梁，山界梁之上再架童柱二，上设月梁，月梁之上为轩桁、为弯椽，按五界回顶做法。山界梁与其梁端所架桁条（金桁），须按戗交做法，以架戗角。远翠阁的屋架做法，见图 3-5-8 ～图 3-5-10。

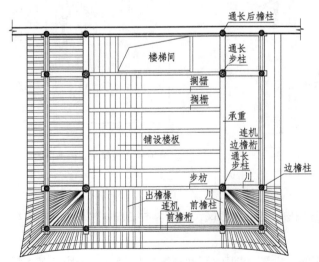

图 3-5-8　远翠阁底层屋架仰视图

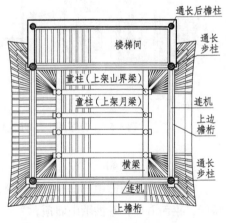

图 3-5-9　远翠阁上层屋架仰视图

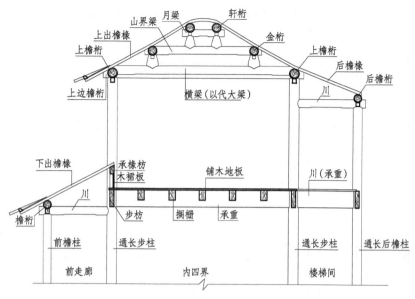

图 3-5-10　远翠阁之正间屋架剖面图

（二）远翠阁的屋面做法

远翠阁的屋面，由小青瓦铺设，上层为歇山回顶，黄瓜环脊，四条戗脊均为水戗发戗，起翘不高，与坡度平缓的屋面相协调，显得轻巧、自然。因正间后面为楼梯间，故将屋面延伸至后檐墙，未设出檐，按包檐做法。

底层屋面，前、左、右三面均为走廊，左右走廊与前廊相交处，各设戗脊一条，戗的做法与上层一样，也为水戗发戗，起翘不高。左右走廊的后端与后墙相交，故未设戗角，按硬山做法。

（三）远翠阁的装修做法

远翠阁的上层，其外檐三面装的均是和合窗，窗分上下两扇，上扇可作开启，以供游人登阁观赏风景。

远翠阁的底层，三面为走廊，于檐柱之间，上设挂落，下为半墙，半墙之上铺设砖细面砖，供游人凭坐观景。

楼内底层，左右步柱间之间，前面为落地长窗，后面为纱隔长窗，纱隔长窗之后为楼梯间，设木楼梯一座，以供上下。纱隔长窗共十扇，其左右各有两扇可作开启，以便登楼。每扇长窗均裱有书画各一幅，均为苏州书画家作品，图文并茂，古朴典雅。

纱隔上方，悬挂横匾一块，上刻"自在处"三字及落款，由明代苏州才子文征明所书。匾为银杏木匾，清水做法，字为线刻，黑色，撒煤，虽为近代后制，但仍显得古色古香，具有文化特色，见图 3-5-11。

底层正间，左右两侧为粉墙，上辟六角景窗，周边围有砖细镶边，游人可透过景窗欣赏窗外景色。底层后檐及楼梯间两侧也为粉墙，均砌至上层屋面以下，楼梯间两侧墙上，于上层各置瓦作花窗一宕。

图 3-5-11　自在处匾额

上层正间，于楼梯间之前，设木板间壁一宕，其两侧为挂落，可供人员出入。楼梯周边围有用作围护的木制栏杆。

　　远翠阁的平、立、剖面图，详见图 3-5-12～图 3-5-17。

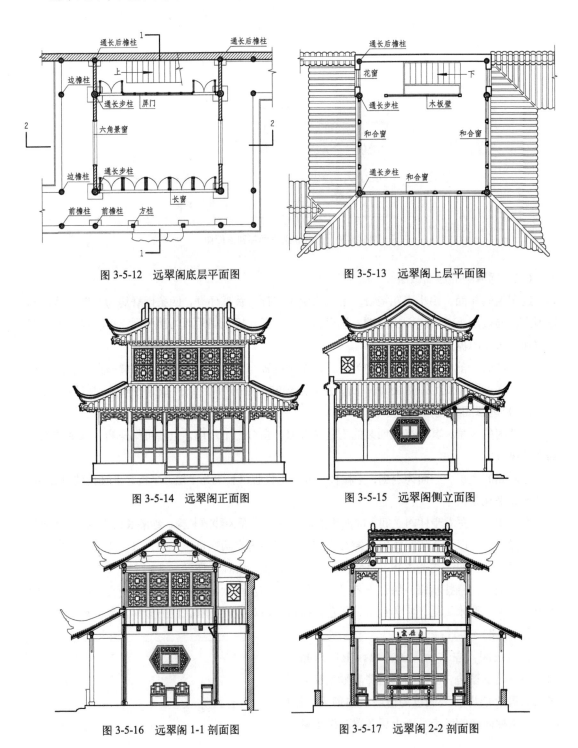

图 3-5-12　远翠阁底层平面图　　　　　图 3-5-13　远翠阁上层平面图

图 3-5-14　远翠阁正面图　　　　　　图 3-5-15　远翠阁侧立面图

图 3-5-16　远翠阁 1-1 剖面图　　　　　图 3-5-17　远翠阁 2-2 剖面图

三、狮子林卧云室

狮子林素以假山众多著称，并以洞壑盘旋出入的奇巧取胜。假山起伏连绵，怪石奇峰林立，其中不乏深谷幽洞，临水石壁。游人步磴道以上下，随曲径而盘旋，古人所说的"人道我居城市里，我疑身在万山中"之感，便会油然而生。

经燕誉堂后廊西侧砖细门洞，便是假山，穿越洞径，可见假山怀抱的隙地中央矗立着一座二层楼阁，四周石峰相拥，古树参天，环境幽静。该楼原是僧人禅室，因古人常将峰石以云相称，故依古诗"何时卧云身，因节遂疏懒"之意，将该楼取名为"卧云室"。

卧云室平面呈凸字形，由主楼与楼梯间所组成，其凸出部分为楼梯间。主楼面宽 6.67 米，进深 5.27 米，凸出部分面宽 4.05 米，进深 0.91 米。底层檐高为 3.51 米，楼面高度为 3.65 米，上层檐高为 6.41 米，高于楼面 2.76 米。

卧云室的主楼为重檐歇山顶，而凸出的楼梯间则为重檐攒尖顶，两者组合在一起，造型奇特，构思巧妙。上下两层各有戗角六座，飞檐翘角，充满动感，是苏州园林中楼阁之唯一孤例，极具欣赏价值。

（一）卧云室的大木做法，

卧云室的底层，其内四界宽 4.85 米，深 3.45 米，设步柱 4 根，圆柱。内四界四周为回廊，廊深 0.91 米，周边设廊柱 12 根，均为方柱。另于楼梯间的后檐设廊柱 2 根，面宽 4.05 米，也为方柱，将内四界后面走廊的一部分并入底层楼梯间，该部分的面宽与楼梯间相同，为 4.05 米。

卧云室底层的柱网布置，见图 3-5-18。

卧云室的楼面构架，步柱之间，进深方向各架承重 1 根，上架搁栅，开间方向各架木枋 1 根，称步枋，被并入楼梯间的后廊，其廊柱间也设木枋相连，所有木枋面均与搁栅面相平，上面除留出楼梯口外，其余均铺设楼板。

楼面构架以上，另设楼梯间上层廊柱 4 根，对称设置，以架楼梯间老戗与沟底木的上端，并将内四界的步柱通长升高。

走廊周边的廊柱之上，架设檐桁，上架走廊出檐椽，出檐椽的上端，架于上层各柱之间所设的半圆桁条上。

内四界外侧走廊三面环通，其顶部做有一枝香菱角轩，显得精美、雅致。将走廊四角的轩梁伸出柱外，做成云头挑梓桁形式，上架梓桁，以增加出檐长度。

卧云室的底层戗角均为嫩戗发戗，其规格按七根摔网椽配置。楼梯间与主楼的戗角在其相交处设有沟底木，用以改变屋面的落水方向。

底层构架的具体做法，见图 3-5-19 所示。

卧云室的上层，共有木柱 8 根，其中 4 根为主楼通长升高的步柱，另有 4 根为楼梯间上层所设的廊柱，在所有柱的上端架设檐桁。

主楼的上层做法是：因其仅为一开间，故构架按屋内拔落翼的做法，于前后檐桁之上搭设两根横梁，横梁之上为童柱，上架月梁，按三界回顶做法。月梁之上，两端为轩桁，月梁与轩桁须按敲交做法，以便架设上层戗角的上端。

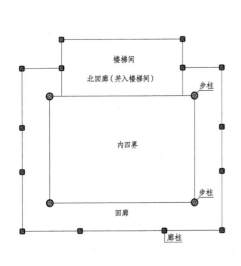

图 3-5-18　卧云室底层柱网布置图

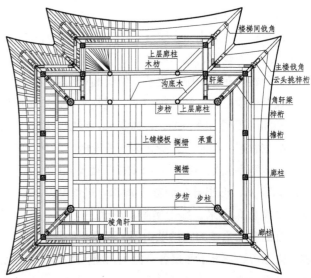

图 3-5-19　卧云室底层构架仰视图

楼梯间的上层做法是：在主楼后檐桁上架设童柱，童柱之上架设月梁与短桁条，所架月梁与短桁条须按戗交做法，以便架设楼梯间戗角的上端。月梁居中搭横梁，横梁之上为灯芯木。将楼梯间戗角的上端延伸至灯芯木，老戗与摔网椽之上为糙戗与糙椽，其上端端连于灯芯木，将攒尖顶调整至合适的屋面坡度，并对灯芯木起到支撑作用。

上层戗角与沟底木，其做法与底层大致相同。

卧云室上层构架的具体做法，详见图 3-5-20、图 3-5-21。

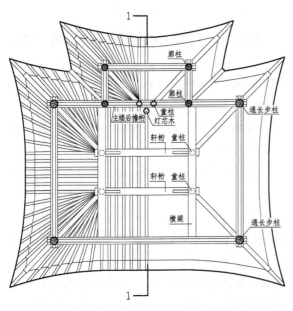

图 3-5-20　卧云室上层构架仰视图

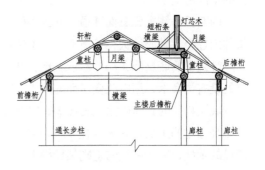

图 3-5-21　卧云室上层构架 1-1 剖面图

（二）卧云室的屋面做法

卧云室为二层重檐楼阁，造型奇特，由歇山与攒尖两种屋面形式组合而成，故其屋面做法也较为别致，颇具匠心。

卧云室的屋面由小青瓦铺设，上下两层各有戗角六座，均为嫩戗发戗，出檐深远，戗角高翘，显得飘逸舒展。

卧云室的上层，主楼为歇山回顶，设戗角四座，采用黄瓜环脊，轻巧自然，楼梯间为攒尖顶，戗角仅两座，实际上便是半座攒尖方亭的做法，顶部设有砖细宝顶，庄重大方。宝顶之前，设一斜脊与主楼屋面的后坡相连，脊之外形及做法与戗脊相同，以求立面的统一。在两种形式的屋面相交处，设置斜沟两条，其作用是将不同排水方向的雨水经斜沟排出。

底层屋面的上端筑有赶宕脊，赶宕脊绕上层周边兜通，位于上层窗台以下，其立面形式为由亮花筒搭设而成的花筒脊，显得轻巧通透。

值得一提的是，该楼同一层的戗角，因檐高相同，且制作精细、统一，故并无外形、大小的差别，而仅有前后、左右之区分，因此具有一定的韵律感，在不同的地点或时间段观看，均可取得不同的光影效果。

卧云室屋面的平面布置，见图3-5-22、图3-5-23。

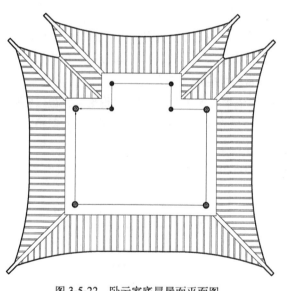

图3-5-22　卧云室底层屋面平面图

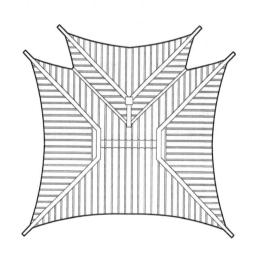

图3-5-23　卧云室上层屋面平面图

（三）卧云室的装修做法

卧云室的底层，正间之左、右、后三面为粉墙，前面为八扇落地长窗，向内开启。左右两面墙上，各辟六角景窗一宕，面对进门长窗，后墙之上挂有横匾一块，上书"卧云室"三个大字，笔力雄劲，由清末江苏巡抚程德全所书。横匾以下，居中挂有红木挂屏一幅，内嵌山水瓷画，两侧为红木板对一副，上联是："吴会名园此第一"，下联是"云林画本旧无双"，由清末民初浙江书画家萧澍霖所书。

后墙之前，居中摆放的是红木琴桌，两侧为花几，桌、几之上均置有盆景、盆栽作点缀，显得古色古香，十分典雅（图3-5-24）。

图 3-5-24　卧云室底层装修立面图

外侧廊柱之间，上部均悬装挂落，下部除留出通道口外，其余均装木制栏杆。通道外的踏步由湖石堆砌而成，与周边的假山相协调。

正间之后为楼梯间，装有双跑楼梯一座，梯上有栏杆及扶手，用作围护。楼梯间之凸出部分，也是三面为粉墙，后墙居中辟有花漏窗一宕，用以装饰与采光。楼梯间与后廊相交处，一侧为木制隔墙，另一侧装有木门，门虽设却常关，目的是控制上楼人数。

卧云室的上层，楼的周边装的均是短窗，与楼下粉墙形成虚实对比，使楼显得更加轻盈、通透。

楼内装修较为简单，短窗以下为内裙板，楼梯口于靠楼板一侧，装有栏杆，用于围护。楼内不设吊顶，任其屋架外露，仅以油漆装饰之，使楼内显得高敞、素雅。

卧云室的平、立、剖面图，详见图3-5-25～图3-5-30。

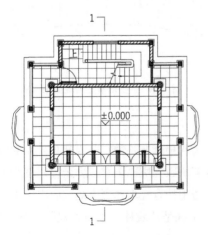

图 3-5-25　卧云室底层平面图

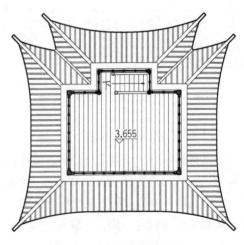

图 3-5-26　卧云室上层平面图

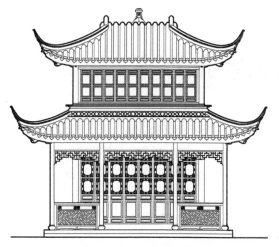

图 3-5-27　卧云室正立面图

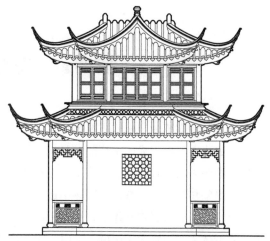

图 3-5-28　卧云室背立面图

图 3-5-29　卧云室侧立面图

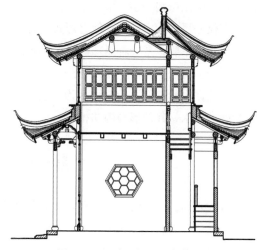

图 3-5-30　卧云室 1-1 剖面图

第四章　苏州园林的榭舫

水池是构成苏州园林的主要内容之一，苏州地处江南，地下水位较高，便于开池引水，而且明净的水面可以形成园中广阔的空间，给人以清澈、开朗、宁静的感觉。多数园林以曲折自然的水池为中心，辅以山石、花木、亭榭楼阁等建筑，以形成各种不同的景色，因此，环绕水池布置景物与观赏点，是苏州园林中最为传统的布局方式。

水榭与船舫多属临水建筑，布置于池畔、水边，是苏州园林建筑中较为常见的一种建筑形式，其形体为了与水面相协调，多以水平线条为主。

水榭，置于池畔，平面为长方形，长边临水，一间三间最宜，进深较浅，不超过六界。其前半部常跨水而建，凌空做架，以石梁、石柱作支撑。临水立面开敞，设栏杆或半墙吴王靠，两侧及后檐以粉墙为多，辟景窗或洞门，但也有前后通透的，如拙政园的芙蓉榭。水榭体量不大，高仅一层，歇山回顶，戗之形式随意，可陡可平，视周边环境而定，以轻巧自然为佳。

舫又称旱船，是一种船形建筑，多建于水边。其前部三面临水，后部则置于岸上。舫的平面分平台、前舱、中舱与后舱四段，平台一侧设有平桥与岸相连，供人上下，与船头跳板相仿。前舱较高，中舱略低，后舱则多为二楼，以便眺望。屋顶式样通常是前、后两舱为歇山式，中舱为两坡落水，其外形与画舫相似。

第一节　榭的基本构造

各式水榭，虽有大小的差别，也有外形的不同，但其基本的构造却大致相似。

现以苏州某新建园林中一水榭为例，将其基本构造与做法介绍如下：

该水榭歇山回顶，面阔三间，为一间两落翼做法，总宽5.6米，内四界前不设廊，仅设一界为后廊，廊深与落翼同宽，共深4.0米。内四界之前步柱与四周廊柱同高，其作用与廊柱相同，上架廊桁，檐高3.2米。

将后步柱升高作草架，草架采用山界梁形式，上架脊童与脊桁，梁之两端架草桁，草桁与山界梁作敲交，老戗之上端即架于此处。草架以下，其内四界采用回顶三界，做成船篷轩形式，两侧落翼与后廊则做成茶壶档轩形式。

水榭之后檐为粉墙，辟景窗，其后廊与两侧走廊相连。水榭前半部跨于水面，置石柱以承重，任水面延伸至建筑之下，似水之源头，使水面有不尽之活意，此乃苏州园林中理水之常用手法。

水榭临水处，立面开敞，三面廊柱间，均上设挂落，下砌半墙，其上为砖细坐槛与吴王靠，游人凭坐于此，是雨中观景极佳之处，故榭名"听雨"。

该水榭的具体做法，详见图4-1-1～图4-1-8所示。

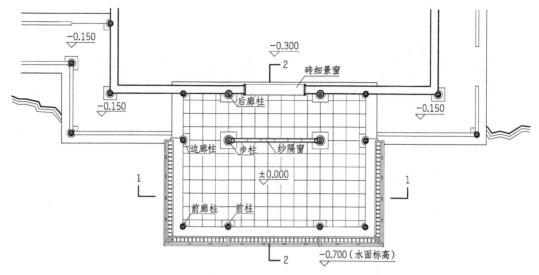

-0.150

-0.300

砖细景窗

2

后廊柱

-0.150

-0.150

边廊柱　步柱　纱隔窗

±0.000

1　　　　　　　　　　　　　　　　　　　　1

前廊柱　前柱

2

-0.700（水面标高）

图 4-1-1　水榭平面图

图 4-1-2　水榭正立面图

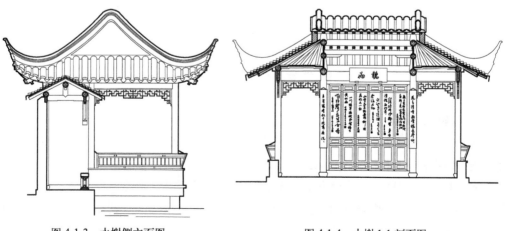

图 4-1-3　水榭侧立面图

图 4-1-4　水榭 1-1 剖面图

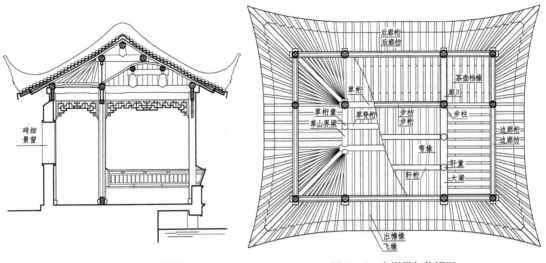

图 4-1-5　水榭 2-2 剖面图　　　　　　图 4-1-6　水榭屋架仰视图

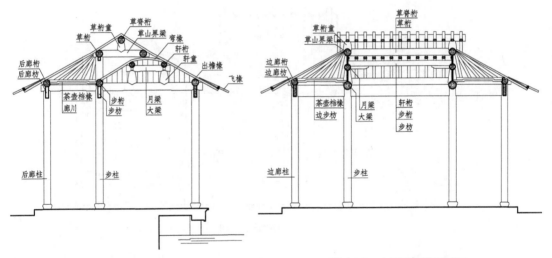

图 4-1-7　水榭屋架横剖面图　　　　　　图 4-1-8　水榭屋架纵剖面图

第二节　榭的精选实例

一、艺圃延光阁

延光阁位于艺圃水池北侧，后面是博雅堂之前的庭园，临水而筑，阁底前部悬空，凌空于水面之上，以石柱、石梁作支撑，故虽名之为阁，但其构造实为水榭。

延光阁是苏州园林中最大的水榭，面宽五间，总宽 15.45 米，进深六界，总深 6.27 米，前后檐高均为 3.06 米。两侧有建筑相连，东面为"旸谷书堂"，西面是"思敬居"，均为硬山顶。三者连在一起，一字排开，其立面甚为壮观，见图 4-2-1。

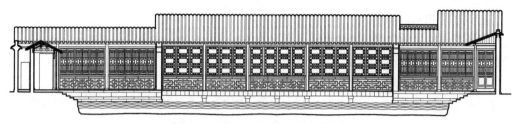

图 4-2-1　延光阁及两侧建筑之立面图

"延光"一名，取自古人阮籍"养性延寿，与自然齐光"之句，寓延年益寿之意。延光阁与池南假山隔池相望，互为对景。于阁内南望，对岸假山，临池危壁，石径盘旋，山石嶙峋，林木葱翠，极富山林野趣；池岸高低起伏，池水碧波荡漾，池边石桥，低平曲折，一派自然山水风光。延光阁现已辟为茶室，游人在此凭坐品茶，聊天观景，足不出户，便可饱览园中美景。

（一）延光阁的构架做法

延光阁面宽五间，共设屋架六榀，其中正贴四榀，边贴两榀。因是硬山，且不设脊柱，故其边贴做法与正贴相同。

延光阁的屋架做法较为简单，其内四界深 4.55 米，按五界回顶做法，其前后各设一界为廊，前廊深 0.87 米，后廊深 0.85 米，均设川将廊柱与步柱相连。

因阁底前部悬空，故于临水处砌筑石驳岸用于挡水、固土，驳岸之前设石柱，上架石梁，石梁的后端架于驳岸之上。石柱与石梁共设五榀，其中四榀位于正贴屋架之下，另有一榀，因正间跨度较大，故设于正间的居中。石梁之上，架木搁栅相连，上铺木地板。

延光阁的室内地坪由方砖铺设，其前部的方砖便铺设在木地板上。将前檐方砖适当挑出柱外，方砖以下，通长设砖细挂枋一道，以作装饰。

延光阁的构架做法，见图 4-2-2。

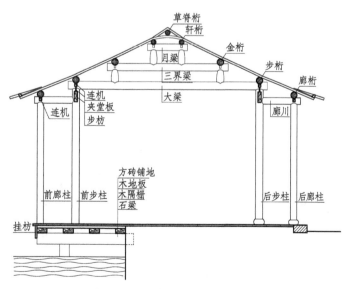

图 4-2-2　延光阁构架做法剖面图

（二）延光阁的屋面做法

延光阁的屋面为硬山顶，坡度平缓，由小青瓦铺设，采用黄瓜环脊，显得简洁大方，与艺圃朴实自然的建筑风格相协调。

（三）延光阁的装修做法

延光阁的前檐，廊柱之间，下部装的是木栏杆，栏杆之上为搁槛，其上为和合窗，和合窗分上、中、下三扇，通长到顶，可作开启或拆脱。窗内芯子较少，显得通透，便于观景与采光，故室内明亮。栏杆外侧装有雨挞板，以避风雨，但可拆脱，通常是冬春两季装上，以利保暖，而夏秋两季拆下，便于通风。

延光阁的后步柱之间，其正间装的是落地长窗，两侧次间与边间，装的是短窗，窗下为栏杆，栏杆内侧装有裙板，也可拆脱。窗扇芯子均采用冰纹图案，古朴而典雅。因外侧为走廊，所有窗扇均向内开启，以利通行。后廊柱之间，仅于上部悬装挂落作为装饰。而两侧边间墙上，前后步柱之外侧各装有木门一扇，与外部相通。

图 4-2-3 延光阁匾额立面图

正间后步枋上，悬挂清水横匾一块，上书"延光阁"三字，由著名书法家谢孝思先生所书，字体优美，笔力雄劲，具有一定的欣赏价值（图4-2-3）。

每面墙上均挂有红木挂屏两块作装饰，内嵌方、圆大理石各一，寓天圆地方之意。另于正贴大梁之下悬挂红木宫灯作点缀，灯为明式，方形，制作精细、造型简练，与艺圃简朴的园林风格相符。

延光阁的平、立、剖面图，详见图 4-2-4 ～图 4-2-8。

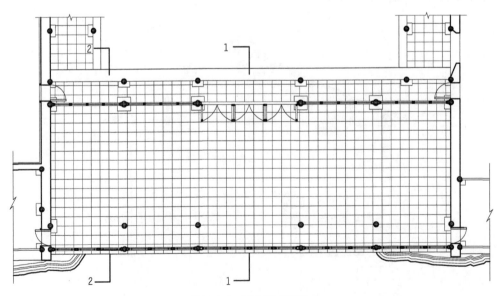

图 4-2-4 延光阁平面图

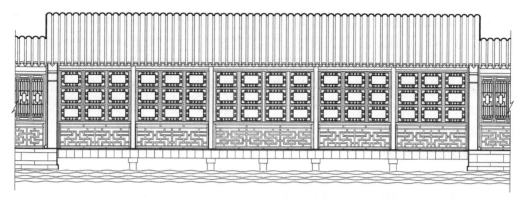

图 4-2-5 延光阁正立面图

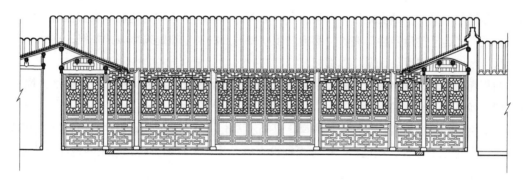

图 4-2-6 延光阁背立面图

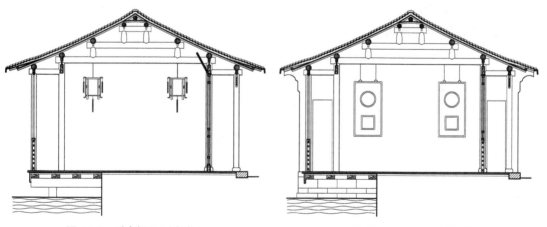

图 4-2-7 延光阁 1-1 剖面图　　　　　　　图 4-2-8 延光阁 2-2 剖面图

二、拙政园芙蓉榭

芙蓉榭位于拙政园东部水池之东侧，临水而建，前部跨于水面，底部悬空，设石柱石梁作支撑。芙蓉榭平面呈方形，四周为回廊，正间宽 4.0 米，两侧走廊各宽 1.2 米，总宽 6.4 米，正间深 3.3 米，前后走廊各深 1.2 米，总深 5.7 米，檐高 3.3 米。歇山回顶，戗角飞翘，造型活泼，轻盈灵动。

芙蓉榭四周立面开敞，回廊外侧均上悬挂落，下为坐槛半墙，上置吴王靠，正间两侧为粉墙，各辟景窗一宕，正间前后通透，设方、圆落地罩各一宕，榭内装修精美，古朴典雅。

芙蓉榭周边环境幽静，风景优美，榭前水池遍植荷花，荷花又名芙蓉，故称"芙蓉榭"。

每当夏日，荷花盛开，凭栏倚坐，凉风习习，荷香阵阵，令人乐不思返，是赏荷的绝佳之处。若逢雨天，则尤以为佳，点点雨珠，如同翻动滚落于碧玉盘中，而沙沙雨声，亦与雨打芭蕉有异曲同工之妙，别具情趣。

（一）芙蓉榭的构架做法

芙蓉榭的正间设步柱4根，四周为回廊，每根步柱均与3根廊柱以川相连，廊柱共设12根。廊柱之上架廊桁，廊桁四周兜通，转角处须敲交相连，以架戗角。桁底直接置枋，称拍口枋。步柱之上，于进深方向，架三界大梁，上架童柱与月梁，按三界回顶做法。大梁两端架桁，称步桁，步桁与大梁须按敲交做法，以架戗角的上端。步桁以下分别为连机、夹堂板与步枋。大梁以下设夹底连于前后步柱，夹底之高度与步枋相同。屋架空隙处须填以山垫板，夹底与大梁之间所填木板须横向通长设置，称楣板。

四周廊桁之上铺设出檐椽，椽端架有飞椽，以增加出檐长度。戗角按有飞椽做法，均为嫩戗发戗，规格按七根摔网椽配置。

底部构造，以石为架，临水处筑驳岸，以挡水固土。驳岸之前，设石柱八根，位于上部木柱之下，石柱之上架石梁相连。石梁上面铺设石板，其上为砖细方砖，与室内地坪做法相同。石板按进深方向铺设，内端架于驳岸之上。

芙蓉榭坐落于花岗石台基之上，台基四周为阶沿石，阶沿石的下方，凡悬空处均为砖细挂枋，其余则为侧塘石。

芙蓉榭构架的具体做法，详见图4-2-9、图4-2-10。

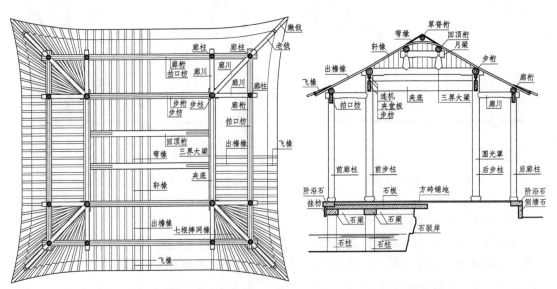

图 4-2-9　芙蓉榭屋架做法仰视图　　　　图 4-2-10　芙蓉榭构架做法剖面图

（二）芙蓉榭的屋面做法

芙蓉榭的屋面为歇山回顶，由小青瓦铺设，朴素淡雅，以黄瓜环作脊，轻盈简洁，按嫩戗发戗，故起翘较高，但出檐深远，轻巧自然，山墙两侧，略塑山花作点缀，寓意吉祥，并将两侧山墙适当外移，以增加立面宽度，使芙蓉榭的屋面造型比例更加得当，显得生动活泼、简洁明快，与拙政园东部以天然山水为主的风格相符。

（三）芙蓉榭的装修做法

芙蓉榭四周立面开敞，外侧廊柱之间均上悬挂落，下为坐槛半墙，半墙高约50厘米，上置砖细面砖与吴王靠，供游人倚栏凭坐。

正间两侧为粉墙，各辟方形景窗一宕，周边围以砖细镶边作装饰。正间前后通透，步柱之间设落地罩作分隔，前步柱间装的是落地方罩，后步柱间装的是落地圆光罩，方圆相间，寓天圆地方之意，别具匠心。

榭内装修精美，古朴典雅。所有窗、罩均以软景线条构成图案，嵌有雕花结子，该图案在放样与制作时，其难度系数均颇高，非技艺精湛之工匠而不能为之。但榭内构件均制作精细，实属不易，当为苏州园林中同类构件之范例。

见图 4-2-11、图 4-2-12。

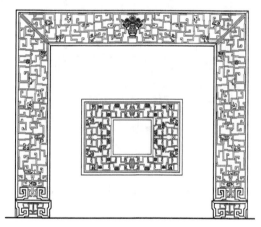 

图 4-2-11　芙蓉榭方罩与方形景窗立面图　　　　图 4-2-12　芙蓉榭圆光罩立面图

因榭内步枋底部离地面较高，安装方罩与圆光罩时，在其上方均另设木枋与夹堂板，用以调整高度。

圆光罩的上方悬有横匾一块，上刻"芙蓉榭"三字。匾为清水做法，字为阴刻，填绿，挂于榭内正间一侧。

正间廊柱于面池一侧挂有对联一副，上联是"绿香红舞贴水芙蕖增美景"，下联是"月缕云裁名园阆榭见新姿"，款署"丙子仲夏江阴王西野撰，四明周退密书"。联为绿底，字为篆体，金属制品，应为当代所制，有一定的欣赏价值。

芙蓉榭的平、立、剖面图，详见图 4-2-13 ～图 4-2-16。

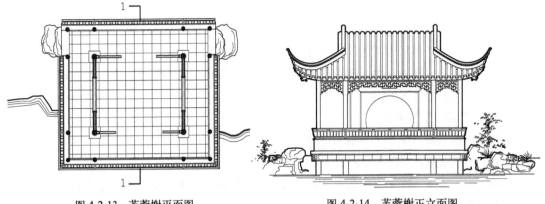

图 4-2-13　芙蓉榭平面图　　　　　　　　　图 4-2-14　芙蓉榭正立面图

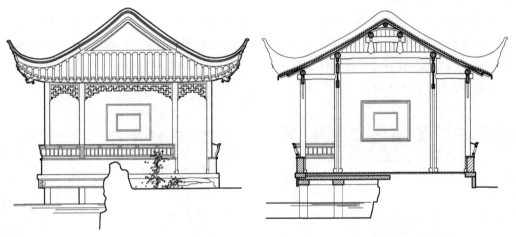

图 4-2-15　芙蓉榭侧立面图　　　　　　　　图 4-2-16　芙蓉榭 1-1 剖面图

三、网师园濯缨水阁

濯缨水阁，位于网师园中部水池的西南角，坐南朝北，面临水池，前部以石梁悬空，阁体宛若浮于水面，轻巧灵动。

阁名取自《孟子》："沧浪之水清兮，可以濯我缨"之句意。水阁前檐立面开敞，上悬挂落，下装栏杆，扶栏北望，一泓池水，宽阔开朗，清澈明净，确有沧浪水清之意境，环视周边景色，美不胜收，令人俗念顿消。

濯缨水阁体量不大，外形甚为别致，临池一面为歇山回顶，轻盈活泼，背面为硬山包檐，稳重大方，其造型处理自由灵活，与周边环境相协调。

水阁面宽三间，为一间两落翼做法，正间较宽，两侧落翼宽如走廊，总宽 6.71 米；进深方向，内四界做法为三界回顶，其前部设廊，廊深与落翼宽度相同，总深 5.30 米。前檐高为 2.82 米，由于不设后廊，后檐墙砌于后步柱处，故其后檐高于前檐，为 3.26 米。

濯缨水阁的屋架为雕花扁作，两侧为和合窗，图案精美，显得精致小巧，古朴典雅，与东侧黄石堆就的"云岗"山崖形成轻巧与浑厚的对比，体现出古代工匠高超的造园水平，为水池周边的景象增色不少。

（一）濯缨水阁的构架做法

濯缨水阁的梁架为扁作，施以雕花，甚为精美。内四界做法，其正间为三界回顶，而两侧落翼则按走廊做法。内四界之前设有走廊，深同落翼之宽，做法及檐高亦与落翼相同，上架出檐椽，端部加设飞椽，以增加出檐长度。因不设后廊，后檐椽不出檐，按包檐做法。前檐两侧转角处设戗角两座，按嫩戗发戗做法，规格为七根摔网椽。

正间三界大梁以下设有夹底，夹底的断面与安装高度均与步枋相同。夹底与大梁之间设有夹堂板，夹底以下，两端均设有梁垫与蒲鞋头作为装饰。落翼与前廊的出檐椽以下均设有廊轩，轩为菱角状的弓形轩，轩梁亦为扁作做法，但不设梁垫与蒲鞋头。

濯缨水阁的基座，四周为阶沿石，前檐因架空临水，阶沿石较宽、较厚，长度按开间，其余三面阶沿则稍窄，长度也有拼接。其架空部位的做法是：在临水处砌筑挡土的毛石驳岸，驳岸之前共设石柱两排，前排设在前廊阶沿石以下，后排设在廊后步柱处，石柱之上架石梁，石梁的后端架在毛石驳岸上。石梁之上则铺设石板，将阁底架空，上铺砖细方砖，与室内地面做法相同。

濯缨水阁构架的具体做法，详见图4-2-17～图4-2-19。

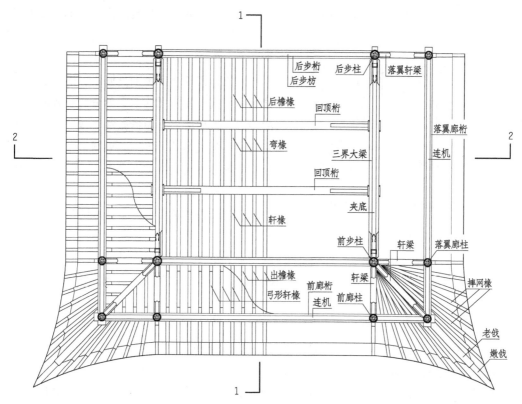

图4-2-17　濯缨水阁构架仰视图

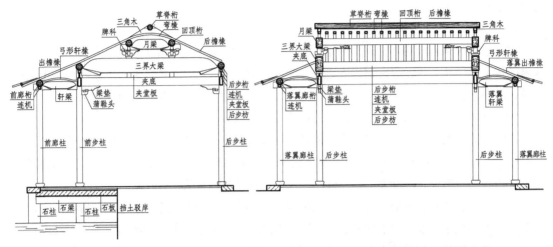

图 4-2-18　濯缨水阁构架 1-1 剖面图　　　　图 4-2-19　濯缨水阁构架 2-2 剖面图

（二）濯缨水阁的屋面做法

濯缨水阁的屋面形式与众不同，在苏州园林中较为少见，其木构架进深为五界，仅于内四

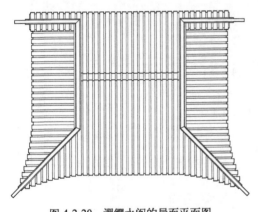

图 4-2-20　濯缨水阁的屋面平面图

界前设廊，并设木戗两座，而内四界后却未设廊，故后檐未设木戗，因此其前檐与两侧落翼设出檐并加飞椽，为出檐做法，而后檐却不出檐，为包檐做法，落翼与后檐相交处是屏风墙做法。

因此，在做法上也别具匠心，颇有创意。虽是歇山形式，其屋面的前半部分与一般的歇山做法相同，但后檐因是包檐做法，故竖带在与水戗相交时，相交角度为90°，两侧水戗沿屋面后檐分别向落翼方向延伸并逐渐升高，戗座以下便按屏风墙的墙顶做法。

濯缨水阁的屋面平面布置，见图4-2-20。

（三）濯缨水阁的装修做法

濯缨水阁的前廊，立面开敞，廊柱之间，上悬挂落，下装栏杆，前檐临水，栏杆较高，约有1米，上有扶手，便于游人扶栏观景。前廊的两侧为通道，东侧装有挂落，出阁便可登临假山，西侧因与曲廊相接而未装挂落。

内四界的两侧装的均是和合窗，窗分上、下两排，其上扇能向上旋开。窗扇图案均为十字海棠，上扇图案较为密集，下扇居中留有玻璃方框，便于观景。窗下为半墙，其外侧作白色粉刷，内侧为砖细墙裙，横向错缝铺贴，按勒脚细做法。

前步柱一列，两侧落翼装的也是和合窗，其形式与做法和内四界两侧所装窗扇相同，但窗下装的是栏杆，栏杆内侧装有裙板，可装可卸。正间装的是纱隔飞罩，因正间开间较大，故居中装置的纱隔较宽，而在其两侧则对称地安装挂落飞罩与纱隔，因此左右两边均可出入，颇具匠心。纱隔两面均有精美雕刻，挂落飞罩也制作精细，极具欣赏价值。

濯缨水阁的后檐为粉墙，居中辟有方形景窗，借窗外山石、花木而构成窗景。窗之四边围有砖细镶边，窗下为砖细墙裙，其高度与形式均与两侧墙裙相同，亦与阁内铺装的砖细地坪相协调。青砖粉墙，简洁大方，在红木家具的映衬下，显得古朴而淡雅，后檐枋上挂有横匾一块，上书"濯缨水阁"四字为阁名，景窗两侧挂有对联一副："曾三颜四，禹寸陶分"，系清代著名书画家郑燮所撰并书。

郑燮（1693-1765），字克柔，号板桥，清兴化（今江苏兴化）人，康熙秀才，雍正举人，乾隆进士，曾任山东范县（今属河南）、潍县知县，因得罪豪绅而被罢官。居扬州，以卖书、画为生，清代"扬州八怪"之一，以诗、书、画三绝著称于世。书法真、草、隶、篆皆善，尤精楷书。自创"六分半书"，似隶非隶，似楷非楷，似魏非魏，且有篆籀笔意。章法行款上，大小肥瘦、疏密整斜，各得其所，人称"乱石铺街体"或"板桥体"，"无古无今，自成一格"，独具风神。

该联虽然只有短短八字，却用了四个历史典故，分别是曾子的"三省吾身"、颜子的"非礼四勿"以及大禹的"重寸之阴"、陶侃的"当惜分阴"，其上联是儒家"修身立德"的标准，而下联则是古人"珍惜光阴"的榜样，真可谓言简意赅，点墨成金（图4-2-21）。

另有对联一副，为竹对，挂于前檐廊柱北侧，上联是"于书无所不读"，下联是"凡物皆有可观"。为格言联，提倡的是"读万卷书，行万里路"。

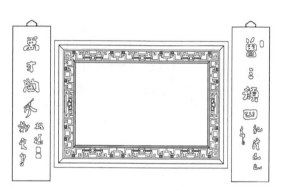

图 4-2-21 濯缨水阁对联立面图

濯缨水阁的平、立、剖面图，详见图 4-2-22 ～ 图 4-2-27。

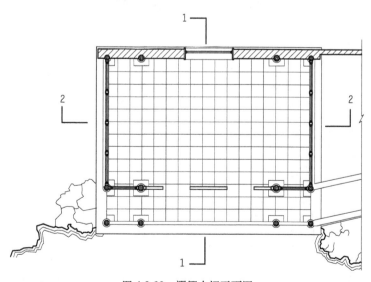

图 4-2-22 濯缨水阁平面图

图 4-2-23　濯缨水阁北立面图

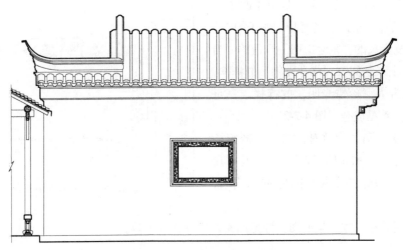

图 4-2-24　濯缨水阁南立面图

图 4-2-25　濯缨水阁东立面图　　　　图 4-2-26　濯缨水阁 1-1 剖面图

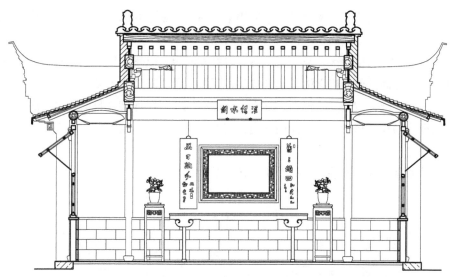

图 4-2-27　濯缨水阁 2-2 剖面图

四、留园活泼泼地

留园西部有座水榭称"活泼泼地"。留园西部为山林区，区之北侧以土山为主，间以用石，土石相间，石径盘旋，尤觉曲折。山边藤萝蔓挂，山上枫树成林，环境僻静，极具山林野趣，与中部景区虽仅云墙之隔，却景色迥异。

水榭位于山之南侧，东临云墙，背山跨水而建，一湾溪水自枫林流出，蜿蜒流入水榭底部，动意未尽，宛如穿榭而过。榭之周边绿荫蔽天，流水潺潺，环境极为幽静，人在榭内，如跨溪上。南望是草地一片，其中点植乔木若干，稀疏相间，高低错落，更觉绿意盎然。加上林间飞鸟，水中游鱼，确是生机勃勃，活泼可爱，榭名"活泼泼地"亦由此而来。

活泼泼地的面宽为三间，四周做成回廊，总宽 7.25 米，深为六界，总深 6.7 米，四面檐口相平，檐高 2.95 米。

屋面为歇山回顶，黄瓜环作脊，水戗发戗，显得轻盈简洁，朴素明快。回廊四周，上悬挂落，下为半墙，稳重而通透。榭内前面设窗，其中四扇为长窗，两侧各为短窗，窗之两面均有精美雕刻。其余三面均作粉墙，左右墙上各辟八角景窗一宕。

水榭四周，半墙以下均为阶沿石，临水一面，以石柱、石梁作架，正间阶沿石底部悬空，两侧以侧塘石垒成驳岸，形如洞门。洞门两侧叠石成涧，涧水延伸至洞内，使水面有不尽之活意，水榭如同跨于涧上，轻巧灵动。此处景色宜人，清幽古朴，颇有自然山水之美。

（一）活泼泼地的构架做法

活泼泼地的屋架为圆作，面宽三间，居中为正间，两侧为走廊，进深六界，由前廊、内四界、后廊共三部分组成。其中内四界为三界回顶，前廊设双步，深为二界，后廊深一界，廊深与开间走廊同宽。前廊双步之上设童柱架川，川端架川桁，川桁与前廊桁的间距亦与两侧走廊宽度相同。

活泼泼地的四周为回廊，按歇山做法，其檐高相同，因前、后廊之廊深不一，前廊深于后廊，故须于屋架前部设草架，两者檐高方能相平。四周出檐椽的椽端均未加设飞椽，老戗之上亦未设嫩戗，按水戗发戗做法，规格为七根摔网椽。

因前檐与后檐的跨度较大，故于桁下另设方廊柱两根，以辅廊桁受力之不足，并使开间外檐的立面仍为三开间。前步桁之桁下也设方步柱两根，以便安装长短窗。

活泼泼地的底部，四周为阶沿石，临水一面以石柱、石梁作架，正间阶沿石底部悬空，两侧以侧塘石垒成驳岸，形如洞门，洞门之内，三面均筑驳岸，上架石条，使底部悬空，石条之上铺设砖细地坪。

活泼泼地构架的具体做法，详见图4-2-28、图4-2-29所示。

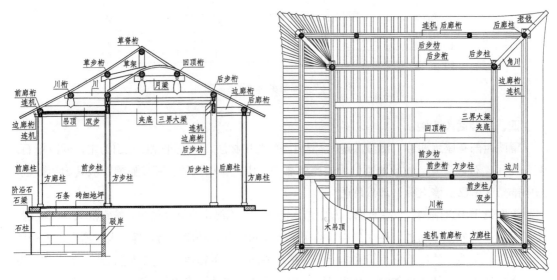

图 4-2-28　活泼泼地构架做法剖面图　　　图 4-2-29　活泼泼地构架做法仰视图

（二）活泼泼地的屋面做法

活泼泼地的屋面为歇山回顶，由小青瓦铺设，以黄瓜环为脊，显得轻盈简洁。两侧山墙略施山花，富有情趣。四座戗角，因木戗未设嫩戗，戗之起翘全由瓦作来完成，故于戗端砌砖墩、设吞口，以抬高戗之前部高度。因此，戗之造型虽不及嫩戗发戗起翘之高，但也舒展自然，飘逸轻巧，使整座屋面显得生动活泼，与榭名"活泼泼地"相符。

（三）活泼泼地的装修做法

活泼泼地的回廊四周，其上部均悬装挂落，下部除东、西、北三面留出通道口外，其余均砌筑半墙，半墙高约50厘米，上施砖细面砖作装饰，未设吴王靠，显得简洁、通透。

榭的正间，于前面设窗一列，居中四扇为长窗，两侧各为两扇短窗，短窗之下为半墙。窗扇制作精细，两面均有精美雕刻。其余三面均作粉墙，左右墙上各辟景窗一宕，景窗呈扁八角形，窗芯为冰纹图案，并嵌有点点梅花，十分雅致。景窗周边以砖细镶边作装饰，居中辟有玻璃方窗两扇，可作开启，将榭之两侧景色引入榭内，别具匠心。

正间后步枋上，悬有横匾一块，上刻榭名"活泼泼地"四字，匾额以下挂有画屏一幅，画取横款，采用彩墨手法，寥寥几笔，便将山石花木、飞鸟游鱼描绘得栩栩如生，足见画家之功力，也颇合"活泼泼地"之榭名。

　　榭内家具不多，后墙之前置有琴桌一张，左右为花几，上置盆花，两侧窗下各置靠椅与茶几，按两椅夹一几摆放，另挂红木宫灯数盏作点缀。榭内布置虽不豪华，但也显得清雅古朴，与周边环境相符，具有一定的欣赏价值。

　　活泼泼地的平、立剖面图，详见图4-2-30～图4-2-33。

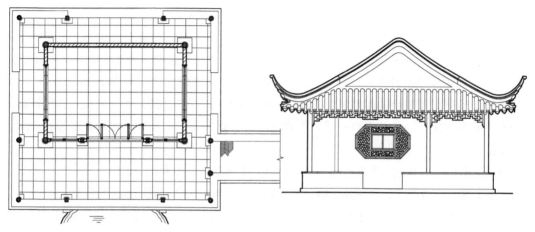

图 4-2-30　活泼泼地平面图　　　　　　　　图 4-2-31　活泼泼地侧立面图

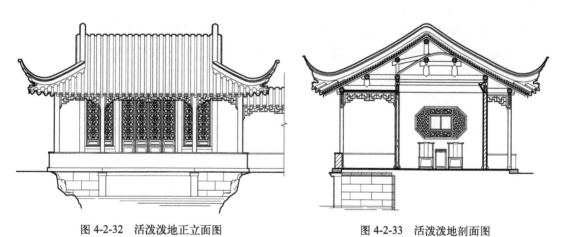

图 4-2-32　活泼泼地正立面图　　　　　　　图 4-2-33　活泼泼地剖面图

第三节　舫的基本构造

　　舫又称旱船，是一种船形建筑，多建于水边。其前部三面临水，后部则置于岸上。舫的平面分平台、前舱、中舱与后舱四段，平台一侧设有平桥与岸相连，供人上下，与船头跳板相仿。

舫的底部通常用石材做成船体，上部为木结构，前舱较高，中舱略低，后舱则多为二层楼，以便眺望。屋顶式样往往是前、后两舱为歇山式，中舱为两坡落水，其外形与画舫相似。

舫实际上是集桥、台、亭、轩、楼等多种建筑形式为一体的建筑组合体，外观似船，仍应归类为建筑，如前舱歇山回顶属亭，中舱两坡落水似轩，后舱是二层则为楼，其中虽然也可变化，但大体都是如此。

现以苏州某新建园林中一船舫为例，将船舫的基本构造介绍如下：

该舫三面临水，以石材做成船体，舫之平面分平台、前舱、中舱与后舱四段，前舱较高，中舱略低，后舱为二层。前、后两舱为歇山式，中舱为两坡落水。

舫之总长为 13.15 米，宽为 3.80 米。前舱檐高 3.50 米，屋内拔落翼作歇山，设两根横梁架于前、后廊桁之上，横梁之上架月梁，设轩桁，按三界回顶做法。中舱檐高仅 2.45 米，两坡落水，内部做成船篷轩形式，与建筑之外形相吻合。后舱为二层，其楼面高度为 2.50 米，上层檐高 2.30 米。上层屋架亦为屋内拔落翼，因其歇山方向与前舱作 90° 之转换，故所设横梁架于左右廊桁之上。为取其高爽，楼内不设回顶，横梁之上架山界梁，再架脊童与脊桁，为尖顶做法。

平台之右侧设一石板小桥连接池岸，犹如船头之跳板，供游人上下。

前舱开敞，上设挂落，两侧为半墙与吴王靠。前舱与中舱之间设隔扇以分内外。

中舱两侧为和合窗，窗以下为木制坐槛，游人坐憩聊天，或开窗观景，其感觉与置身于画舫游湖无异。

后舱以粉墙为主，底层两侧均辟八角景窗一宕，后侧设一砖细门洞，游人亦可由此出入。门洞上方做雀宿檐为装饰，既可避免雨水溅入室内，又可打破后墙立面之单调格局，可谓一举两得。后舱上层，四面均设有半窗，便于游人登楼观景。楼内设一小梯与中舱相连。

该船舫之具体做法，详见图 4-3-1 ~ 图 4-3-10。

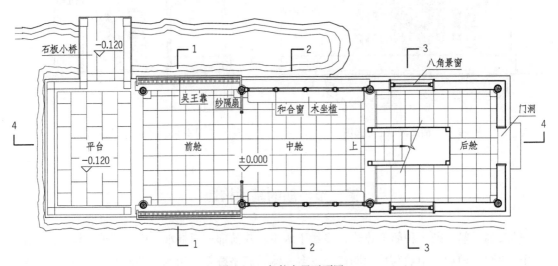

图 4-3-1　船舫底层平面图

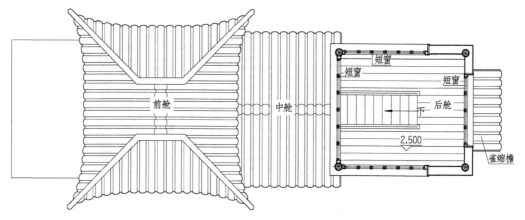

图 4-3-2　船舫二层平面图

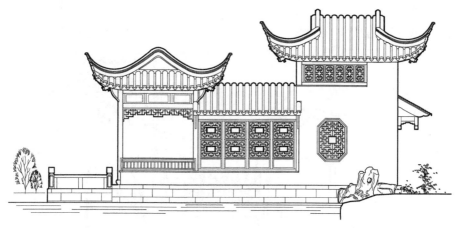

图 4-3-3　船舫侧立面图

图 4-3-4　船舫正立面图

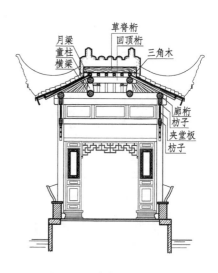

图 4-3-5　船舫 1-1 剖面图

图 4-3-6　船舫 2-2 剖面图

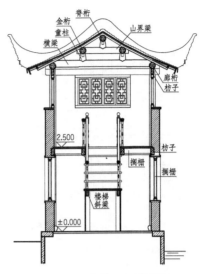

图 4-3-7　船舫 3-3 剖面图

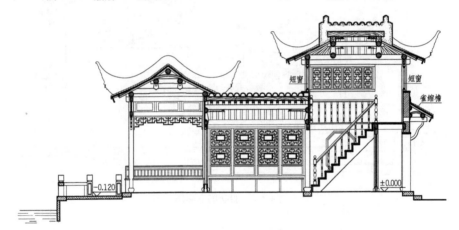

图 4-3-8　船舫 4-4 剖面图

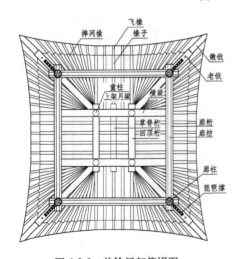

图 4-3-9　前舱屋架仰视图

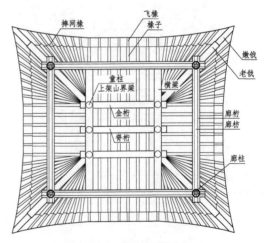

图 4-3-10　后舱屋架仰视图

第四节 舫的精选实例

一、拙政园香洲

苏州园林中最为著名的船舫，就是拙政园的"香洲"。香洲之名，源于唐代徐元固之诗句："香飘杜若洲"，杜若为一种香草，此处被喻为荷香，与舫之周边环境相符，甚为贴切。

香洲位于拙政园中部水池南岸，其前部伸入东面水湾，后部与陆地相接，三面环水。底部用石材做成船体，宽 5.67 米，总长 20.29 米，分成平台、前舱、中舱、后舱四段，外形与画舫相似。

平台之上铺设石板地坪，低于舱内地坪约 10 厘米，用以区分内外。临水三面均有石制栏凳，可供游人坐憩观景，右侧设一石板小桥与南岸相连，如船头跳板，供游人上下。

前舱较高，檐高为 4.04 米，立面开敞，做成歇山回顶，其做法与歇山方亭相仿。中舱略低，两坡落水，黄瓜环脊，檐高 2.42 米，两侧檐下为和合窗。前舱与中舱之宽度均较舫边两面缩进，做成室外平台，平台外侧砌有半墙，上置吴王靠，既便于游人室外观景，又将两舱下部连为一体，使之虽分犹合，别具匠心。

后舱为楼，与舫同宽，楼面高度 3.85 米，上层檐高为 6.28 米，距楼面高度为 2.43 米。上层楼名"澂观"，为登楼观景之佳处。后舱的屋面形式分成两部分，前面为歇山回顶，为使舫之立面有所变化，歇山的方向与前舱的歇山呈 90° 之转换，丰富了立面效果。后舱上层因有楼梯间，歇山之后另设一界为硬山，与歇山落翼屋面做通。为与左侧走廊相连，后舱底层也设一界为廊，与上层屋面形成重檐硬山形式。上层前部，三面装有半窗，半窗以下均为粉墙，与半窗形成虚实对比，显得稳重大方。两侧粉墙，上层各辟六角景窗一宕，下层辟有短窗一组及八角景窗一宕，窗之周边均围有砖细镶边，显得古色古香，朴素淡雅。

纵观整座香洲，以船头作台，前舱是亭，中舱为轩，后舱属楼，比例得当，建筑形式丰富。前后两舱均为歇山屋顶，翼角高翘，飘逸舒展，中舱以低平的硬山屋面作为过渡，将前后两舱巧妙地连接在一起，组合成高低错落、造型优美的建筑形象，又因三面临水，显得格外生动自然。加之舫内装修精美，古朴典雅，确为苏州园林中船舫之范例。

（一）香洲的构架做法

香洲的前舱，其平面为长方形，宽 3.26 米，较舫边两面缩进，长 2.8 米，设方柱四根，构架做法与歇山长方亭相同，为屋内拔落翼做法。

柱之上端架设檐桁，檐桁四面兜通，转角处须按敲交做法。设两根横梁，架于前后檐桁上，横梁之上设童柱，架月梁，做成三界回顶，回顶桁与月梁按敲交做法，上架戗角，戗角为嫩戗发戗，规格为七根捧网椽。

因屋架界深较小，为防止戗角倾覆，老戗底部另设琵琶撑作支撑，支撑连于木柱，雕成竹节形状，既可受力，又作装饰。

前舱檐高较高，为 4.04 米，屋架底部设有吊顶。檐桁之下，依次设有连机、夹堂板与檐枋。其中夹堂板较高，以降低檐口底部高度，故檐高虽高，其外形却不觉瘦长、单薄。

前舱屋架的具体做法，详见图 4-4-1、图 4-4-2。

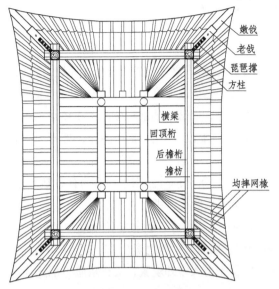

图 4-4-1 香洲前舱屋架仰视图

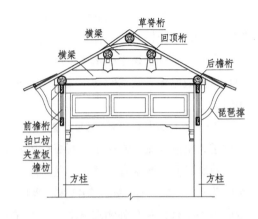

图 4-4-2 香洲前舱屋架剖面图

中舱的宽度与前舱相同,为 3.26 米,长为两间。其檐高较低,为 2.42 米,两坡落水,硬山做法。屋架共设三榀,前边贴设在前舱方柱间,正贴架于中舱方柱上,但后边贴不是架在与后舱相邻的方柱上,而是伸入后舱楼板底部,架在底层所设的方柱间。

中舱的屋架为扁作,形式为五界回顶,做成船篷轩形式,与建筑外形相吻合。其伸入后舱的部分,椽桁以上为后舱楼板,两侧为吊顶,详见图 4-4-3、图 4-4-4 所示。

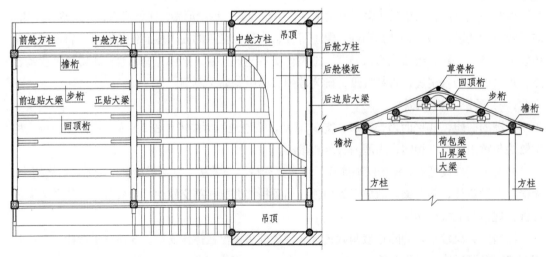

图 4-4-3 香洲中舱屋架仰视图

图 4-4-4 香洲中舱屋架剖面图

后舱的宽度最宽,为 5.02 米,其底层外口与舫边相平。后舱的长度也最长,上层在歇山屋面之后另设一界为楼梯间,楼梯间之后,于底层再设一界为廊,总长为 7.99 米。

后舱的楼面做法是：在两侧檐柱之间，沿宽度方向架设承重，承重共设四根，相邻檐柱之间以檐枋相连，檐枋断面及高度均与承重相同。承重之上架设搁栅，搁栅设五根，其间距按承重长度作均分。所有搁栅与檐枋之上，除留出楼梯口外，均铺设木楼板。

详见图4-4-5所示。

上层歇山部分的屋架，亦为屋内拔落翼做法。将底层相应的檐柱升高，上架檐桁，檐桁底部距楼面高度为2.43米，檐桁四面兜通，转角处按敲交做法。

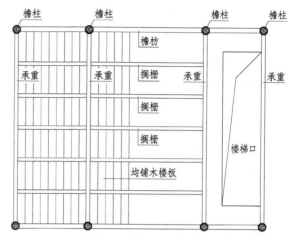

图4-4-5　香洲后舱楼面做法仰视图

另在檐桁以下再加设檐柱，每边各两根，上架横梁，横梁沿后舱宽度方向设置，与前舱横梁呈90°之转换。横梁之下置有木枋，以辅受力。横梁之上设童柱，上架山界梁，山界梁居中设脊童，上架脊桁。山界梁的两端架设金桁，所架金桁与山界梁作敲交连接，以便架设戗角。戗角形式为嫩戗发戗，其规格为七根摔网椽，老戗底部另设琵琶撑对老戗作支撑，以防倾覆。

歇山之后为楼梯间，单坡落水，其屋架做法是：将底层楼梯间的檐柱升高，与相邻的歇山檐柱以川相连，上架檐桁，将檐桁两端适当出挑，做成悬山。檐桁之上架设出檐椽，其上端架于两者相邻的歇山檐桁上，出挑部分的出檐椽，其上端则与相邻的老、嫩戗连接。

与楼梯间相邻的两座戗角中，凡低于楼梯间出檐椽的部分，全部取消，并将嫩戗长度稍作缩短，以降低起翘高度。

香洲后舱上层屋架的具体做法，详见图4-4-6、图4-4-7。

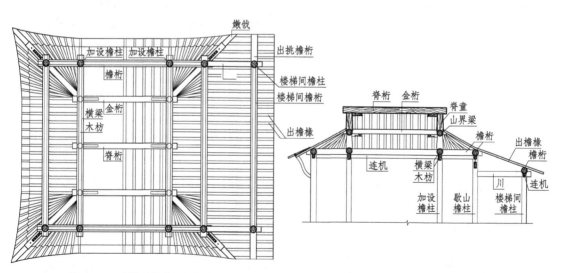

图4-4-6　香洲后舱上层屋架仰视图　　　　图4-4-7　香洲后舱上层屋架剖面图

（二）香洲的屋面做法

香洲的屋面，其前舱与后舱均为歇山回顶，黄瓜环脊，轻盈简洁。前舱戗角采用嫩戗发戗，翼角高翘，飘逸舒展；后舱因歇山屋面之后另有单坡屋面相接，故戗角采用两种做法，前为嫩戗发戗，后为水戗发戗。虽然做法有所不同，但显得十分协调，形成一种不对称的和谐美。

为使立面有所变化，将前后两舱的歇山方向作了90°的转换，前者面对左右侧面，而后者则面对前后正面，从而丰富了立面效果，使之显得更加明快活泼。

中舱为两坡落水，黄瓜环脊，以低平的硬山屋面作为过渡，将前后两舱巧妙地连接在一起，组合成高低错落、造型优美的建筑形象。

后舱为二层，歇山屋面之后另设一界为楼梯间，单坡落水，悬山做法，与歇山屋面做通。后舱底层的一界走廊也为单坡落水，硬山做法，与上层屋面形成重檐形式。

后舱的立面以粉墙为主，而香洲的屋面全部由小青瓦铺设，体现了苏州园林粉墙黛瓦、朴素淡雅的建筑特色。

（三）香洲的装修做法

1. 前舱

前舱立面开敞，左、右两面均于檐桁以下设连机、夹堂板、檐枋，其中夹堂板较高，施以镂空雕刻作装饰，在光影的作用下，十分通透，并不因板高而显得沉闷。夹堂板两侧为花篮柱，檐枋内侧雕有莲花瓣图案，檐枋以下饰有雕花插角，装在两侧花篮柱上。

前舱正面，檐桁以下为连机与夹堂板，但不设檐枋，连机及夹堂板与两侧做通，做法亦相同。前檐花篮柱将夹堂板均分为三，夹堂板以下为雕花挂落，底部与两侧插角相平。

前舱的内檐装修，在与中舱相交处，枋下设有八角雕花地罩一宕，雕刻精美，游人可由此进入中舱，罩之两侧为和合窗，以分隔内外。木枋表面雕有莲花瓣图案，与两侧檐枋雕刻相呼应，檐枋两侧另有倒挂木雕垂狮各一，雕刻精美，活灵活现，显得富丽堂皇。木枋以上为夹堂板，做法较为简单，未施雕刻，仅以木条作分隔，以突出下部装饰重点，简繁相间，颇具匠心。地罩之上居中悬挂清水银杏匾额一块，上书"香洲"二字，由明代苏州书画家文征明所书，字为黑色，阳刻，撒煤做法，十分雅致。另有小字数行，是后人为之所作的跋，跋文内容是"香洲"之名的来历，具有一定的历史与文化价值。

香洲前舱的内檐装修，详见图4-4-8所示。

2. 中舱

中舱两侧檐下装的均是和合窗，窗下为半墙，窗分上、中、下三扇，窗内未设内芯子，显得通透，既便于观景，又使舱内光线充足，显得明亮。

前舱与中舱的宽度均较舫边两面缩进，做成室外平台，如船之甲板，平台外侧砌有半墙，上置吴王靠，便于游人凭坐观景。半墙及吴王靠的设置巧妙地将两舱连为一体，

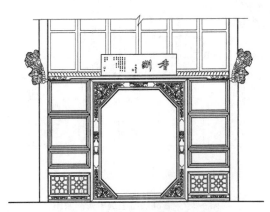

图4-4-8　香洲前舱内檐装修立面图

使之虽分犹合，更与画舫外观相符。

中舱后边贴的大梁底部，居中设有大镜一面，将对岸倚玉轩一带景物尽收镜中，这也是苏州园林中增加景深的常用手法。大梁之上悬挂横匾一块，上书"烟波画船"四字，由苏州著名书画家张辛稼所书，所题额名与镜中所映景色相符，确为点景之笔。匾之做法与前舱匾额相同，亦为清水银杏作底，黑字、撒煤，古朴典雅。

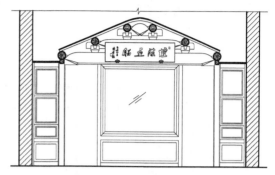

图 4-4-9　香洲中舱内檐装修立面图

大镜两侧各设通道，游人可由此进入后舱，通道外侧装的均是和合窗，窗下为木裙板，窗之做法与形式均与中舱两侧和合窗相同。

香洲中舱的内檐装修，详见图 4-4-9 所示。

香洲的匾额立面图，见图 4-4-10。

图 4-4-10　香洲匾额立面图

3. 后舱

后舱底层与楼梯间相交处，居中设有木楼梯一座，楼梯两侧各为纱隔长窗一扇，窗内共嵌有人物山水画四幅，所描绘的人物分别是沈石田、文征明、唐伯虎与仇英，四人均为明代苏州著名书画家，在苏州很有知名度，素有"吴门四家"之称。纱隔以上为夹堂板，纱隔之间装有飞罩一宕，纱隔外侧亦各装飞罩一宕，其上为夹堂板。

楼梯设在底层楼梯间之前，经数级踏步后可达休息平台，然后将楼梯一分为二，左右两侧均可上楼。楼梯的外侧设有栏杆，以作围护，栏杆采用竖芯子做法，上设扶手，芯子以车木工艺制成，颇具西洋风格。

后舱底层装修，详见图 4-4-11。

后舱上层，其前部三面装有半窗，楼梯间的后檐装的也是半窗。半窗以下均为粉墙，与半窗形成虚实对比，显得稳重大方。两侧粉墙，上层各辟六角景窗一宕，下层辟有短窗一组及八角景窗一宕，窗之周边均围有砖细镶边，显得古色古香，朴素淡雅。

底层楼梯间后所设的走廊，后檐墙上辟有八角砖细门洞，与前舱的八角地罩相协调，

图 4-4-11　香洲后舱底层内檐装修立面图

游人亦可由此进出。门洞上方为砖细门额，上刻"野航"二字，取杜甫"野航恰受二三人"之

诗意，将香洲形容为一艘即将开航的游船，十分贴切。

香洲的平、立、剖面图，详见图 4-4-12 ～ 图 4-4-20。

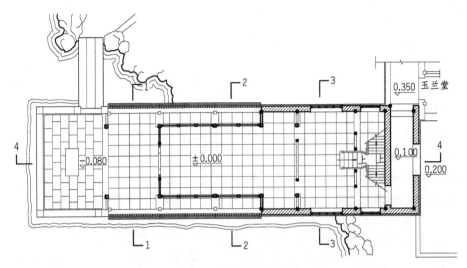

图 4-4-12　香洲底层平面图

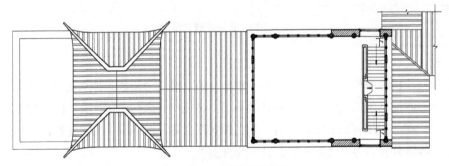

图 4-4-13　香洲上层平面图

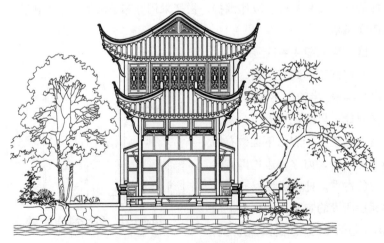

图 4-4-14　香洲正立面图

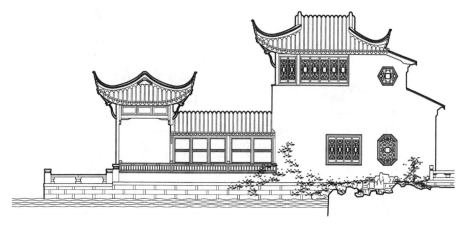

图 4-4-15　香洲侧立面图

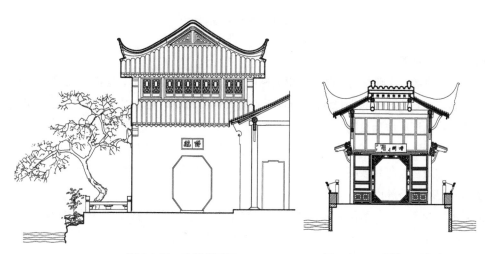

图 4-4-16　香洲背面图　　　　　　　　　图 4-4-17　香洲 1-1 剖面图

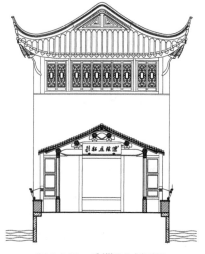

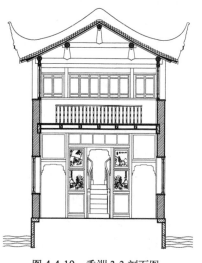

图 4-4-18　香洲 2-2 剖面图　　　　　　　图 4-4-19　香洲 3-3 剖面图

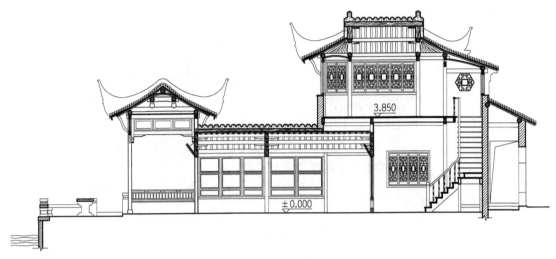

图 4-4-20　香洲 4-4 剖面图

二、怡园画舫斋

怡园有一旱船，称画舫斋，也是苏州园林中一座著名的舫类建筑，与拙政园香洲齐名。"画舫斋"一名，古已有之，宋时欧阳修的居所，因其形似舟楫，便称其为"画舫斋"，并写下了著名的《画舫斋记》作为说明。

画舫斋在怡园的西部，西部是怡园的重点，水池居中，环以假山、花木与建筑，为清末建园时所扩建。因建造年代较晚，为博采众长，吸收了苏州各园的不少长处，画舫斋便是其中之一，系仿照拙政园香洲而建。

怡园水池的西侧有一水湾，水面不大，称抱绿湾，因周边绿树成荫，环境幽静，水面曲折而得名，与水池以湖石叠成的水门相通，画舫斋便位于抱绿湾的西岸，坐西向东，恰如一艘即将开航的游船。

画舫斋体量较小，与所处水面相称，宽 4.95 米，总长为 13.85 米，与拙政园香洲一样，其平面也由平台、前舱、中舱、后舱共四部分所组成。

以平台为船头，右侧设一石板小桥与南岸相连，仿船之跳板，供游人上下。平台挑出水面，以湖石支撑架空，犹如飘浮于水上，飘逸轻盈，风起波动，似有徐徐开动之意。平台三面环水，围以石栏，居中摆设石桌、石凳，游人可凭坐小憩。

船舫与南岸之间有一条狭长水面，形如小溪，两边叠石为涧，流水潺潺，充满动感，在古木绿树的掩映下，极具山林野趣。

前舱檐高 3.45 米，歇山回顶，翼角高翘，飘逸灵动。立面开敞通透，前檐悬有花篮柱，将木枋一分为三，枋下为雕花挂落，前舱两侧柱间均上悬挂落，下砌半墙，上有吴王靠。前舱与中舱之间装有纱隔，以分内外，纱隔共三扇，两扇装于柱边，居中一扇较阔，两侧各装飞罩一宕，留作通道，游人自两边均可进入中舱。

中舱檐高稍低，为 3.2 米，屋面形式为硬山，两坡落水，起到连接前后两舱的作用。屋面以下为弧形吊顶，以作船篷。舱之两侧装有和合窗，窗下为栏杆，内装裙板。中舱与后舱以八扇长窗相隔，内嵌十六幅书画，均为当代苏州书画家所作，十分雅致。长窗之上，居中悬有横匾，额题"舫斋籁有小溪山"，点出了周边景色的特点，颇有画风诗意。

后舱为二层，楼面高为4.17米，上层檐高6.67米，距离楼面高度为2.5米，上层名"松籁阁"，因其北面旧时有一片松林而得名。登阁眺望，园中美景，历历在目，令人心旷神怡。

后舱为重檐歇山回顶，上下两层各有戗角四座，飞檐翘角，交相辉映。上层四面均为短窗，短窗以下为底层屋面，屋面为雀宿檐形式，以琵琶撑作支撑。屋面以下三面均作粉墙，左右墙上各辟六角冰纹景窗，以砖细镶边作装饰，古朴典雅，端庄大方，后面墙上辟有砖细门洞，与舫后所设的走廊相通。沿后墙设单跑楼梯一座，以供人员上下。

画舫斋虽说是仿照香洲而建，但也自有特色，尤以精致小巧见长，与周边环境相协调，其中室内装修之精美，被刘敦桢教授誉为"当地旱船之冠"。

（一）画舫斋的构架做法

前舱平面呈长方形，宽3.45米，长2.80米，设檐柱四根，柱之上端架设檐桁，檐桁四面兜通，转角处须按敲交做法。设两根横梁，架于前后檐桁上，横梁之上立童柱，架月梁，做成三界回顶，回顶桁与月梁按敲交做法，上架戗角。

因出檐椽之椽端未加设飞椽，故老戗木上未设嫩戗，为水戗发戗，规格为七根摔网椽。为使戗角端部向上起翘，将老戗下端向上弯起，其作用与嫩戗相似，并以戗山木将摔网椽的下端逐根抬高，为使戗角的起翘更加和顺，靠近老戗的摔网椽下端也须向上弯起，离老戗越近，弯起越高。不过，采用该做法的戗角较少，是发戗中的一种变体。

舱内四周，均于出檐椽以下设轩，轩椽的形式为鹤胫椽，双向弯曲，上覆砖细望砖，极具装饰性，使舱内显得更加雅致。

前舱的构架做法，详见图4-4-21、图4-4-22。

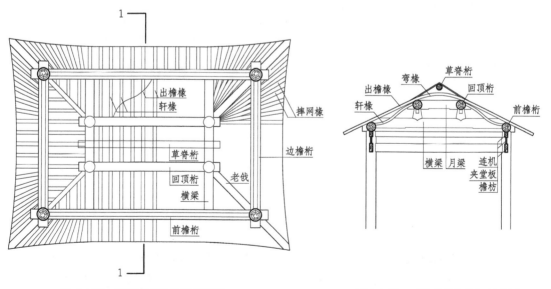

图4-4-21　画舫斋前舱构架仰视图　　　　　　图4-4-22　画舫斋前舱构架剖面图

中舱为硬山，两面落水，主要起到连接前后两舱的作用。中舱的宽度与前后两舱的宽度相同，均为 3.45 米，且中舱的檐高最低，故中舱不设木柱与大梁，而以相邻两舱的屋架代之。中舱屋架共设前后两榀，屋架按四界尖顶做法，由于不设大梁，故将童柱分别架在前后两舱的屋架上。中舱的椽桁以下，设有木板吊顶，吊顶呈弧形，与船篷相仿，吊顶以下，将中舱屋架的露明部分以木板封没，起到装饰的作用。

具体做法详见图 4-4-23、图 4-4-24 所示。

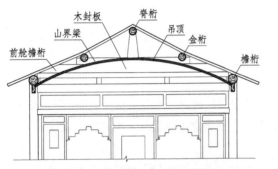

图 4-4-23　画舫斋中舱前部构架立面图

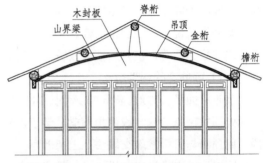

图 4-4-24　画舫斋中舱后部构架立面图

后舱的楼面做法是：在底层的檐柱之间，四周架设檐枋，檐枋之上沿宽度方向架设搁栅，在所有搁栅与檐枋之上，除留出楼梯口外，均铺设木楼板。

画舫斋后舱的楼面做法，详见图 4-4-25、图 4-4-26。

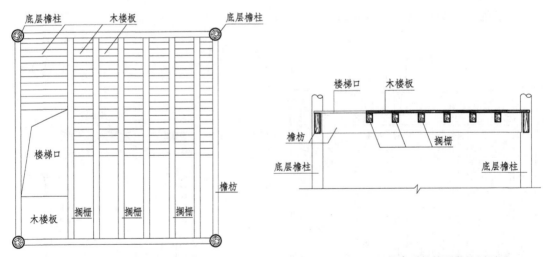

图 4-4-25　画舫斋后舱楼面做法仰视图　　　　图 4-4-26　画舫斋后舱楼面做法剖面图

后舱的屋架为重檐歇山回顶，其上层构架的做法是：将底层檐柱通长升高，上架檐桁，檐桁四面兜通，转角处按敲交做法。在四边的檐桁之上，架设四根搭角梁，搭角梁与檐桁呈 45° 相交，搭角梁居中置童柱，童柱之上，架山界梁相连，相邻的山界梁按敲交做法，以便安装戗角。在与两侧边檐桁平行的山界梁上，设童柱、架月梁，将上层屋架做成五界回顶形式。上层四周的出檐椽，其椽端未加设飞椽，故老戗木上也未设嫩戗，而是将老戗的下端向上弯起，以取代嫩戗，具体做法与前舱戗角做法一样。发戗的规格为七根摔网椽。

底层构架采用雀宿檐形式，以琵琶撑作支撑，出檐椽的下端架在雀宿檐上的下檐桁上，上端则架在通长檐柱之间所设的半片桁条上。于底层构架的四面转角处设置戗角，戗角的做法与上层戗角一样，其老戗下端亦向上弯起。因底层的出檐椽较短，故戗角的规格为五根摔网椽。

画舫斋后舱构架的具体做法，详见图4-4-27～图4-4-29。

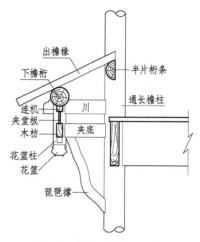

图4-4-27　雀宿檐做法详图

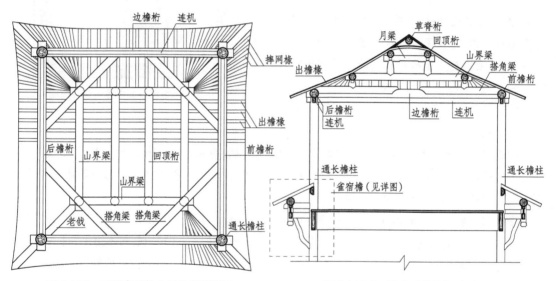

图4-4-28　画舫斋后舱上层构架仰视图　　　　图4-4-29　画舫斋后舱构架剖面图

（二）画舫斋的屋面做法

画舫斋的屋面全部由小青瓦铺设。其中前舱为歇山回顶，黄瓜环脊，轻盈简洁、朴素淡雅。虽然木戗未设嫩戗，但老戗下端向上弯起，故水作戗角仍采用嫩戗发戗形式，显得翼角高翘，飘逸舒展。

中舱为两坡落水，黄瓜环脊，以低平的硬山屋面作为过渡，将前后两舱巧妙地连接在一起，组合成高低错落、造型优美的建筑形象，做法与效果均与拙政园香洲一样。

后舱为重檐歇山回顶，上层做法与前舱相同，下层屋面为四坡落水，其上端为赶宕脊，位于上层窗台以下。上下两层各有戗角四座，均为嫩戗发戗，飞檐翘角，交相辉映，尤觉轻巧，使舫之立面愈加明快活泼。

（三）画舫斋的装修做法

1. 前舱

前舱立面开敞通透，前檐桁条以下，依次为连机、夹堂板与檐枋，桁下悬有花篮柱，将檐枋一分为三，枋下悬装雕花挂落，雕刻精美。舱之两侧，上部檐枋之下装有横风窗，窗下设木枋，木枋以下为挂落，下部砌筑半墙，高约50厘米，上为砖细坐槛及吴王靠，供游人凭坐观景。前舱与中舱之间装有纱隔，以分内外，纱隔居中一扇较阔，两侧对称地安装飞罩与纱隔，以作通道之用，游人两边均可进入中舱，纱隔与飞罩均制作精美，上下夹堂及裙板之上施以精美雕刻，极具观赏性。

纱隔之上为夹堂板，夹堂板以上，居中悬有横匾一块，匾为清水银杏底，黑字，额题"碧涧之曲古松之阴"，概括了舫前抱绿湾一带景色，十分传神。字为篆书，由清末苏州著名学者俞樾所撰并书。两侧檐柱之上，挂有对联一副："春江万斛若为量，长松百尺不自觉"，前檐柱上也有对联一副，为"松阴满涧闲飞鹤，潭影通云暗上龙"。

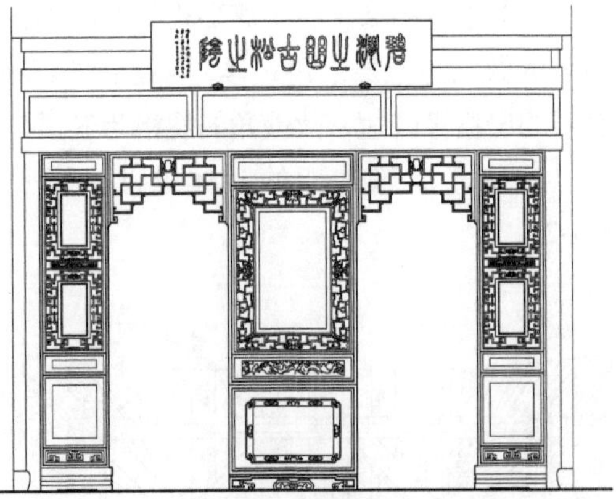

前舱的内檐装修立面图，见图4-4-30所示。

图4-4-30　画舫斋前舱内檐装修立面图

2. 中舱

中舱屋面以下为弧形吊顶，与船篷相似。舱之两侧装有和合窗，窗分上、中、下三扇，窗之芯子做法，上扇为冰纹，中、下两扇均为宫式，窗下为栏杆，也为宫式，芯子朝外，内装裙板。窗与栏杆均制作精细，古色古香。

中舱与后舱以八扇长窗相隔，每扇窗内各嵌书画一幅，共有十六幅，为当代苏州书画家所作。其内容均与怡园景色有关，画为各式花卉，画风各异，书为有关诗文，书体纷呈，十分雅致，具有一定的欣赏价值。长窗之上，居中悬有横匾一块，匾为推光黑漆，古朴典雅，额题"舫斋籁有小溪山"，取自北宋黄山谷诗句，点出了周边景色的特点，用于此处，颇为贴切。字为隶书，由清末曾任安徽巡抚的沈秉成所书。中舱内部，另有多款红木家具作为陈设，并置有各式盆栽，在家具及盆栽的烘托下，显得更加精致得体。

中舱的内檐装修立面，见图4-4-31。

3. 后舱

后舱底层，三面均为粉墙，两侧墙上各辟六角景窗一宕，窗为冰纹图案，周边围有砖细镶边，精致古雅，后侧墙上辟有砖细门洞，

图4-4-31　画舫斋中舱内檐装修立面图

与舫后走廊相通。

　　沿后墙设置单跑楼梯一座，楼梯两侧置有扶手，便于上楼。楼梯与后舱底层以木板间壁墙相隔，墙之两端各设木门一扇，左侧木门与走廊相通，右侧木门可登梯上楼。

　　后舱上层，与楼梯相交处设纱隔窗六扇，既作围护，又作装饰。上层四周均为半窗，推窗观景，尤为适宜。窗下设有裙板，裙板之外，即为底层屋面。

　　画舫斋的平、立、剖面图，详见图 4-4-32 ～图 4-4-39。

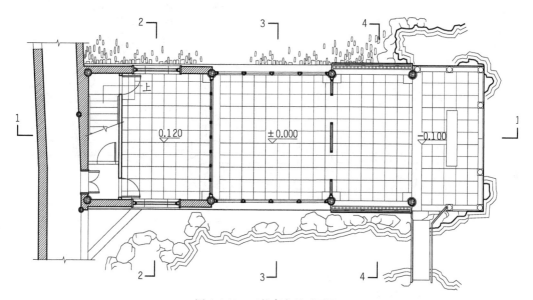

图 4-4-32　画舫斋底层平面图

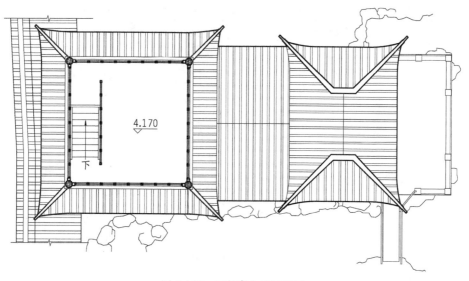

图 4-4-33　画舫斋上层平面图

图 4-4-34　画舫斋正立面图

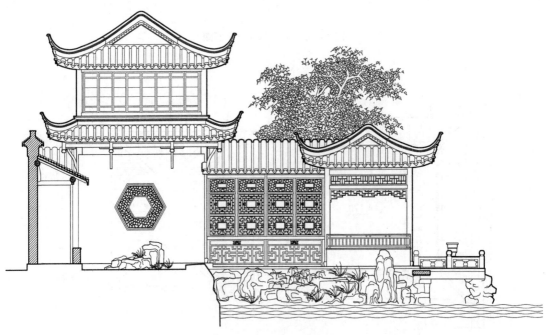

图 4-4-35　画舫斋侧立面图

图 4-4-36　画舫斋 1-1 剖面图

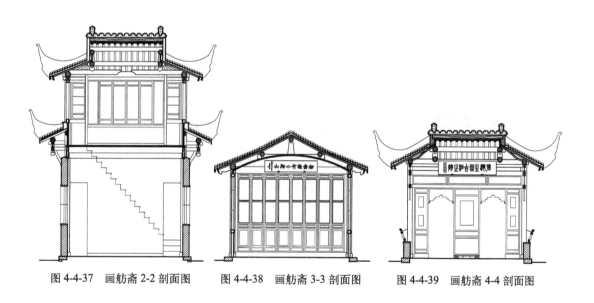

图 4-4-37　画舫斋 2-2 剖面图　　　图 4-4-38　画舫斋 3-3 剖面图　　　图 4-4-39　画舫斋 4-4 剖面图

第五章 苏州园林的亭

亭为休憩、凭眺之处，多半设于池侧、路旁、山上或花木丛中，其式样和大小须因地制宜，与环境相协调。

亭在园林中的作用，除了满足人们休息、观赏等一般实用功能外，主要起着点景和引景的作用。它们虽然不像厅堂那样是园内的主体建筑，但往往对园内景色起着画龙点睛的作用。

亭的特点是：体量一般都不大，但比例得当，且造型丰富、构造灵活，或轻盈，或庄重，立面开敞，适应性强，能和周围环境相融合，是构成园林风景的主要建筑类型之一。

第一节 亭的分类

一、按平面分类

亭的平面有多种形式，常见的有方形、长方形、六角形和八角形，也有长六角形与长八角形，更有少数是采用圆形、梅花形、海棠形、扇形等形状的，如拙政园的笠亭为圆形，环秀山庄的海棠亭为海棠形，香雪海的梅花亭为梅花形，拙政园的与谁同坐轩为扇形等。图 5-1-1～图 5-1-3 所示为亭的各式平面图。

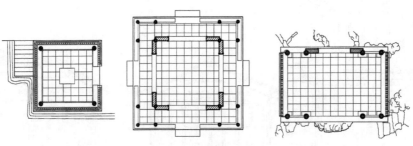

方亭（拙政园绿漪亭）　　方亭（拙政园梧竹幽居亭）　　长方亭（拙政园绣绮亭）

图 5-1-1　亭的各式平面图之一

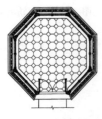　　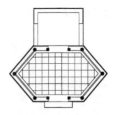

八角亭（拙政园塔影亭）　　六角亭（怡园小沧浪）　　长六角亭（留园至乐亭）

图 5-1-2　亭的各式平面图之二

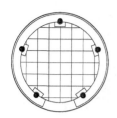
圆亭（拙政园笠亭）

海棠亭（环秀山庄）

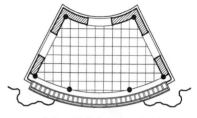
扇亭（拙政园与谁同坐轩）

图 5-1-3　亭的各式平面图之三

二、按立面分类

亭的立面有单檐与重檐两种，以单檐居多，其屋面形式大体可分为歇山顶与攒尖顶两类。但若是细分，歇山顶又有方亭、长方亭、扇亭的区别，而攒尖顶也有四角亭、六角亭、八角亭、园亭等多种做法，而且攒尖亭所采用的宝顶形式也有多种式样，因此使亭的造型有了更多的变化空间。

三、按构造分类

亭若按其构造形式的不同，则可分为半亭、独立亭、组合亭等三种。

半亭多半与走廊联系，依墙而建，亭内临墙一面，开设圆形或方形的门洞，如拙政园的复廊半亭与别有洞天亭，见图 5-1-4、图 5-1-5。

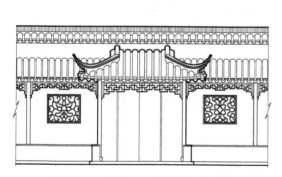
图 5-1-4　半亭之一（拙政园复廊半亭）

图 5-1-5　半亭之二（拙政园别有洞天亭）

独立亭一般单独建造，可建于池侧、山巅或花木丛中，因而它的位置、形体须与环境相配合，如拙政园中部的雪香云蔚亭建于山上，因山形扁平，故采取长方形平面；该园西部的扇面亭（与谁同坐轩）位于池岸向外弯曲处，因而以凸面向外；狮子林的扇子亭建于西南角地势略高处，为了便于凭栏眺望，亦采用凸面向外的形式。

图 5-1-6 所示为位于拙政园中部建于山上的雪香云蔚亭，图 5-1-7 为拙政园中坐落于池畔的扇面亭——与谁同坐轩。

图 5-1-6　建于山上的雪香云蔚亭（独立亭实例之一）

图 5-1-7　坐落于池畔的扇面亭（独立亭实例之二）

　　特殊平面的亭子，一般采用组合亭的形式，如留园的至乐亭，平面呈长六角形，其具体构造是：两边为对称的六角半亭，居中为一段双坡屋面与两边半亭相连，屋面上端设正脊，正脊为花筒脊，其断面与戗角相同，脊的两端设立式纹头。

　　又如天平山的白云亭，平面呈梭子状，其构造也是用一段双坡屋面将两座对角设置的四方亭相连而成，见图 5-1-8、图 5-1-9。

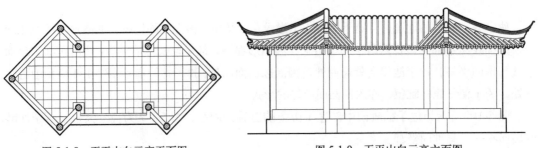

图 5-1-8　天平山白云亭平面图　　　　　　图 5-1-9　天平山白云亭立面图

除此之外，亭根据其所处位置的不同，又可有不同的名称，如建于池中的称为湖心亭，实例有狮子林水池中间的六角亭、西园放生池中间的重檐六角亭，而位于山上的则称为山亭，实例有沧浪亭园内主山上的沧浪亭，拙政园中部土山上的雪香云蔚亭等，见图 5-1-10、图 5-1-11。

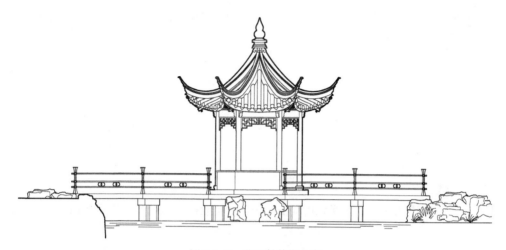

图 5-1-10　狮子林的湖心亭

图 5-1-11　沧浪亭内主山上的沧浪亭

第二节　亭的立面

　　根据不同的平面布置，亭的立面也有各种不同的形式，现分别介绍如下。

一、方亭

　　正方亭的平面为正方形，习惯上人们常将其简称为方亭，苏州园林里方亭的实例很多，但基本上只有两种屋面形式，即攒尖顶与歇山顶。歇山顶的有著名的沧浪亭，攒尖顶的有拙政园的梧竹幽居亭、怡园的金粟亭等。

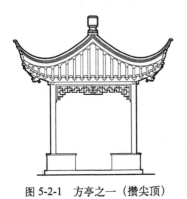

图 5-2-1　方亭之一（攒尖顶）　　　　　图 5-2-2　方亭之二（歇山顶）

二、长方亭

长方亭大多面宽为三间，屋面采用歇山回顶，如拙政园的绣绮亭、雪香云蔚亭。

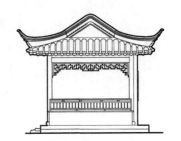

图 5-2-3　绣绮亭正立面（歇山回顶）　　　图 5-2-4　绣绮亭侧立面（歇山回顶）

三、六角亭

六角亭为攒尖顶，苏州园林有很多实例，如拙政园的荷风四面亭、留园的可亭、怡园的小沧浪亭以及狮子林的湖心亭。

图 5-2-5　拙政园荷风四面亭（六角攒尖顶）　　图 5-2-6　留园可亭（六角攒尖顶）

四、长六角亭

平面为长六角形的亭子，在苏州园林中并不多见，有留园的至乐亭、天平山的四仙亭。长六角亭，其实就是一种组合亭，亭的两边为对称的六角半亭，居中为一段双坡屋面与两边半亭相连，屋面上端设正脊，正脊为花筒脊，其断面与戗角相同，脊的两端设立式纹头，详见图5-2-7。

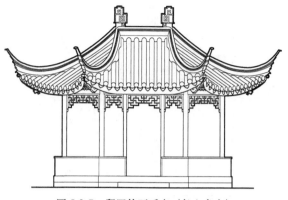

图 5-2-7　留园的至乐亭（长六角亭）

五、八角亭

八角亭有拙政园的塔影亭、天泉亭（重檐）。

图 5-2-8　拙政园的塔影亭（八角攒尖顶）

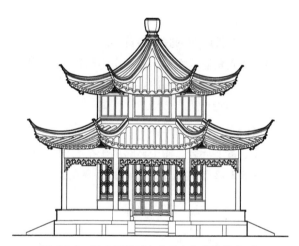

图 5-2-9　拙政园的天泉亭（八角重檐攒尖顶）

六、长八角亭

天平山的御碑亭，平面呈不等边的长八角形，屋面为筒瓦铺设，八角重檐，古朴精美，亭中立有乾隆帝南巡至苏州时为天平山所题的诗碑，故称御碑亭。

因该亭为安置皇帝的御笔而建，所以地方官员在建造时不惜工本，所用木构架全是采用楠木，其外围设八根花岗岩石柱。朝南的五级台阶居中设有御路，上刻团龙浮雕，其余的七面台阶与侧石均刻有精美的线条与图案。因此，其屋面的做法也别具匠心，与众不同。

虽说是八角亭，但在其上檐的顶端却是四角攒尖顶的做法，上部宝顶居高临下，由四条戗脊拱托着，显示出接受四面朝贺的皇家气派，而四条戗脊的下部延伸至金柱处，分别一分为二，化成了八条戗脊，仿佛是象征着八方安定的锦绣河山，这分明又是八角亭的做法。其中变化，一气呵成，不留痕迹，令人拍案叫绝。

亭的下檐做法与一般的重檐八角亭相同，但整座亭子造型独特，比例得当，在周围枫树林的掩映下显得格外端庄雄伟，堪称不可多得的亭中精品（图5-2-10、图5-2-11）。

图 5-2-10　天平山御碑亭正立面
（重檐八角攒尖顶）

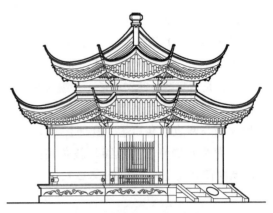

图 5-2-11　天平山御碑亭侧立面
（与正立面呈 45° 角之投影）

七、圆亭

圆亭有拙政园的笠亭与留园的舒啸亭，其中拙政园的笠亭平面为圆形，五柱，留园的舒啸亭平面为六角形，六柱，屋面均为圆顶，筒瓦铺设（图 5-2-12）。

八、扇亭

扇形亭，在苏州园林中有拙政园的与谁同坐轩、狮子林的扇子亭。其中与谁同坐轩为小青瓦屋面，黄瓜环脊，狮子林的扇子亭为筒瓦屋面，亮花筒脊。

图 5-2-13 为某新建园林中的扇亭立面图。

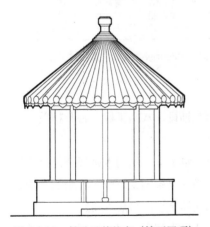

图 5-2-12　拙政园的笠亭（筒瓦圆顶）

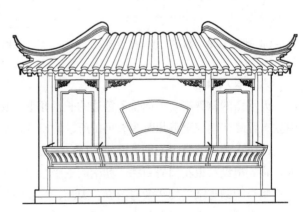

图 5-2-13　苏州某新建园林中的扇亭正立面图

九、梅花亭

梅花形的亭子，最有名的莫过于香雪海的梅花亭。该亭旧筑毁于兵灾，现存建筑重建于 1923 年，出自香山帮建筑大师姚承祖之手。香雪亭造型别致，以梅花为题材，故平面为梅花形，设五柱，其屋面亦呈梅花瓣状，为五坡攒尖顶，小青瓦铺设，宝顶上设铜鹤一座，寓"梅妻鹤子"之意，见图5-2-14。

图 5-2-14　香雪海的梅花亭（五坡攒尖顶）

十、海棠亭

　　环秀山庄有一座别致的方亭，该亭外方内圆，其平面呈海棠花形，设四根断面为海棠形状的木柱，屋面为筒瓦，亦呈海棠花形，四坡攒尖顶。整座亭自上而下，宝顶、天花、枋、吴王靠、半墙、台阶等均以海棠花为基本构图，因此亭名"海棠亭"，见图5-2-15。

图 5-2-15　环秀山庄的海棠亭（四坡攒尖顶）

第三节 亭的构造

一、亭的柱子

亭的平面有方、圆、六角、八角、扇形、海棠等多种形式,并有单檐与重檐之分。亭之柱的多少,随平面布置而异。若是单檐亭,方亭通常为四柱或十二柱,八角亭为八柱,六角亭为六柱,圆亭多为五柱或六柱。而重檐亭,方亭多至十六柱,而八角亭、六角亭之柱数,则以单檐柱数倍之。

柱之用材,以木柱为主,是为了取材方便,且易于加工,但有时也用石柱,是为了石材坚固,抗风耐雨,不易损坏,故多用于山高林密之处的山亭。柱的断面,除方亭可用方柱外,其余均用圆柱。

柱之高度(指室内地坪至檐桁底的高度),一般方亭柱高为 2.8 ~ 3 米,柱径为 18 ~ 20 厘米。六角亭、八角亭之柱高一般为 2.8 ~ 3.2 米,柱径为 18 ~ 22 厘米。一般可在此范围内,按实际情况作适当选用。但是以上数据仅是针对普通亭子而言,并非普遍适用之模式。对于其中体量过大或过小者,则需酌情而定,务使其造型美观、比例得当、坚实耐用。

对于柱高与柱径的规定,在《营造法原》一书中有如下叙述:"方亭柱高,按面阔十分之八。柱径按高十分之一。六角、八角亭柱高按每面尺寸十分之十五,八角亭可酌高,占十分之十六。柱径同方亭。圆亭柱高可按八角亭做法。"

但经计算,以上规定明显与工程实例不符,以方亭面阔 3 米为例,其柱高若按面阔的 8/10 计,为 2.4 米,明显偏低,而柱径按高的 1/10,则达 24 厘米,显然过大。又如六角亭每面尺寸为 1.5 米(亭之对径 3 米),柱高按每面尺寸的 15/10 计,仅为 2.25 米,相同尺寸之八角亭,若按每面尺寸的 16/10 计,其柱高也仅为 2.4 米。该二例之柱高明显过低,而柱径按高的 1/10 计,仍然偏大。

由此可见,单是根据亭之面宽或边宽乘以相应的固定系数来确定柱高与柱径的方法,并不完全科学,还是需要根据具体情况,从实际出发,灵活运用为好。

以下是有关各式亭子面宽(边宽)与柱高关系的工程实例,详见图 5-3-1 ~图 5-3-4。

该方亭面宽为 3 米,柱高 2.8 米

图 5-3-1　面宽与柱高之图例(方亭)

该六角亭边宽 1.5 米,柱高 3 米

图 5-3-2　面宽与柱高之图例(六角亭)

该八角亭边宽为 1.8 米，柱高 3.2 米

图 5-3-3 面宽与柱高之图例（八角亭）

该圆亭设五柱，边宽 1.5 米，柱高 2.25 米

图 5-3-4 面宽与柱高之图例（圆亭）

二、亭的外檐

檐柱上端，架设檐桁，相交之檐桁须按敲交做法，以便架设戗角。桁下承以连机、夹堂板及枋子。若桁下不设连机与夹堂板，而直接承以枋子，则该枋称拍口枋。

枋下悬挂落，柱间下部设半墙或半栏，半墙一般高约 50～55 厘米，其上铺设砖细坐槛面砖，用以坐憩。除构造简单的亭子外，坐槛外缘一般均设置吴王靠。

吴王靠，北方称鹅颈椅，因靠背弯曲似鹅颈而得名，多用于临水的亭榭、楼阁中。吴王靠之构造与栏杆相似，高约 45～50 厘米，为便于凭坐时倚靠，吴王靠之心仔部分须做成双曲线之弧形，并向外作倾斜，倾斜度为其高度的 1/3。

亭之较具规模者，则用四六式桁间牌科作为装饰，多为一斗三升。

亭的几种外檐做法，详见图 5-3-5～图 5-3-7。

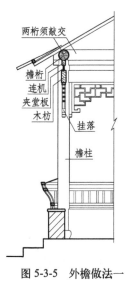

图 5-3-5 外檐做法一

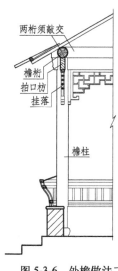

图 5-3-6 外檐做法二

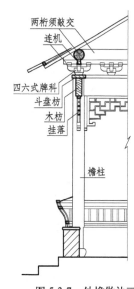

图 5-3-7 外檐做法三

三、亭的提栈

提栈，北方谓之举架，是将相邻两桁之高差自下而上逐层增加，使屋面斜坡形成曲面的一种方法。

界深与相邻两桁高差之比例称为算，是确定屋面斜坡的一种计量单位。如界深为100厘米，两桁之高差为30厘米，即称该界提栈为三算。又如界深为100厘米，两桁之高差为35厘米，即称该界提栈为三算半。以此类推，四算、四算半、五算、五算半……以至九算、十算（又称对算）。

亭之提栈也有规定，歇山亭之提栈自五算起，以六算、七算之式递加之。攒尖亭之提栈自六算起，椽及老戗之上须设糙椽或糙戗，以铺钉鳖壳板。所设糙椽或糙戗之提栈自八算、九算起，多至十算，视屋面斜势而决定。攒尖亭须先绘侧样，以定灯芯木之高低。

第四节　亭的构架做法

亭的构架主要分歇山、攒尖二式，但若按其构造形式的不同，则又可分为半亭、独立亭、组合亭等三种。

现将各式亭子的构架做法，分别介绍如下。

一、歇山亭的构架

（一）歇山方亭

歇山方亭之构架做法：于四边檐桁之上架设搭角梁，与檐桁呈45°相交，由搭角梁组成一个四方形。每根搭角梁居中设童柱，两童柱之上架设山界梁，山界梁须相对而设，居中立脊童，然后架金桁、脊桁，金桁与山界梁须按敲交做法，最后设戗角、铺木椽（图5-4-1、图5-4-2）。

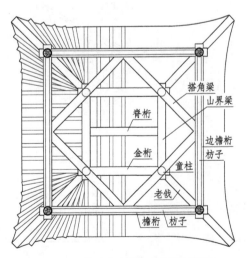

图 5-4-1　歇山方亭屋架与椽桁仰视图

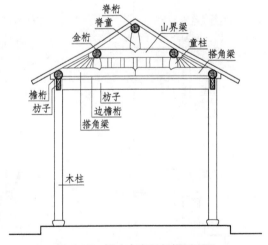

图 5-4-2　歇山方亭屋架横剖面图

（二）歇山长方亭

歇山长方亭之构架，因其开间与进深较小，一般不设搭角梁，而是用两根横梁分别搭在前后檐桁上，再于横梁之上立两只金童柱，上设山界梁，梁上立脊童，然后架桁条、设戗角、铺木椽。具体做法，详见图 5-4-3～图 5-4-5。

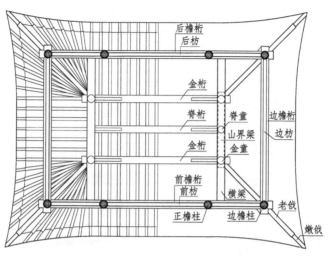

图 5-4-3　长方亭屋架与椽桁仰视图

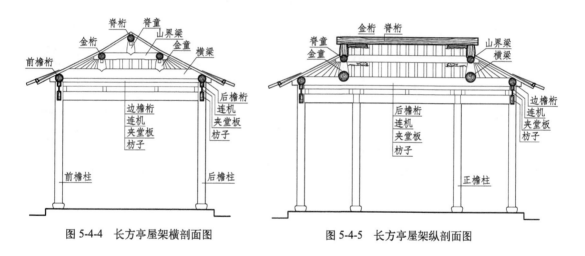

图 5-4-4　长方亭屋架横剖面图　　　　　图 5-4-5　长方亭屋架纵剖面图

（三）歇山长方亭（回顶做法）

有的歇山长方亭在横梁之上设轩童，架月梁，按三界回顶做法，详见图 5-4-6～图 5-4-8。

（四）扇亭

扇亭其实也是歇山亭，是歇山形式的一种变化，见图 5-4-9。

与长方亭相比，扇亭的后檐不设边檐柱，而是将两面边檐桁斜向搁在后檐柱上，同时，将前后檐的桁条分别向前做出弧形，由此长方形的平面便成了扇形平面。

详见图 5-4-10，图中虚线所示为长方亭平面。

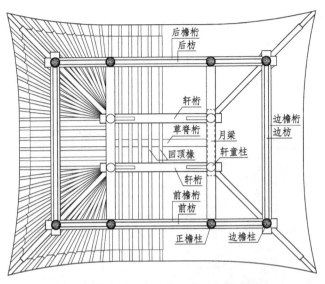

图 5-4-6　长方亭（回顶）屋架与椽桁仰视图

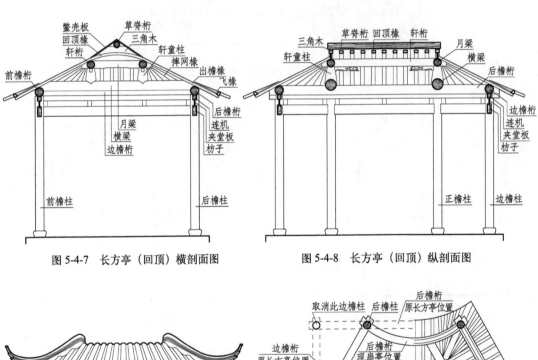

图 5-4-7　长方亭（回顶）横剖面图　　　　　图 5-4-8　长方亭（回顶）纵剖面图

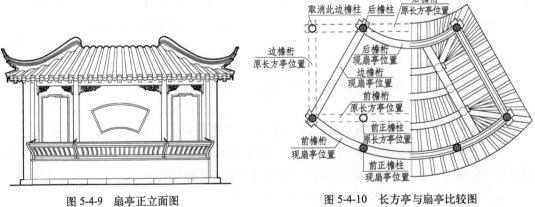

图 5-4-9　扇亭正立面图　　　　　　　图 5-4-10　长方亭与扇亭比较图

扇亭的构架，除桁条与枋子须按要求做成弧形外，其余与长方亭的做法基本相同。具体做法，详见图5-4-11、图5-4-12。

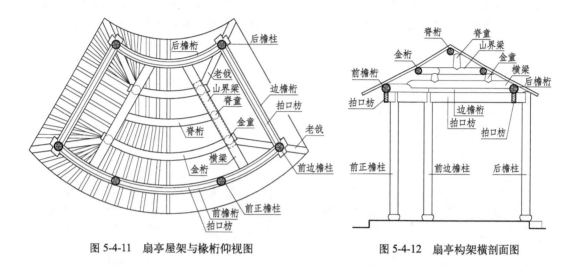

图 5-4-11　扇亭屋架与椽桁仰视图　　　　　　　图 5-4-12　扇亭构架横剖面图

二、攒尖亭的构架

（一）攒尖方亭

攒尖方亭的构架，于四边檐桁之上，架设与檐桁45°相交的搭角梁，成四方形，搭角梁居中立童柱，童柱之上再架搭角梁，所架搭角梁间须按敲交做法，由此组成的四方形俗称"蒸笼架"。亭之老戗与出檐椽均架于此，老戗上端，向上延伸，相交于灯芯木上，并对灯芯木起到支撑作用，灯芯木之下端架于蒸笼架上所设的横梁上，其上端则筑亭顶。具体做法，详见图5-4-13、图5-4-14。

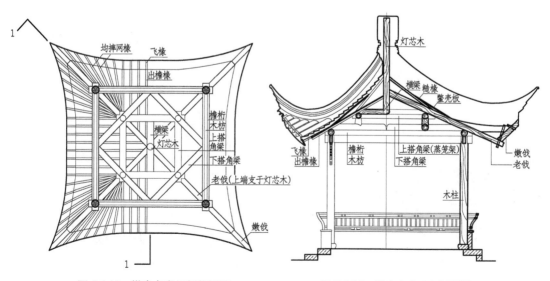

图 5-4-13　攒尖方亭屋架仰视图　　　　　　图 5-4-14　攒尖方亭 1-1 剖面图

（二）六角亭

六角亭之构架，先于其檐桁之上搭设一个由搭角梁组成的四方形，梁上立童柱，搭设一个六边形的蒸笼架，该六边形之边与相应的檐桁平行，相互间按敲交做法。亭之老戗及出檐椽即架于其上。老戗之上端均交于灯芯木上，灯芯木之做法与作用与攒尖方亭相同。

详见图 5-4-15、图 5-4-16。

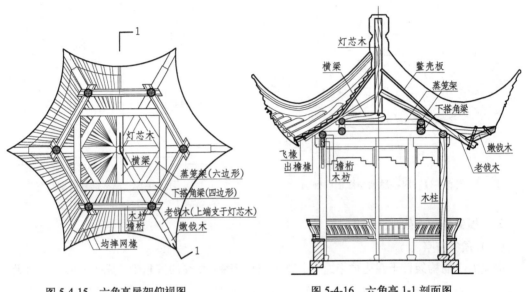

图 5-4-15　六角亭屋架仰视图

图 5-4-16　六角亭 1-1 剖面图

（三）八角亭

八角亭之构架，除蒸笼架为八边外，其余做法均与六角亭做法相同。

详见图 5-4-17、图 5-4-18。

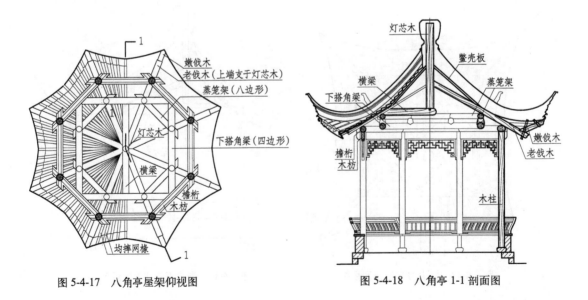

图 5-4-17　八角亭屋架仰视图

图 5-4-18　八角亭 1-1 剖面图

攒尖亭之灯芯木安装，除了架于横梁木之上外，还有另一种做法，便是不设横梁，灯芯木由老戗支撑，其下端刻花纹作装饰。

其具体做法，现以八角亭为例，详见图5-4-19。

（四）圆亭

屋面为圆顶的亭，在苏州园林中有拙政园的笠亭与留园的舒啸亭，其中拙政园的笠亭平面为圆形，五柱，屋面为圆顶，筒瓦铺设，当属圆亭，而留园的舒啸亭，虽然屋面也为圆顶，筒瓦铺设，但其平面为六角形，六柱，因此属圆亭的一种变体。

现以拙政园的笠亭为例，将圆亭的构架做法介绍如下：

图 5-4-19　八角亭剖面图（灯芯木做法示例）

笠亭体量不大，平面为圆形，亭内圆形直径约为2.8米，亭的外围直径约为3.3米，设五根木柱，木柱沿直径为2.8米的圆周均匀分布，并将该圆周五等分。木柱高约2.4米，上端架檐桁，桁下置木枋。檐桁与木枋平面均呈弧形，其弧长与弧度，均与五等分后的圆周相同。

由于圆顶没有戗角，因此设五根斜梁支撑灯芯木，斜梁下方扒于柱端处的檐桁之上，其上端均汇合于灯芯木处，并与灯芯木作榫卯连接。

圆亭的木椽沿檐桁均匀分布，其上端汇合于灯芯木，其下端呈放射状向外伸出，故圆亭的木椽应按摔网椽做法，但其椽距可适当放大，以减少椽的数量，便于制作与安装。因椽距较大，故木椽之上满铺木网板以代望砖。

为整齐美观起见，亭内以木制吊顶作为装饰，吊顶的中央向上凸起，再做出一个同心小圆的吊顶，以增加美观，并适当提高了室内高度。

圆亭的外檐做法与一般的亭子做法基本相同，也是柱间砌半墙，其上为砖细面砖，以供游人凭坐观景，所不同的是，因圆亭之檐桁、木枋均呈弧形，故枋下未悬挂落，而以雕花插角代之。

圆亭的具体做法，详见图5-4-20～图5-4-23。

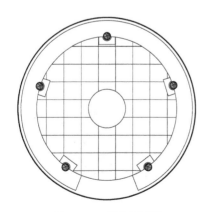

图 5-4-20　圆亭平面图

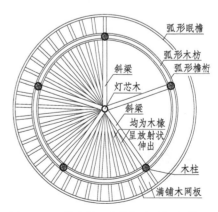

图 5-4-21　圆亭屋架与椽桁布置仰视图

图 5-4-22　圆亭立面图

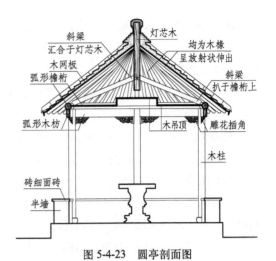

图 5-4-23　圆亭剖面图

三、重檐亭的构架

亭的立面有单檐、重檐之分，若将亭之屋面做成二层，该亭便称为重檐亭。重檐亭的构架分上下二层，现将其做法分述如下：

重檐亭的下层构架，须于步柱之前立檐柱，檐柱与步柱之间设川相连，故重檐亭的柱是单檐亭柱数的两倍，但方亭可多至十六柱。檐柱上端架檐桁，檐桁之下为连机或拍口枋，其外檐做法与单檐做法相同。重檐亭下层屋面称落翼，落翼的出檐椽下端架于檐桁之上，上端则架于位于步柱间的承椽枋上。

重檐亭的上层构架是将步柱延长，在步柱的上端架设檐桁，所架檐桁称上檐桁。上檐桁以下为连机或拍口枋，木枋与承椽枋之间，设夹堂板或横风窗，可视实际需要而定。上檐桁以上，铺出檐椽及上层构架，上层构架的其他做法与单檐做法相同。

重檐亭之构架做法，以重檐八角亭为例，详见图 5-4-24 ～图 5-4-26。

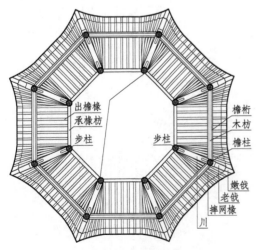

图 5-4-24　重檐八角亭下层构架仰视图

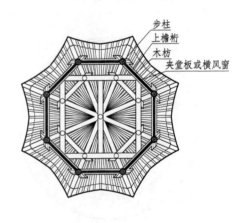

图 5-4-25　重檐八角亭下层构架仰视图

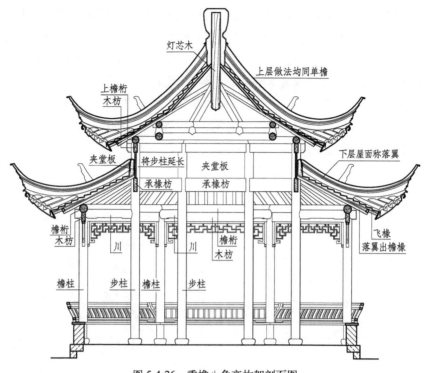

图 5-4-26　重檐八角亭构架剖面图

四、半亭的构架

亭有半亭与独立亭的区别，半亭，顾名思义，为全亭的一半或大半，简言之，与独立亭相比，仅建造其中的一部分且依墙而建的亭，均可称为半亭，虽占空间不多，却能发挥亭的功能。半亭也有歇山半亭与攒尖半亭之分。

（一）歇山半亭

歇山半亭，以门亭为多，建于分隔园林内部景区的园墙或走廊处，亭内临墙一面，常开设圆形或方形的门洞，作为园林中某个庭园或院落的入口，如拙政园的倚虹亭与别有洞天亭。

现以某新建园林的入口门亭为例，将其做法介绍如下：

该半亭面宽 3 米，进深 2 米，方形，小青瓦屋面，歇山回顶，位于园墙内侧。而于园墙之上设砖细圆形门洞，为方便游人出入，门洞下方按带脚头做法。门洞上方为砖细字碑，上题"隐园"二字，作为园名。园墙的外侧立面，见图 5-4-27。

该半亭共设四柱，其中两根为前柱，两根为后柱，后柱依墙而设，柱高均为 2.8 米。柱端架檐桁，亭之四面均架檐桁，桁下为拍口枋，除后檐外，枋下三面均悬挂落。

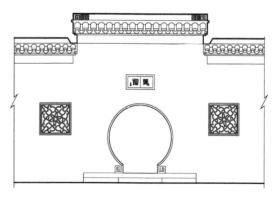

图 5-4-27　园墙外侧立面图

因该亭体量较小，故未采用搭角梁做法，而是设两根横梁分别搭于前、后檐桁之上，每根横梁上架童柱，其上再架山界梁，梁之两端架桁称金桁，金桁有前后之分，与山界梁须按敲交做法，以便架设戗角。山界梁上居中再架童柱，称脊童，其上所架桁条即为脊桁。于桁上铺设木椽，脊桁前后，屋面做双坡落水，因后檐与园墙相交，故须于其相交处做天沟与泛水，使雨水能从天沟两侧向下排出。亭之两旁屋面称落翼，落翼出檐椽，上端架于山界梁，下端架于边檐桁上。因是半亭，故仅需于亭之前檐与两旁落翼相交处设戗角。

该亭之具体做法，详见图 5-4-28 ～图 5-4-32。

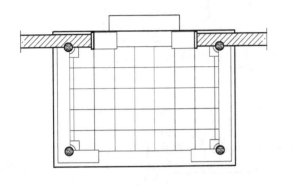

图 5-4-28 歇山半亭平面图

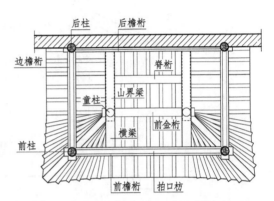

图 5-4-29 歇山半亭梁架及椽桁布置仰视图

图 5-4-30 歇山半亭正立面图（园墙内侧立面）

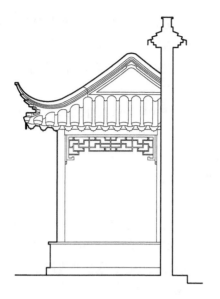

图 5-4-31 歇山半亭侧立面图

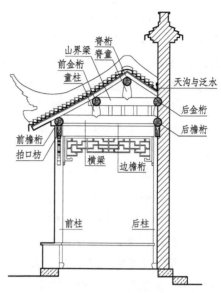

图 5-4-32 歇山半亭剖面图

（二）攒尖半亭

苏州园林中有很多半亭，但攒尖半亭的实例不多，据了解，仅有网师园的冷泉亭以及狮子林的御碑亭、文天祥碑亭、古五松园半亭等属此类型，其余半亭以歇山为多。

攒尖半亭也有多种形式，如网师园的冷泉亭、狮子林的御碑亭为依墙而建的攒尖方亭，狮子林内的文天祥碑亭为八角半亭，古五松园半亭虽说也属八角半亭，但因其位于园内一角，故其平面仅为八角亭的1/4。各式攒尖半亭的平面图，详见图5-4-33～图5-4-36。

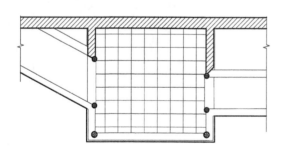

图 5-4-33　狮子林御碑亭平面图

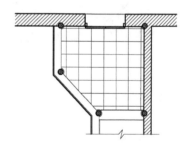

图 5-4-34　狮子林古五松园半亭平面图

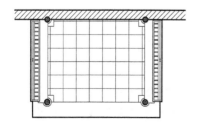

图 5-4-35　网师园冷泉亭平面图

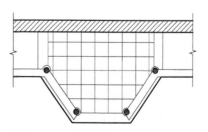

图 5-4-36　狮子林文天祥碑亭平面图

攒尖半亭除在平面形状上有所区分外，在灯芯木的设置上也有两种做法，一种是灯芯木靠墙，一种是灯芯木不靠墙。灯芯木靠墙的做法比较简单，除了做好沿墙屋面的防水之外，在具体做法上，只需参照同类攒尖亭的一半去做即可。灯芯木不靠墙的做法，则相对要复杂一些，其重点在于灯芯木位置的确定。

关于灯芯木位置的确定，以狮子林中的文天祥碑亭为例，将其具体做法介绍如下：

文天祥碑亭，平面呈六边形，依墙而建，为八角半亭做法。该亭共设四柱，两柱居前，称前檐柱；两柱退后，称边檐柱；后檐为围墙，故未设后檐柱。

前柱之上架前檐桁，前柱与边柱之间架斜檐桁，边檐桁与墙垂直，一端架于边檐柱，一端架于墙。相连两桁间须按敲交做法，以便安装戗角。

前檐桁居中搭设横梁一根，横梁另一端也架于围墙之上，横梁须水平安装，并与围墙相垂直。在斜檐桁上，做一垂直平分线，与横梁中心线相交，作为灯芯木的安装基准点。灯芯木的下端架于横梁，上端则筑以亭顶。灯芯木与各檐桁相交处均设老戗相连，老戗共设四根，其下端伸出桁外，上端则汇合于灯芯木中心线，并对灯芯木作支撑。

该亭灯芯木位置的确定以及具体做法，详见图5-4-37、图5-4-38。

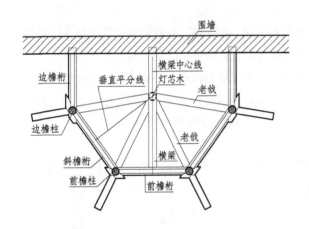

图 5-4-37　文天祥碑亭之屋架仰视图

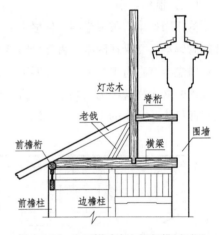

图 5-4-38　文天祥碑亭之屋架横剖面图

五、组合亭的构架

特殊平面的亭子，一般采用组合亭的形式，组合亭通常是由两座攒尖亭采用一定的方式连接组成。

如留园的至乐亭、天平山的四仙亭，平面呈长六角形，其构造都是两边对称的六角半亭，居中用一段双坡屋面将两边半亭相连；又如天平山的白云亭，平面呈梭子状，其构造也是用一段双坡屋面，将两座对角设置的四方亭相连而成。

现以留园的至乐亭为例，将平面呈长六角形的组合亭之构架介绍如下：

留园至乐亭，平面呈长六角形，由两座六角半亭及一段双坡屋面所组成。该亭设六根檐柱，上架檐桁，组成一个长六角形的框架，相邻檐桁间须按敲交做法，以便安装戗角。

于长边方向的前后檐桁之上，搭设两根横梁，为辅檐桁受力之不足，檐桁下各立方形木柱两根，共计四根。为保证每根老戗的长度相等，横梁位置须经计算或放样后确定，具体做法是：先放出与长边檐桁平行的那根老戗的中心线，再放出边檐桁的垂直平分线，两线的交点即是灯芯木的中点，通过该点做出长边檐桁的垂线，该垂线便是横梁的中心线。在横梁位置确定后，于横梁居中立灯芯木，每座六角半亭的老戗上端，均汇合于相应的灯芯木上，老戗汇合处，用脊桁将两根灯芯木相连，以架设双坡屋面的出檐椽。灯芯木须向上延伸，因其上端需再架设草脊桁与糙戗，上铺糙椽或鳖壳板，以做出合适的屋面坡度，故灯芯木的实际长度须根据亭子的屋面坡度而定。

留园至乐亭构架之具体做法，详见图 5-4-39 ～图 5-4-41。

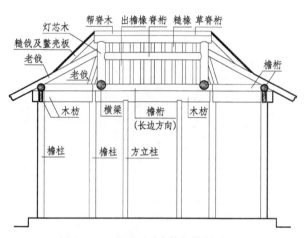

图 5-4-39　留园至乐亭构架纵剖面图

图 5-4-40　留园至乐亭构架横剖面图

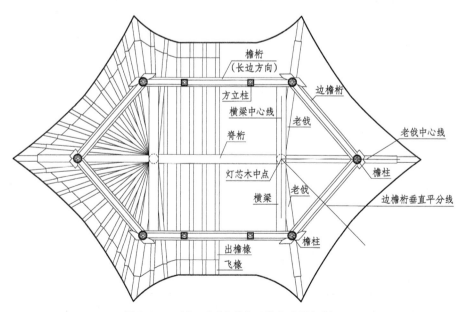

图 5-4-41　留园至乐亭构架及椽桁布置仰视图

组合亭的另一种形式是将两座攒尖方亭交叉连在一起，组成一座双亭，非常别致。双亭在传统的苏州园林中没有实例，但这毕竟是一种不错的选择，很受设计人员的喜爱，近年来经常出现在苏州的景观绿化项目中。

双亭的构架，除两亭的交叉部位的做法有所不同外，其余部位均与一般的攒尖方亭做法相同。

其不同之处在于该部位的戗角做法，两条老戗做到向下相交处即可，其下部及嫩戗与摔网椽均被取消，而代之以沟底木。沟底木与老戗呈90°相连，以承上部延伸下来的木椽，其作用是改变屋面的排水方向。

双亭做法，详见图 5-4-42 ~ 图 5-4-45，不详之处，请参见本节中有关攒尖方亭中的相关内容。

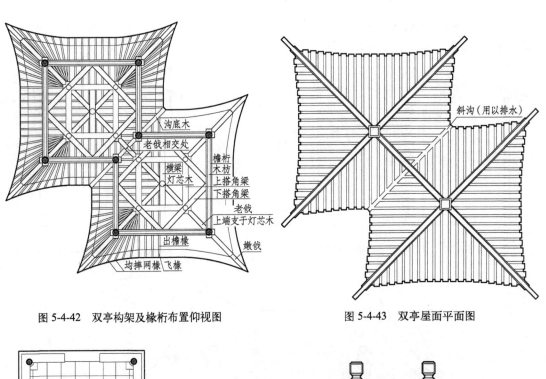

图 5-4-42 双亭构架及椽桁布置仰视图　　　　图 5-4-43 双亭屋面平面图

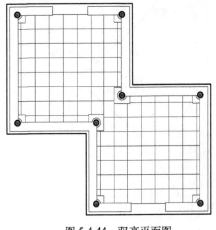

图 5-4-44 双亭平面图　　　　图 5-4-45 双亭立面图

第五节　亭的屋面做法

亭子的屋面形式主要有歇山顶与攒尖顶两种，根据屋面所用材料的不同，又有小青瓦屋面与筒瓦屋面之分，苏州园林的亭子，以小青瓦屋面居多。

一、歇山亭屋面做法

歇山亭多为方亭或长方亭，其屋面由前坡、后坡及两个边坡组成，其中边坡又称为落翼。于两侧落翼的上端砌墙，所砌之墙，依屋面山尖形状，称为山墙，其上铺瓦，与屋面前后坡上所铺之瓦相平，并将瓦楞做通。

屋面前后两坡相交处须筑屋脊，以防漏水，故屋脊有实用与装饰的双重作用，苏州园林中的亭，为求其轻巧，以采用黄瓜环脊为多。屋面前后两坡与相邻边坡相交处所筑的向上翘起的小脊，称为水戗，水戗也有实用与装饰的双重作用。

在屋面山墙瓦楞之上，依屋面斜坡所筑的脊，称为竖带。竖带位于屋面内侧第一与第二楞盖瓦之上，其中心线对准底瓦，若是黄瓜环脊，其竖带须前后环通，顶作弧状，称为环包脊，与戗根相交后，沿戗而下，转为水戗。水戗有两种做法，一为水戗发戗，较为平缓，二是嫩戗发戗，则显得高峻，可根据要求分别选用。

采用回顶做法的歇山亭，其屋面的组成及构件名称，见图 5-5-1 ～图 5-5-3，图中所示为水戗发戗。

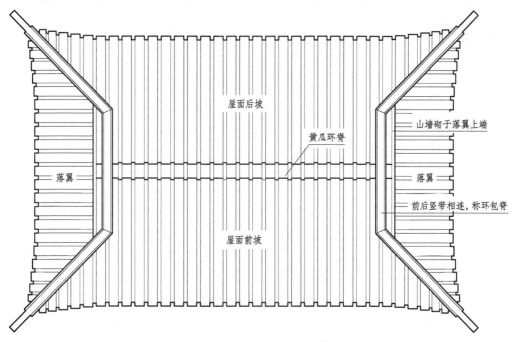

图 5-5-1　歇山亭屋面平面布置图

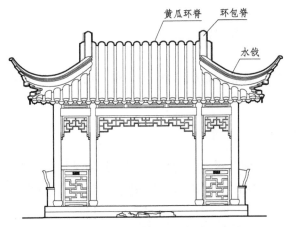

图 5-5-2 回顶做法的歇山亭正立面

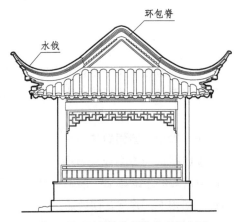

图 5-5-3 回顶做法的歇山亭侧立面

在苏州园林中，虽以回顶做法的歇山亭为多，但也有少数采用正脊做法，如沧浪亭，筒瓦铺设，流空花筒正脊、龙形回纹吻头、竖带、花篮座、堆塑，样样俱全，采用嫩戗发戗，戗角高翘，显得飘逸舒展，详见图 5-5-4、图 5-5-5。

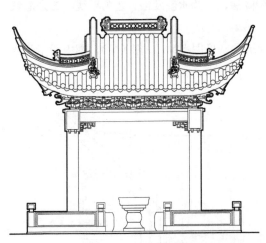

图 5-5-4 沧浪亭正立面

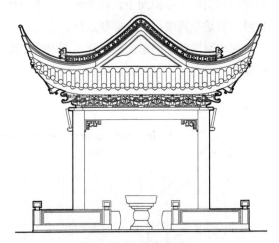

图 5-5-5 沧浪亭侧立面

二、攒尖亭的屋面做法

攒尖顶的屋面形式，常见的有四角顶、六角顶及八角顶，但也有少数为圆顶，除圆顶外，攒尖顶由屋面、戗脊、宝顶三部分组成。攒尖顶的角即戗脊，故也称戗角，角与角之间的屋面称为翼，翼的多少由角的数量来决定，即四角亭有四个戗角，其屋面分成四翼，上覆宝顶。以此类推，六角亭有六个戗角、六翼屋面及一座宝顶。

圆顶虽属攒尖顶，但圆顶没有戗脊，故圆顶仅由屋面与宝顶所组成。圆顶多为筒瓦屋面，因没有戗脊作分隔，屋面瓦楞依檐口作均分，呈放射状，向上汇合至亭顶，所有瓦楞均是下大上小，为此须用筒瓦作盖瓦，筒瓦之上可作粉刷，粉刷后的瓦楞，既整齐美观，又不易漏水。

其他攒尖亭的屋面，则小青瓦与筒瓦均可用以铺设，现将其屋面、戗脊、宝顶这三部分的做法与技术要点介绍如下：

（一）屋面做法与技术要点

多角亭有多翼屋面，每翼屋面做法都相同，其技术要点是：

1. 加设糙戗、糙椽，铺设鳖壳板

为使亭子的戗角弧线流畅，屋面坡度和顺，须在木戗的上方加设糙戗，在木椽间加糙椽，其上及两侧铺设鳖壳板，见图5-5-6。

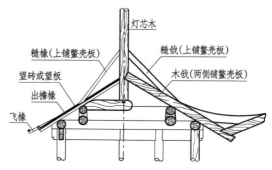

图 5-5-6　糙戗、糙椽与鳖壳板示意图

2. 分中、排瓦当

在屋面檐口线上，量出其中点，再在屋面上端量出灯芯木的中点，将上下两点相连，弹出屋面中心线。根据盖瓦须坐中与戗角边为底瓦的原则，将量得的中心线与木戗尖处的距离扣除半张底瓦宽度后，即可均分瓦当距。瓦当距的宽度，尚须依据所用盖瓦（小青瓦或筒瓦）而定，见图5-5-7。

3. 铺设屋面中楞与戗脊两边老瓦头

先铺设居中盖瓦楞，即中楞，中楞较为关键，瓦的铺设厚度、屋面的弧度都将由此而决定。根据所排瓦当距，沿木戗中心线两侧，分别铺设一段瓦楞，俗称"对老瓦头"。由于攒尖亭屋面的提栈较大，屋面弧度也大，故所铺之瓦须瓦楞平直，盖瓦压平，相邻瓦楞坡势均匀，瓦当大小统一，见图5-5-8。

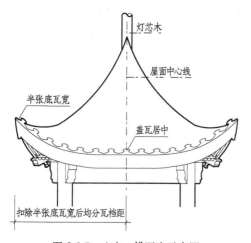

图 5-5-7　分中、排瓦当示意图

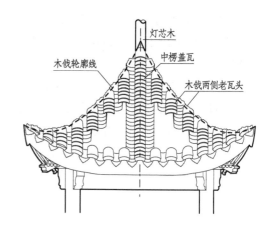

图 5-5-8　铺设中楞及对老瓦头示意图

（二）戗角做法与技术要点

攒尖亭的戗角做法与歇山戗角基本相同，所不同的是，攒尖亭所有的戗角都汇集于灯芯木，因此对其精确度要求更高。

具体做法是：在灯芯木的中点钉上铁钉，分别于各木戗尖处相连，所做连线即为各戗的中心线，并将该线垂直引至屋面上，作为戗角砌筑的控制依据。

在汇集处的所有戗角必须做到：①戗角中心线对准灯芯木的中点；②所有戗座、滚筒、盖筒均须在同一水平面上，不得出现高低或倾斜，这在操作时就需严格控制，见图5-5-9。

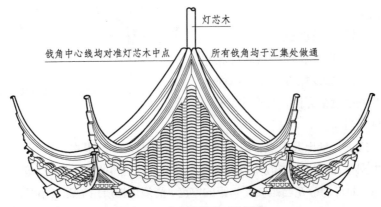

图5-5-9　六角亭戗角正立面图

（三）宝顶做法与技术要点

在攒尖亭中，宝顶的作用尤为重要，对其处理得好坏将直接影响到整座亭子的外观效果。

宝顶有多种形式，常见的有方形、六角形、八角形、圆形和葫芦形，须根据相应的屋面形式来选用，如方亭用方形，六角亭用六角形，圆亭用圆形，除方亭外，圆形与葫芦形宝顶适用于任何形式的攒尖亭。

宝顶有清水与混水两种做法，所谓清水即指砖细做法，而混水则是由砖砌粉刷而成。

砖细做法的宝顶，称砖细宝顶，因其块面清晰，棱角分明，易于加工成各种条形线脚，故多用于多角亭。

混水做法的宝顶，常用于外形呈弧面、线脚为弧状的宝顶，如圆形与葫芦形宝顶，但线脚较少、较粗的多角形宝顶也常采用混水做法。总之，对于宝顶的选用，须根据亭子的屋面形式、高度、大小、所处环境与地形等诸多因素而定。

图5-5-10所示为几种常见的宝顶形式。

方形

六角形

八角形

圆形

葫芦形

图5-5-10　常见的各式宝顶

三、半亭屋面做法的技术要点

1）半亭屋面与围墙相交处须做泛水，以免雨水漏入；歇山屋面若是双坡落水，其后檐与围墙相交处须做天沟与泛水，以便雨水从两侧向下排出。

2）半亭多与走廊相连，走廊屋面与半亭相交时，走廊位于亭子以上的部分先搭设鳖壳，再铺设走廊屋面，相交处须设斜沟，便于雨水向下流出，见图5-5-11。

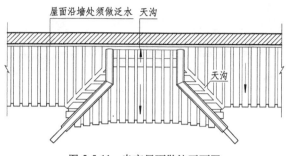

图 5-5-11　半亭屋面做法平面图

第六节　亭的精选实例

一、沧浪亭——苏州唯一与园林同名的亭子

沧浪亭是苏州园林中一座著名的歇山方亭，园以亭名，该园亦名"沧浪亭"，是苏州现存最古老的园林。园内布局以山为主，大多数建筑都环山而建，山上古树葱翠，山中石径盘旋，山边藤蔓垂挂，充满山林野趣。全园景色清幽古朴，适意自然，不以精细工巧取胜，而以自然山水为美。

沧浪亭位于该园主景区的土山之上，是一座形制古朴的石柱方亭，四周古树葱郁，箸竹丛生，亭四周皆有平台，并围以石栏，显得古雅、端庄，与古老的园林风格相协调。

据史料记载，最早的沧浪亭位于水边，始建于北宋庆历年间，园主苏舜钦取"沧浪之水清兮，可以濯我缨；沧浪之水浊兮，可以濯我足"之意而名。苏氏之后，数百年间，园主几度易人，原亭亦已荡然无存。现筑乃清康熙三十四年（1695年），由江苏巡抚宋荦重建，并将其移至如今所在的位置。

沧浪亭平面呈方形，形制古朴，石柱、石枋，檐下有斗栱，栱下为雀替，出檐深远，戗角高挑，造型飘逸。亭内顶棚，四周为弓形轩，四根花篮柱中间为扁作三界回顶，装饰精美。亭之边长为3.40米，檐高3.75米，筒瓦屋面，歇山顶，流空花筒龙形回纹脊，属少数采用正脊做法的歇山亭。

（一）沧浪亭的构架做法

沧浪亭之构架，采用四根方形石柱，上端架石枋，石枋之上为斗盘枋，自斗盘枋起，其构架均为木结构。四周檐桁与斗盘枋之间，设桁间牌科作为装饰，古朴大方，制作精美。

牌科采用一斗六升五出参十字牌科，规格为四六式。具体做法是：第一级十字栱，向外出参的升之两旁架有枫栱，而向内出参的升之两旁则未设枫栱。第二级十字栱向外出参的栱端做成昂形，形式为凤头昂，昂上架升，升上架桁向栱，桁向栱上则架设梓桁。向内出参的栱端仍做栱形，其上所架升之两旁也架有枫栱，十字牌科的最上皮，内外均架设云头。

亭的每边均设牌科五座，中间三座为桁间牌科，两端为转角牌科，牌科之间均镶以垫栱板，具体做法详见图5-6-1、图5-6-2。

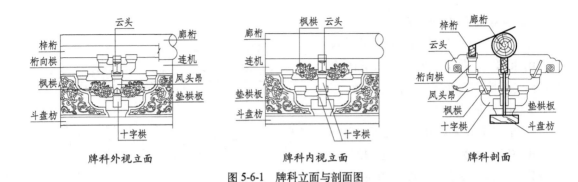

图 5-6-1 牌科立面与剖面图

牌科外视立面　　　　　　牌科内视立面　　　　　　牌科剖面

图 5-6-2　牌科平面布置仰视图

亭内构架，按歇山方亭做法，将两根断面为长方形的横梁搭于前后檐桁之上，每根横梁均设两根吊柱，吊柱为方形，柱端雕有花篮，故称花篮柱。

于两根花篮柱之间，将横梁内侧做成扁作梁形式，梁按扁作三界回顶做法，自下而上分别为三界梁、荷包梁。四根花篮柱内侧，做成扁作三界船篷轩，上轩桁架于荷包梁两端，而下轩桁则架于花篮柱上。下轩桁以下依次为连机、夹堂板与木枋，木枋与三界梁之下均悬有通长的雕花插角，装饰精美。花篮柱四周外围，做弓形轩，轩椽一端架于木枋或三界梁以下的横梁上，另一端则架于四周的檐桁上。

横梁以上，将扁作梁的空隙处用山垫板予以封没，山垫板的背面设通长三角木，以便架设落翼方向的出檐椽，立草脊柱，上架草脊桁，以架开间方向的草界椽。

具体做法，详见图 5-6-3、图 5-6-4。为图示清楚，将图中横梁部分涂上阴影，图 5-6-3 中阴影所示即为横梁立面。

（二）沧浪亭的屋面做法

沧浪亭的屋面为筒瓦铺设，前后屋面合角处未做攀脊，而是将滚筒直接置于筒瓦屋面之上，采用的是亮龙筋做法，所谓亮龙筋，即脊之底部与底瓦处流空，以减少风力。脊为五瓦条亮花筒正脊，脊之两端设龙形回纹吻头。

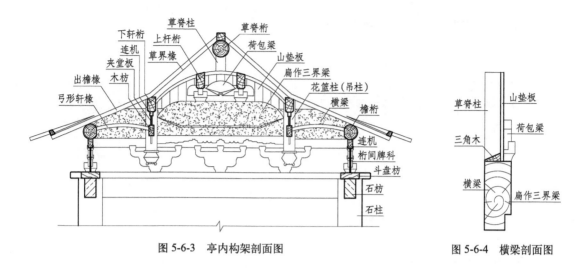

图 5-6-3　亭内构架剖面图　　　　　　　　　图 5-6-4　横梁剖面图

图 5-6-5 所示为沧浪亭的屋架仰视图。

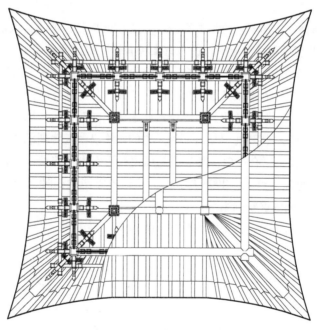

图 5-6-5　沧浪亭屋架仰视图

　　竖带作环包状，亦按花筒脊做法，竖带下端设花篮座，座上均有堆塑，南侧屋面塑的是凤穿牡丹，北侧屋面塑的是狮子滚绣球。

　　四条戗脊采用的是嫩戗发戗，造型轻巧，高挑飘逸，戗之后部做花篮靠背，其上塑有四季花果，靠背之后为戗座，戗座与竖带呈 45°相交，其高度与做法均与竖带相同。

　　可以说，沧浪亭的屋面做法很有特色，尤其是采用亮龙筋做法的歇山方亭，在苏州园林中极为罕见。

沧浪亭的正脊做法，详见图5-6-6、图5-6-7。

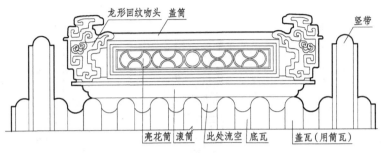

图5-6-6 沧浪亭正脊立面图 　　　　　图5-6-7 沧浪亭正脊剖面图

（三）有关沧浪亭的其他介绍

沧浪亭之四周皆有平台，并围以石栏，古朴而典雅。平台与石栏，均为花岗石所制，虽然有点新旧不一，估计是历经多次修葺，部分构件乃是利用旧物，故该亭应该仍为康熙年间重建时之原貌。

亭之北侧，其石枋之上所刻"沧浪亭"三字，为清末探花、苏州文人俞樾所书；其石柱之上的一副石刻对联："清风明月本无价，近水远山皆有情"也是俞樾所书。该联现在已成名联，被广泛传颂，殊不知该联乃集句，上联选自欧阳修的《沧浪亭》诗中"清风明月本无价，可惜只卖四万钱"句，下联出于苏舜钦《过苏州》诗中"绿杨白鹭俱自得，近水远山皆有情"句。

亭中置有石圆桌一张，石圆凳四只，除圆桌底座为花岗石材质，属后来所重置外，其余均为青石所制，据说是康熙年间旧物。另外，石柱上方的四块汉白玉碑刻已非原物，为近年所恢复。据介绍，20世纪80年代，原有汉白玉碑刻因为风化等原因出现碎裂，一直未能复原，后来仅找到了其中的一块，也风化严重。2006年6月，沧浪亭重新维修时，为恢复古亭旧观，经专业人士鉴定后，按原有风格重新刻制。

沧浪亭的平、立、剖面图，详见图5-6-8 ～图5-6-11。

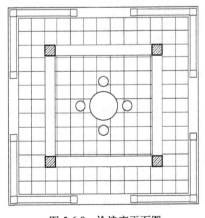

图5-6-8 沧浪亭平面图

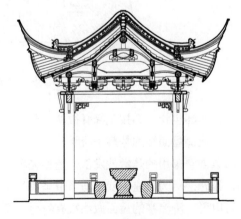

图5-6-9 沧浪亭剖面图

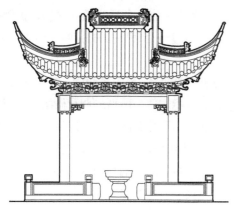

图 5-6-10　沧浪亭正立面图

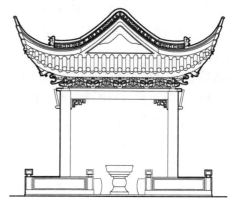

图 5-6-11　沧浪亭侧立面图

二、乳鱼亭——苏州园林中唯一的明代遗构

乳鱼亭位于艺圃东南部，西临水池，是苏州园林中唯一的明代遗构。亭为方形，单檐攒尖顶，屋面坡度平缓，亭顶造型简洁，具有明式建筑的特点。

亭之檐高3.05米，边长3.32米。四周檐枋之上置有斗栱，在转角斗栱间，另置有45°角的月梁，天花板又以四个散斗承托，这种构造在其他亭子中很少见。尤其珍贵的是，在斗栱、月梁、枋和天花板上，都有造型独到的草龙图案，更为别处所罕见，据资料介绍，亦为明代遗物。

（一）乳鱼亭的构架做法

乳鱼亭的构架，其做法相当独特，在苏州园林诸亭中较为少见，但是否属明代做法，作者不敢妄定，现将其做法介绍如下，供专家与同行考证。

乳鱼亭共设柱10根，其中4根为檐柱，檐柱断面为正八边形，上端为檐枋，上置斗盘枋。其余6根为立柱，支于檐枋之下，除临池一面外，其他三面均有2根立柱，立柱断面较檐柱略小，亦为正八边形。于柱间下部砌半墙，其上为吴王靠，供游人凭栏观景（图5-6-12）。

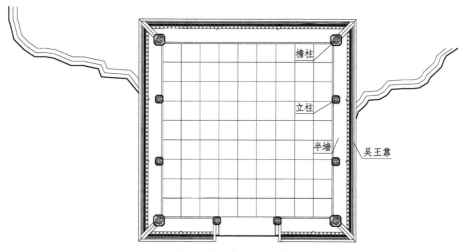

图 5-6-12　乳鱼亭平面图

檐桁与斗盘枋之间为牌科，檐下共设牌科 12 座，其中 4 座为角科，角科之栱，正侧两面均向外出参，故为斗三升十字牌科，其余每边 2 座均为斗三升一字牌科。檐桁断面亦为八边形，桁下为连机。

亭内构架，于四边檐桁之下的一字牌科上架设与正侧两面呈 45° 的搭角梁，搭角梁共四根，按扁作梁做法，其外形与拙政园远香堂的大梁相似，有可能这便是所谓的明代做法。每根搭角梁居中均设斗，斗上设斜栱，斜栱之上为挑杆，其做法与琵琶撑做法相似。斜栱与挑杆的出挑方向均与搭角梁成 90°，挑杆的上端设斗，斗上架桁，与下面檐桁平行，上下两桁间架设出檐椽。桁下为连机，相邻桁条之间均按戗交做法，以架设老戗，挑杆的下端与老戗底部相连。所架桁条构成一四方形，四方形内部为木制天花板，其上设一横梁，横梁居中立灯芯木，老戗之上端均汇合于灯芯木上。

乳鱼亭的构架做法见图 5-6-13、图 5-6-14。

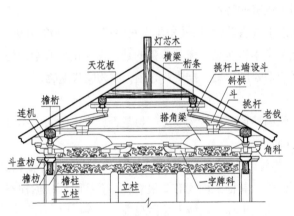

图 5-6-13　乳鱼亭构架剖面图

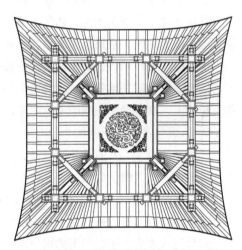

图 5-6-14　乳鱼亭构架与椽桁布置仰视图

乳鱼亭的牌科做法，该亭所有角科与现行的五七式牌科做法基本相似，但略有不同，主要不同在于栱背边缘的倒角，现行牌科仅于栱背边缘铲去宽 3 分的折角，称栱眼，栱眼与两升底处作倒圆处理。乳鱼亭的牌科，其倒角呈向下的弧形，而深度亦较之为大。中间的一字科，栱之居中未架升，而是开设一个斜向口子，以便架设搭角梁（图 5-6-15）。

五七式斗三升牌科立面

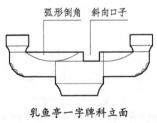

乳鱼亭一字牌科立面

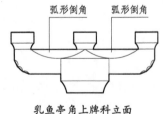

乳鱼亭角上牌科立面

图 5-6-15　牌科做法比较图

（二）乳鱼亭的屋面做法

乳鱼亭的屋面由小青瓦铺设，四坡攒尖顶，上部宝顶为葫芦形，极为简洁，且其屋面坡度较为平缓，与明式做法相符。

（三）有关乳鱼亭的其他介绍

在乳鱼亭里，无论内外，凡是桁、枋以及各种牌科构件的表面，包括顶部天花板上，均绘有各种大小不一、造型独特的草龙图案，为明代彩绘的陈迹，十分珍贵。为保护这笔珍贵的历史遗产，整座乳鱼亭，除了檐柱、立柱与吴王靠外，均未施油漆，而是仅作清洁性的保护处理，这样一来，反而使乳鱼亭显得更加古朴与高雅。

乳鱼亭的寓意有两种：一为"观乳鱼而罢钓"，是指要怜惜幼鱼；其二，"乳"即"饲"，指该亭为观鱼、喂鱼的好去处，是对其风景与环境的赞美。

亭内匾额"乳鱼亭"三字为苏州著名书法家张辛稼所书。抱柱联有两副："荷淑傍山浴鸥，石桥浮水乳鱼"为韩秋岩撰句，程可达所书。"池中香暗度，亭外风徐来"为朱延春撰句，钱太初所书。从两联中也能品味出乳鱼亭的寓意。

见图 5-6-16 ～图 5-6-18。

图 5-6-16　匾额立面图

图 5-6-17　乳鱼亭立面图

图 5-6-18　乳鱼亭剖面图

三、冷泉亭——全国第一座出口海外的亭子

冷泉亭，位于网师园西部小院——殿春簃庭院内。因其旁有泉，泉称涵碧泉，清澈寒峭，故亭名"冷泉亭"。

亭为方形半亭，面宽2.98米，深2.45米，檐高2.92米，依墙而建，亭之三面为湖石花台，体量不大，与小院格局十分相称。该亭为小青瓦屋面，攒尖顶，亭后围墙升高，于墙顶筑戗，故虽是半亭，却有四戗。亭墙巧妙结合，形成一体，颇为轻盈、别致，是殿春簃庭院内的重要一景。

美国纽约大都会艺术博物馆内的中国式庭园"明轩"，就是仿照网师园内的殿春簃庭院，于 1979 年由苏州园林工匠所建造的。明轩工程作为苏州园林的代表，开创了中国园林艺术走出国门的先河，冷泉亭亦随之成为首座出口海外的亭子，而名闻中外。

（一）冷泉亭的构架做法

冷泉亭为方形平面，面宽 2.98 米，深 2.45 米，檐高 2.92 米。经推算，其面宽与进深之比，大于一般方形攒尖半亭的 2 : 1，为 2 : 1.64，故其构架不能按攒尖方亭的一半去做。但其具体做法又因亭内设有平顶而无法实测，以下关于冷泉亭的构架做法，系作者参考有关资料及实地考察后，结合《营造法原》做法所作的一家之言，以供读者参考，若与该亭实例不符，请以实例为准。

冷泉亭的构架做法是：于四根檐柱上端架桁，桁下为枋，相邻两桁均须按敲交做法。

于前檐桁上，架两根长度相等的搭角梁，分别搭在两侧的边檐桁上，其相交角度均为 45°。搭角梁均居中设童柱，与两童柱之上架山界梁相连。山界梁之两端分别架左、右金桁，金桁与山界梁亦须按敲交做法，以便安装戗角。在后檐桁上设童柱二，童柱之上也架山界梁，其位置须与搭角梁上同类构件相对应，左、右金桁的另一端则架于后檐的山界梁上。

于左、右金桁及前面山界梁上，共三面架设出檐椽，出檐椽伸出檐桁之外，椽端为飞椽。戗角为嫩戗发戗做法，摔网椽根数为 5 根。

于后檐山界梁上，居中立灯芯木，设两根糙戗，糙戗的上端支于灯芯木上，其下端连于老戗木的后端。糙戗的两侧均架糙椽，糙椽的下端则架于出檐椽之上，其具体位置须随屋面坡度而调整，可缓可陡。糙椽之上，铺钉鳖壳板，以铺设出合适的屋面坡度。

见图 5-6-19、图 5-6-20，图示做法为相同类型之半亭的设计构想，并非冷泉亭的测绘图，仅供读者参考。

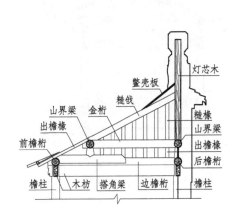

图 5-6-19　冷泉亭屋架剖面图

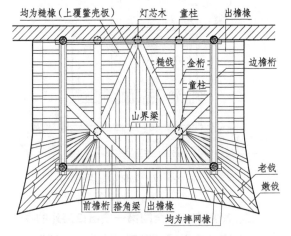

图 5-6-20　冷泉亭屋架及椽桁布置仰视图

（二）冷泉亭的屋面做法

冷泉亭为小青瓦铺设，攒尖顶，坡度较缓，嫩戗发戗，戗角高翘，十分轻盈。上覆方形砖细宝顶，制作精细，显得古朴典雅。

冷泉亭的屋面，一改普通攒尖方形仅有两座戗角的做法，将亭后的围墙局部升高，在与亭顶相交处做双落水的瓦顶，瓦顶缓缓向下做出弧状，继而相平，形成一条对称的优美曲线。瓦顶之上，于宝顶两侧各筑水戗一条，戗随瓦顶缓缓向下，复而向上伸出，外形十分舒展。墙与亭巧妙结合，墙亭一体，其做法颇为别致，在苏州园林诸亭中为孤例，堪称经典。见图 5-6-21 ～图 5-6-24。

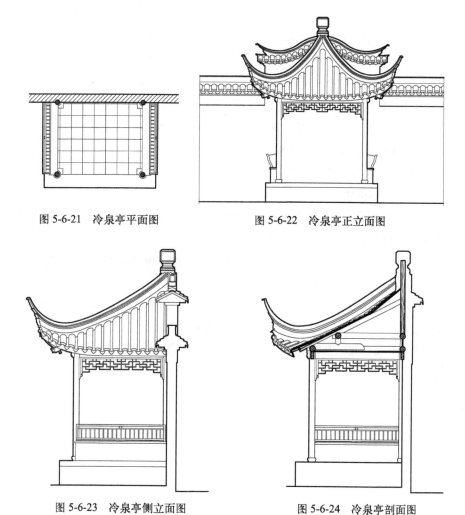

图 5-6-21　冷泉亭平面图　　　　　　　　图 5-6-22　冷泉亭正立面图

图 5-6-23　冷泉亭侧立面图　　　　　　　图 5-6-24　冷泉亭剖面图

（三）有关冷泉亭的其他介绍

冷泉亭的天棚为木板平顶，后檐枋上有清水匾额一块，上书"冷泉亭"三字，亭内不施任何装饰，简洁而又素雅。

亭中置灵璧石一块，为大型立峰观赏石，形似展翅欲飞的苍鹰，故名鹰石。此石高约 2 米，最宽处约 50 厘米，呈乌褐色，底座为太湖石做成。凑近凝视，表面间有白色经络，皱褶密布，叩之铿然有声，有如金玉，整石玲珑剔透，仿佛苍鹰生命依然，是灵璧石中的珍品。据说，该石原在苏州才子唐伯虎位于桃花坞的故宅之内，后辗转流传到此。

亭之外檐，三面枋下均悬有挂落，制作精美。两侧檐柱下端砌有半墙，其上为砖细面砖与吴王靠，游人凭坐倚栏于此，真所谓"坐石可品茗，凭栏能观花"，令人赏心悦目。

四、天泉亭——苏州园林中体量最大的亭子

天泉亭位于拙政园东部，是一座重檐八角亭，亭内有古井，名天泉，为元代遗物，故亭以井名，称天泉亭。

天泉亭在苏州园林中素有"体量最大的亭子"之称，该亭平面呈正八边形，底层边宽3.38米，总宽为8.76米，底层檐高3.58米，上层边宽2.30米，总宽为5.60米，上层檐高6.10米（其中净高为2.52米）。自底层室内地坪至亭顶，高度为9.65米，若是从花岗石台基底部高度算起，该亭总高度达到10.16米，体量确实很大，为此，是亭是阁，孰优孰劣，一时颇受争议。但是拙政园东部景区疏朗自然，林木葱郁，绿草如茵，以田园风光为主，建筑物较少。该亭地处一片草坪中间，又是重檐八角亭，因此体量虽大，但比例协调，造型优美，飞檐翘角，十分壮观。在古树绿荫的掩映下，从远处看来，仍不失为一个好的景点。

（一）天泉亭的台基做法

天泉亭坐落于金山石制作的台基之上，台基平面呈正八边形，边宽约3.63米，台基较高，露出室外地坪约50厘米。

台基做法，于基础之上，露出地面部位内砌衬石，其外侧砌筑侧塘石，侧塘石上方铺设阶沿石，阶沿石宽30厘米，高15厘米，与室内地坪相平。

台基外围，四面设置踏步，以方便游人上下通行，踏步两侧为菱角石。木柱之下均设鼓磴，鼓磴置于磉石之上，其中位于阶沿石边上的磉石，称半磉。

天泉亭台基的平面布置以及剖面做法，见图5-6-25～图5-6-27。

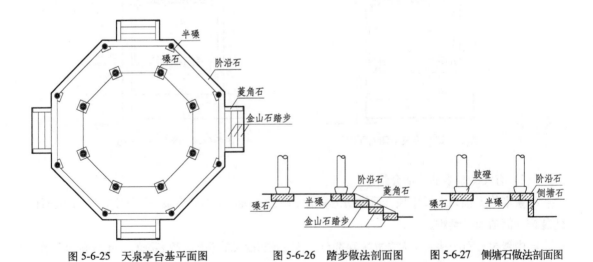

图 5-6-25　天泉亭台基平面图　　　图 5-6-26　踏步做法剖面图　　　图 5-6-27　侧塘石做法剖面图

（二）天泉亭的构架做法

1.上层构架做法

天泉亭的构架有内、外两个柱网，分别形成两个同心的正八边形，其中内柱又称步柱，通

长升至上层檐桁底，以支撑上层构架。现将上层构架的具体做法介绍如下：

步柱外侧设蒲鞋头，上架云头与梓桁。檐桁之下为连机，相邻檐桁之间须敲交相连，于相对应的檐桁居中架搭角梁，使之组成一个正方形的框架。框架的每边均架两根童柱，童柱之上架桁条，与檐桁平行，称下金桁，下金桁之间须敲交相连，形成一个正八边形的框架。

具体做法，见图5-6-28、图5-6-29。

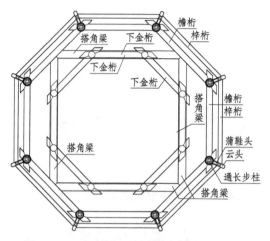

图 5-6-28　上层构架平面布置仰视图一

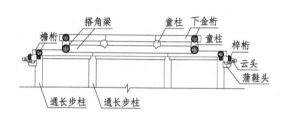

图 5-6-29　上层构架做法剖面图一

于四边形框架之上的下金桁上，与之成45°方向，架两根搭角梁，为叙述与图示方便，将搭角梁分别编号为"搭角梁一"与"搭角梁二"。再设两根横梁，架于搭角梁上，也将其编号为"横梁一"与"横梁二"。所架搭角梁以及横梁的位置须经过计算或放样而定，使之形成一个正方形的框架。

具体做法，见图5-6-30、图5-6-31。

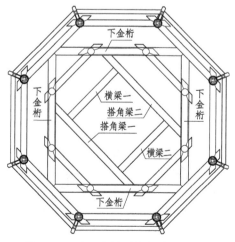

图 5-6-30　上层构架平面布置仰视图二

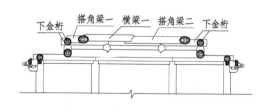

图 5-6-31　上层构架做法剖面图二

正方形的框架上，每边又架两根童柱，所架童柱有高有矮，架于搭角梁者要高，架于横梁者稍矮，使其上口相平，以便架设桁条。所架桁条与下金桁平行，称为上金桁，相邻之间敲交相连，再次形成一个正八边形的框架。

见图 5-6-32、图 5-6-33。

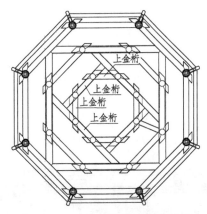

图 5-6-32　上层构架平面布置仰视图三

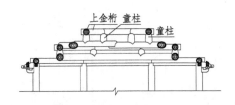

图 5-6-33　上层构架做法剖面图三

至此，上层构架便形成三道由桁条所组成的正八边形框架，自下而上，分别是檐桁、下金桁、上金桁。

在正八边形的中心（即亭的中心）设置灯芯木，灯芯木由八根老戗木作支撑。于灯芯木、上金桁、下金桁以及檐桁间，分别铺钉头停椽、花架椽、出檐椽，出檐椽之端部为飞椽。上层构架的戗角，按嫩戗发戗做法，摔网椽之分位线交汇于下金桁处。

其具体的平面布置及剖面做法，见图 5-6-34、图 5-6-35。

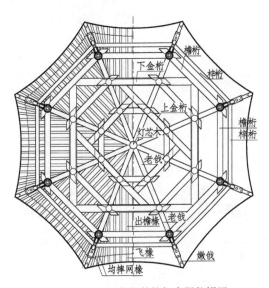

图 5-6-34　上层构架的椽桁布置仰视图

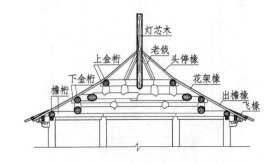

图 5-6-35　上层构架的椽桁做法剖面图

2. 下层构架做法

天泉亭的下层，将步柱外围做成回廊，其构架的具体做法是：于步柱之前立檐柱，檐柱与步柱之间做廊轩，轩为一枝香轩，轩梁一端连于步柱，一端连于檐柱并挑出桁外做云头，上挑梓桁，云头之下承以蒲鞋头。檐柱上端架檐桁，桁下分别为连机、夹堂板与檐枋。步柱之间设步枋相连，步枋之上为夹堂板，夹堂板外侧，于步柱之间架设通长的半片圆桁条，以架下层出檐椽。出檐椽的下端，伸出檐桁之外，端部设飞椽。下层的戗角做法与上层相同，亦为嫩戗发戗。

出檐椽之下为一枝香轩，具体做法是：轩梁居中设斗，斗旁为抱梁云，斗上架机、架轩桁，轩桁两侧为弯形轩椽。

下层构架做法，见图5-6-36、图5-6-37。

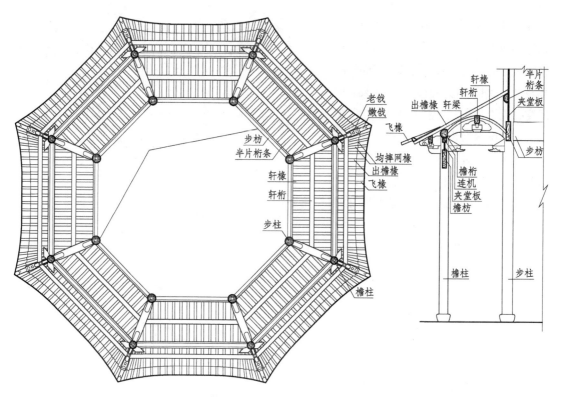

图 5-6-36　下层构架的椽桁布置仰视图　　　　图 5-6-37　下层构架的做法剖面图

（三）天泉亭的屋面做法

天泉亭的屋面由小青瓦铺设，所有戗脊均为嫩戗发戗，上层屋面顶部为八角砖细宝顶，下层屋面的上端，筑有赶宕脊，赶宕脊绕步柱周边兜通。

（四）天泉亭的室内做法

1. 平顶做法

天泉亭的室内吊有平顶，平顶沿上层檐桁内侧周边兜通，呈正八边形，平顶高度位于搭角梁底部，平顶中间向上凸起，沿搭角梁之上的方形框架周边兜通，其高度位于第二层搭角梁之底部，凸起部分的平顶呈四方形。

2. 地面做法

天泉亭的地面由方砖铺设而成。亭的中心为古井，为了与天泉亭的造型相协调，井边的木制围栏也做成八边形，方砖铺设时，亦自阶沿内侧，以井为中心，向内作放射形铺设。

3. 门窗及其他装修做法

天泉亭的檐柱之间，枋下均悬装挂落，其下部砌有半墙，墙高约50厘米，铺设砖细面砖，以供游人凭坐休憩。所砌半墙，除在有踏步的四边留有通道口之外，其余四边均为通间砌筑。步柱之间，枋下装有长窗或半窗，其中作为通道的四边装长窗，其余的四边装半窗，半窗以下为半墙。因步枋底至地面的距离较大，故长窗与半窗的上部均装有横风窗，无论长窗、半窗或横风窗，其窗扇的窗芯图案均为八角龟纹锦。长窗与半窗，每边均装四扇。于上层檐下，周边装有短窗，短窗装在上槛与下槛之间，每边亦为四扇，槛下与步枋之间为木裙板。

以上做法，见图5-6-38～图5-6-40。

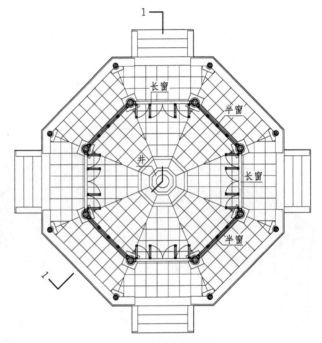

图 5-6-38　天泉亭平面图

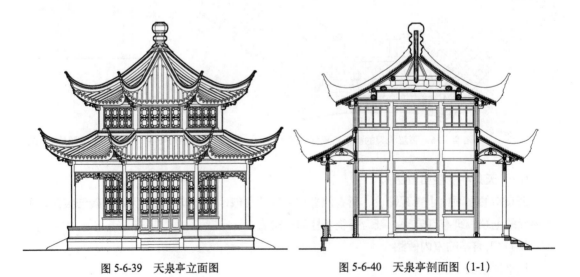

图 5-6-39　天泉亭立面图　　　　图 5-6-40　天泉亭剖面图（1-1）

五、梧竹幽居亭——唯一带有回廊的单檐攒尖方亭

梧竹幽居亭，位于拙政园中部水池的东端，平面呈正方形，边宽 5.36 米，檐高 2.75 米。亭内四面设墙，周边带有回廊，但廊、亭屋面一体，仍为单檐做法，是苏州园林中唯一带有回廊的单檐攒尖方亭。另外，亭内粉墙之上开有四个大小统一、做法相同的圆形洞门，无论是在亭内还是在亭外，都能给游人带来不同的视觉效果，因此很受游人喜爱。该亭建筑风格独特，构思巧妙别致，是拙政园中部池东的主要观赏景点。

（一）梧竹幽居亭的构架做法

梧竹幽居亭平面呈正方形，共列柱 16 根，其中步柱 4 根，檐柱 12 根。步柱与檐柱之间为廊，每根步柱均与 3 根檐柱设川相连，因此该亭之立面，每边相同，均为三开间做法。

檐柱之上为檐桁，桁下为连机，转角相交的檐桁须按敲交做法，以便安装戗角。步柱之上为步桁，桁以下分别为连机、夹堂板与步枋，相邻步桁之间须按敲交做法。戗角的老戗木即安装在步桁及檐桁之转角处，老戗两边为摔网椽，根数为每边 7 根，按嫩戗发戗做法。亭之出檐椽架于步桁与檐桁之上，椽端为飞椽。

步桁之上，其屋架做法与普通攒尖方亭相同。具体做法是：于四根步桁之上，居中架设与步桁 45°相交的搭角梁，搭角梁居中立童柱，童柱之上架金桁，形成一个正方形的框架，相邻金桁之间按敲交做法。两根相对的金桁之上，居中架设横梁，横梁之上为灯芯木，四根老戗上端均向上延伸，相交于灯芯木上，并对灯芯木起到支撑作用。

具体做法，详见图 5-6-41、图 5-6-42。

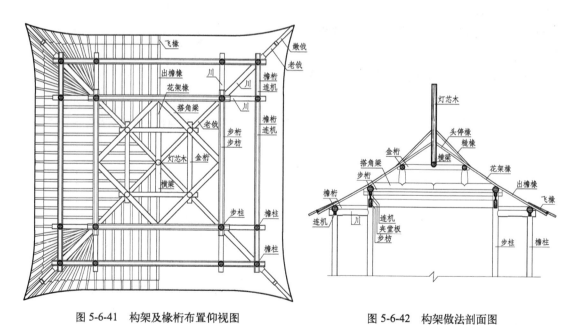

图 5-6-41　构架及椽桁布置仰视图　　　　图 5-6-42　构架做法剖面图

（二）梧竹幽居亭的屋面做法

梧竹幽居亭的屋面由小青瓦铺设，攒尖顶，宝顶由清水磨细方砖制成，造型优美，制作精

细。四条戗脊均为嫩戗发戗，外形舒展，线条流畅。该亭因屋面体量较大，故坡度较缓，使整座亭子显得十分稳重、大方。

（三）梧竹幽居亭的室内做法

亭内四面步枋之下均为白色粉墙，每面墙上均开有大小相同的圆形门洞。门洞周边用砖细门套作装饰，门套凸出墙面少许，青砖白墙，古色古香，简洁大方。

亭内地面用方砖铺地，亭之中心置有石制方桌一张。四边阶沿石之外侧，各设踏步石一块，以供游人上下、出入。

亭之四面檐下，均于檐柱之间安装挂落，以作装饰。檐柱下方砌有半墙，半墙高约50厘米，上铺砖细面砖。所砌半墙，均于踏步石处留出通道口，供游人出入。

四面回廊，按普通走廊做法，仅施油漆，任其屋架外露，反而显得高爽、自然，而于步柱之内，吊有平顶，平顶高度位于步桁之下。

墙之一面，于步枋之上，安装匾额一块，额上"梧竹幽居"四字为明代苏州才子文征明所题，两旁对联"爽借清风明借月，动观流水静观山"为清末书法家赵之谦撰书，匾额与对联均为清水做法，由银杏木制成，字为黑色，以撒煤作装饰，显得古朴典雅。

梧竹幽居的匾额与对联，详见图5-6-43、图5-6-44。

梧竹幽居的平、立、剖面图，详见图5-6-45～图5-6-47。

图 5-6-43　梧竹幽居匾额

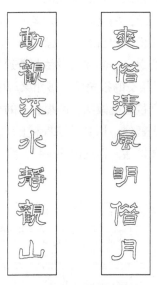

图 5-6-44　梧作幽居对联

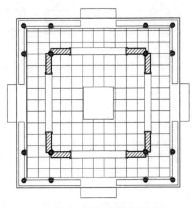

图 5-6-45　梧竹幽居亭平面图

图 5-6-46　梧竹幽居亭立面图

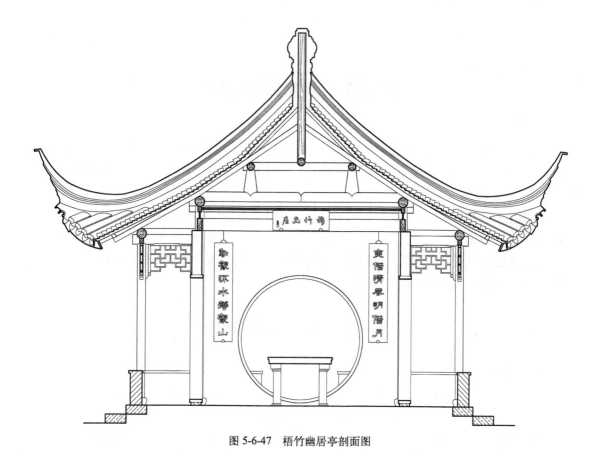

图 5-6-47　梧竹幽居亭剖面图

第六章　苏州园林的廊

苏州古典园林中的建筑种类较多，布置方式也因地制宜，变化灵活。各类建筑除满足功能要求外，还应与周边景物和谐统一，从而形成主次分明、形式丰富和生动活泼的优美画面，达到最佳的观赏效果。

建筑之间常用走廊连接，以组成观赏路线，可以说，走廊在园林中既是联系建筑物的脉络，又常是风景的导游线。它的布置往往随形而弯，依势而曲，蜿蜒逶迤，富有变化，并且起到划分空间、增加风景深度的作用。这种以走廊作为纽带，将建筑及周边景物联系起来，并融为一体的方法，是苏州园林中常用的一种造园手法。

第一节　廊的形式与名称

一、廊的形式

廊为园林中应用较多的建筑类型之一，其形式分为直廊、曲廊、波形廊、复廊四种：

1）直廊：平面为直形的走廊，称直廊。

2）曲廊：平面呈曲折之廊，称曲廊，将数段直廊按不同角度连在一起，即成曲廊。

3）波形廊：带坡度之走廊，称波形廊，其平面形式分直廊形与曲廊形两种。

4）复廊：将两廊并为一体，中间隔一道墙，墙上设漏窗，两面都可通行，屋面为双坡，这种形式称复廊。复廊的平面形式也有多样，有直廊形的，如狮子林的复廊，有曲廊形的，如怡园的复廊，有既曲又呈波浪形的，如沧浪亭的复廊。

二、廊的名称

廊若按其位置分，则有沿墙走廊、空廊、回廊、楼廊、爬山廊、水廊等多种名称，现将其具体位置分别介绍如下：

在曲廊中，有一部分依墙而建，有一部分则转折向外。沿墙走廊便是曲廊中依墙而建的部分，而空廊则是其转折向外的部分。

回廊是指厅堂四周的走廊。按形式分，回廊属曲廊，其相交角度为90度。

楼廊即上下两层走廊，多用于楼厅附近，故又称边楼，平面形式以直廊形居多。

爬山廊建于地势起伏的山坡上，不仅可以把山坡上下的建筑联系起来，而且走廊的造型高低起伏，丰富了园景。按形式分，爬山廊属波形廊，其平面形式分直廊形与曲廊形两种。

水廊凌跨于水面之上，能使水面上的空间半通半隔，增加水源的深度与水面的辽阔，其形式以带坡度的曲廊居多。

第二节　廊的具体做法

一、廊的立面

廊的造型以轻巧玲珑为上，不宜过于高大，柱距在3米上下，柱径约15厘米，柱高2.5米左右，进深亦不宜太深，一般仅二界，深约1.2～1.5米，出檐多在40～50厘米之间。

除沿墙走廊外，廊的屋面都为双坡落水，故屋面体量不大，基本上采用小青瓦屋面，黄瓜环脊，因此尤觉轻巧。

廊的立面开敞通透，廊柱之间，上设挂落，下为半墙或半栏。亦有一面开敞、一面砌墙，而于墙上设空窗或漏窗，以增加风景深度。廊的立面，详见以下几则图例：

曲廊多逶迤曲折，有一部分依墙而建，其他部分则转折向外，因而由廊及墙划分出若干不同形状的空间，栽花布石，布置小景，这是苏州园林常用的手法之一。沿墙的走廊其屋顶大多采用单面坡式，一般不做屋脊，仅以攀脊或泛水作为收头，颇觉轻巧自然。而转折向外的走廊，屋面则为双坡，黄瓜环脊，显得轻盈简洁，曲廊立面，详见图6-2-1。

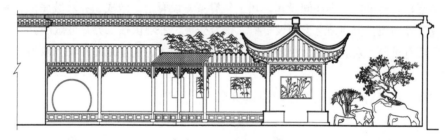

图 6-2-1　曲廊立面图

波形廊就是带坡度的走廊，其平面形式分直廊形与曲廊形。波形廊也有单坡与双坡之分，其剖面及做法与曲廊基本相同。

园林内有山又有水，因此有的建筑依山，有的建筑傍水。波形廊不仅可以把园林内不同标高的建筑联系起来，而且走廊的造型也因此而高低起伏，丰富了园景，见图6-2-2。

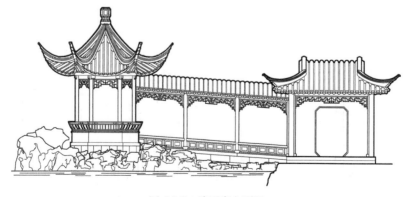

图 6-2-2　波形廊立面图

将两廊并为一体,中间隔一道墙,墙上设漏窗,两面都可通行,屋面为双坡,这种形式称复廊。复廊的剖面与立面,见图6-2-3。

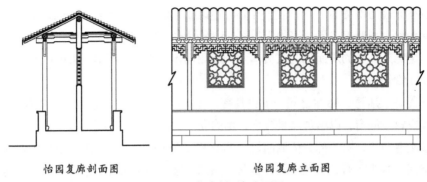

怡园复廊剖面图　　　　　　　　　怡园复廊立面图

图6-2-3　复廊剖面与立面图

二、廊的梁架

廊的梁架较为简单,于廊柱间设川,川上架脊童,设脊桁,做成二界双坡屋顶。有的梁架将内部做成三界回顶,但回顶之上须设草桁,铺鳌壳板,外观仍按二界双坡做法。

廊之屋顶有单坡、双坡之分,沿墙走廊均采用单坡形式,而复廊屋顶都为双坡,其内部可做成各种轩式。

常见的几种走廊剖面图见图6-2-4～图6-2-6。

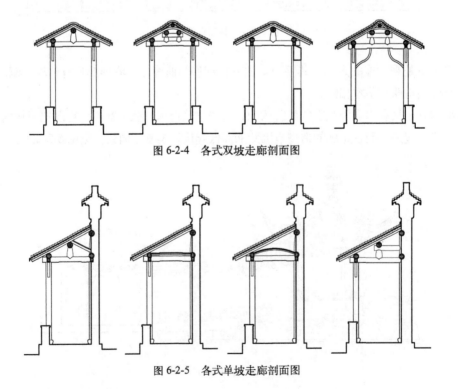

图6-2-4　各式双坡走廊剖面图

图6-2-5　各式单坡走廊剖面图

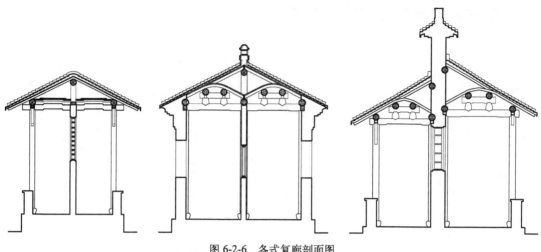

图 6-2-6 各式复廊剖面图

三、走廊屋面与其他建筑的连接方式

廊既然是联系建筑物的脉络，它势必与建筑物相连接。走廊屋面与其他建筑的连接方式，大致可分为以下三种情况：

（一）与硬山厅堂相连接

走廊与硬山厅堂相连，其相连处走廊的第一楞瓦应为底瓦，且要做泛水，以防漏水。泛水的具体做法，见图 6-2-7 所示。

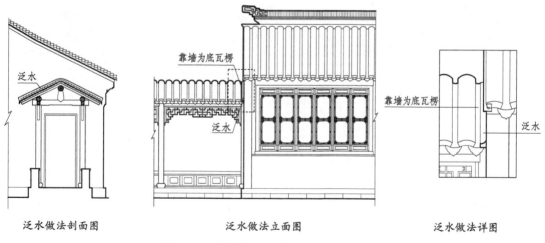

泛水做法剖面图　　　　　泛水做法立面图　　　　　泛水做法详图

图 6-2-7 走廊与硬山厅堂连接处的泛水做法

（二）与歇山厅堂相连接

走廊与歇山厅堂相连，其相连处走廊的第一楞瓦应为盖瓦，其出檐椽在出檐部位往往做博风板为收头，上做边楞，但也可直接以边楞作为收头，不过这是较为简单的做法。走廊山尖与厅堂空隙处应封木板，以防风雨。

设有博风板的具体做法，详见图 6-2-8 所示。

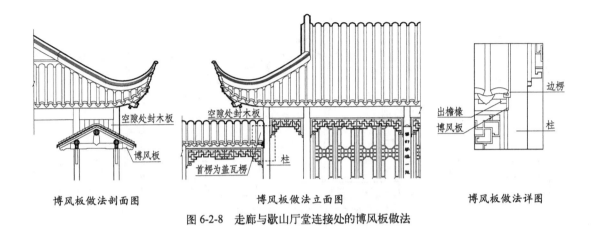

博风板做法剖面图　　　　　　　　博风板做法立面图　　　　　　　　博风板做法详图

图 6-2-8　走廊与歇山厅堂连接处的博风板做法

（三）与亭子相连接

走廊与亭子相连接，有以下两种情况：其一，走廊屋脊高度低于亭子檐口高度；其二，走廊屋脊高度高于亭子檐口高度，详见图 6-2-9、图 6-2-10 所示。

图 6-2-9　走廊屋脊低于亭子檐高的图例　　　　图 6-2-10　走廊屋脊高于亭子檐高的图例

若走廊的屋脊高度低于亭子的檐口高度，其处理方法较为简单，按照上述连接歇山厅堂的做法即可。

若走廊的屋脊高度高于亭子的檐口高度，则应先处理木结构部位，其具体做法是：先将亭子与走廊相交处之出檐椽缩短至该亭之檐桁，再将走廊脊桁延伸至亭子望砖上部，在脊桁延伸部分的两侧，铺设鳖壳板，该做法俗称爬龙梢。然后安装走廊木椽子，注意：走廊及亭子露明的椽子均须保持完整。再在椽子之上铺设望砖与瓦片，走廊与亭子屋面相交处做斜沟，用以排水，斜沟做法另详。

具体做法，详见图 6-2-11 ～图 6-2-13。

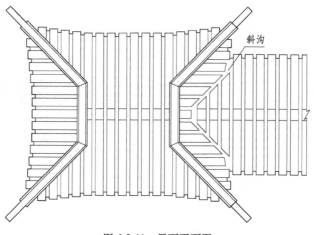

图 6-2-11　屋面平面图

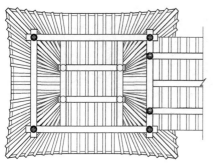

图 6-2-12　屋架做法仰视图

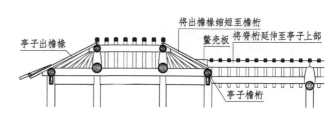

图 6-2-13　屋架做法剖面图

四、曲廊屋面的连接及其细部做法

将数段直廊按不同角度连在一起，即成为曲廊。曲廊之间的廊段连接，其相交方式，常见的有两种，即直角相交与钝角相交，见图 6-2-14、图 6-2-15。

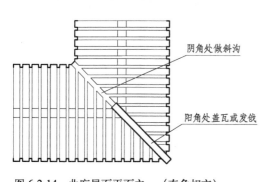

图 6-2-14　曲廊屋面平面之一（直角相交）

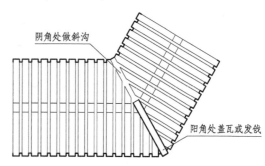

图 6-2-15　曲廊屋面平面之二（钝角相交）

因是双坡落水，在两屋面的相交部位，其阳角处做攀脊，上覆盖瓦，或于攀脊上发水戗，而在阴角处则做斜沟，用于排水。

详见以下图例：

1）阳角为"盖瓦做法"，注意：若是黄瓜环脊，阳角须过屋脊中，以免漏水，见图6-2-16。

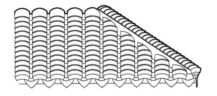
直角相交曲廊立面

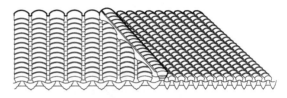
钝角相交曲廊立面

图6-2-16 阳角"盖瓦做法"之图例

2）阳角为"发戗做法"，同样，其阳角也须过屋脊中，见图6-2-17。

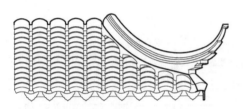
直角相交曲廊立面

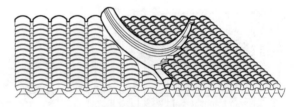
钝角相交曲廊立面

图6-2-17 阳角"发戗做法"之图例

3）在两屋面相交部位，其阴角处应铺设一条底瓦楞，用于排水，该底瓦楞称为斜沟。

为利于排水，斜沟须用斜沟瓦铺设，斜沟底瓦宜解口，其檐口处用斜沟滴水。与斜沟相交的瓦楞，称为百斜头。

斜沟底瓦之间的搭盖不应小于15厘米，斜沟两侧的百斜头伸入沟内不应小于5厘米，以免漏水。斜沟做法详见图6-2-18，图6-2-19。

将此处打薄

图6-2-18 解口做法示意图

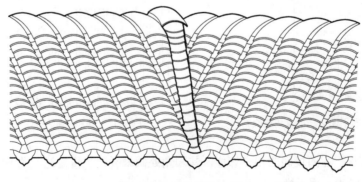

图6-2-19 斜沟做法示意图

五、廊在设计与施工时的技术要点

（一）曲廊的技术要点

曲廊实际上是折廊，由数段直廊连接在一起，因此，在设计与施工时，两个直廊段的相交线一定要是其交角的角平分线，否则两段走廊的宽度（进深）将不统一，详见图6-2-20所示。

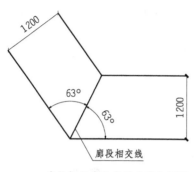

廊段相交线是角平分线之图例

廊段相交线非角平分线之图例

图6-2-20　两种廊段相交线的比较图

（二）波形廊的技术要点

由于波形廊带有坡度，其平面形式也分直廊形与曲廊形两种。在设计曲廊形式的波形廊时，其中带坡度的廊段两边的边长必须相等，否则其屋面会呈翘裂状，同样，该廊段的地坪也如此，见图6-2-21。

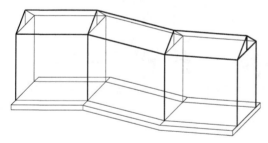

坡度廊段边长相等之图例

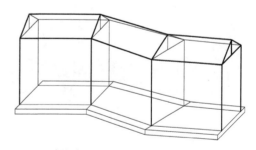

坡度廊段边长不相等之图例

图6-2-21　两种坡度廊段的比较图

总之，在走廊的设计与施工中，其构造方式可根据不同的要求灵活处理，但仍须遵循上述两个技术要点，否则将影响设计效果并增加施工难度。

第三节　廊的精选实例

苏州园林中廊的运用灵活多变，形式众多，尤以拙政园为甚，各式走廊应有尽有，可谓是廊之大全。现以拙政园为例，将各种廊的实例介绍如下：

一、拙政园水廊

拙政园水廊，是苏州园林中一条著名的长廊，位于倒影楼前的水池东侧，沿墙随地势之曲折起伏，跨水而建，凌水若波，构筑别致。水廊南起别有洞天亭，北与倒影楼相接，共设走廊十六间，总长约为43米。

中段走廊向外凸出，设有小榭，称为钓鱼台，其底部悬空，以增加水源深度和水面的辽阔，并使水廊立面有所变化，显得生动活泼。榭后留出小院，沿墙堆叠花坛石峰，点缀花木，景色秀丽，具有一定的观赏效果。

钓鱼台往北，走廊地坪逐渐升高，至最高处以湖石叠成水洞，使两边水面沟通，并在沿墙开设漏窗，使水面以上的空间半通半隔，这些手法都对丰富园景产生了良好效果。

拙政园水廊的平面与立面，详见图6-3-1、图6-3-2。

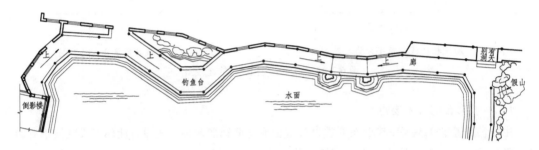

图 6-3-1　拙政园水廊平面图

图 6-3-2　拙政园水廊立面图

钓鱼台为一座2.5米见方的歇山方亭，檐高3.1米，三界圆作回顶，水戗发戗。底部临水处，砌筑湖石驳岸，用以挡水固土。钓鱼台的底部架有石梁与石板，使底部悬空，石梁两端以湖石相叠作支撑。

走廊深为1.75米，檐高2.65米，构架为三界回顶，上设草脊桁，做成双坡落水，小青瓦铺设。底部临水处，砌筑驳岸，驳岸之上架石梁石板，因石梁前端多数未设支撑，为防止倾覆，将石驳岸砌在廊深的一半距离处，以减小走廊底部的挑出长度，使之更为安全。

具体做法，详见图6-3-3～图6-3-5。

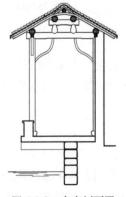

图 6-3-3　走廊剖面图

图 6-3-4　钓鱼台立面图

图 6-3-5　钓鱼台剖面图

二、拙政园爬山廊

拙政园爬山廊位于见山楼西侧，西起水廊，东与见山楼西侧边楼上层相接，依假山地势，蜿蜒曲折向上，是登上见山楼上层的主要通道。

爬山廊共设九间，总长约 21.4 米，廊深 1.65 米，檐高 2.50 米。梁架为三界回顶，上设草脊桁，做成双坡落水，小青瓦铺设，黄瓜环脊，显得轻盈简洁。廊之朝北一面，立面开敞，上悬挂落，下砌半墙，另一面粉墙到顶，辟有花窗或门洞，使两面景色相互渗透，增加了景深。

拙政园爬山廊，随地形高低起伏，立面简洁明快，与底部假山形成浑厚与精巧的对比，在古木绿树的掩映下，别有一番山林情趣。详见图 6-3-6 ～图 6-3-8。

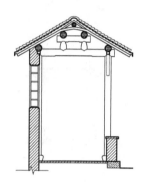

图 6-3-6　爬山廊剖面图

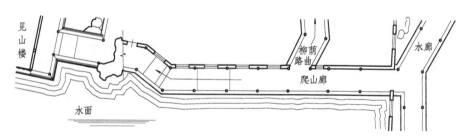

图 6-3-7　拙政园爬山廊平面图

图 6-3-8　拙政园爬山廊立面图

三、拙政园楼廊

拙政园见山楼，因楼内不设楼梯，于是在楼西另设楼廊，取代楼梯。楼廊上层与西部爬山廊相接，游人上楼可绕道爬山廊，或于楼西假山蹬道直接登上爬山廊顶端，以增添几分登山情趣，可谓是设计巧妙，别具匠心。

楼廊底层，连于见山楼西侧走廊，西与曲廊"柳荫路曲"之北端相接，游人可由此进入楼内，楼廊底部以石板架空，使楼之前后水面相通。

楼廊宽 1.88 米，与相接的西侧走廊面宽相同，底层长为两间，上层长为三间。楼廊之楼面高度为 2.85 米，上层檐高 5.44 米，距楼面的净高度为 2.59 米，均与见山楼相同。

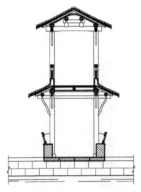

楼廊上层屋架为三界回顶，底层以琵琶撑为支撑，将屋架做成雀宿檐形式，上覆屋面。楼廊屋面均由小青瓦铺设，上层为黄瓜环脊，与爬山廊做法相协调，底层屋面的上端为赶宕脊，屋面檐口，上下两层均与见山楼檐口相平。

底层廊柱之间均上悬挂落，下砌半墙，半墙之上为吴王靠，与见山楼底层外檐做法相同。上层外檐装修，下部为木制栏杆，栏杆之上为和合窗，窗之形式与做法均与见山楼和合窗相同。所不同的是，楼廊的和合窗能够拆脱，若将窗扇拆下，便可换装挂落，因此，上层的装修立面可随季节的不同而更换，更加提升了其观赏价值。

楼廊做法，详见图 6-3-9 ～图 6-3-13 所示。

图 6-3-9　拙政园楼廊剖面图

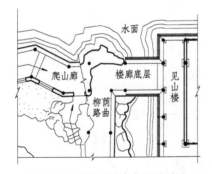

图 6-3-10　拙政园楼廊底层平面图

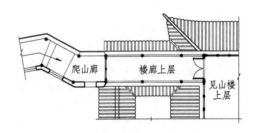

图 6-3-11　拙政园楼廊上层平面图

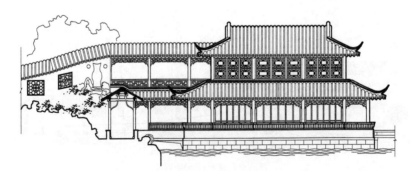

图 6-3-12　拙政园楼廊与见山楼之南立面图

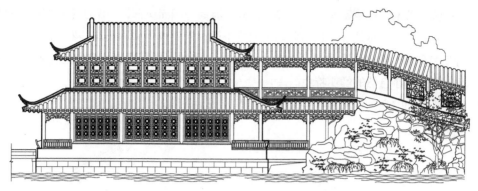

图 6-3-13　拙政园楼廊与见山楼之北立面图

四、拙政园曲廊

　　在拙政园中，对于曲廊的运用尤为自如，其中值得一提的是位于见山楼西南侧的一组著名曲廊——"柳荫路曲"。

　　在见山楼南侧池面上有一座五曲石桥，但桥身空透，桥栏低平，保持了池面开阔浩淼之势。桥西所连走廊即为"柳荫路曲"，柳荫路曲平面呈"Y"形，由三条曲廊所组成，现分别介绍如下：

　　其一，自五曲石桥起，曲廊沿池畔转折向北，与见山楼西侧楼廊底层相接；其二，廊从石桥分出，转向西南，是通往拙政园西部的主要通道之一，一路蜿蜒曲折，与"别有洞天"亭沿墙相接；该廊在延伸数间后，廊架之上悬有一匾，上书廊名"柳荫路曲"，此处又有一廊分出，转而曲折向北，与见山楼西部爬山廊中部相接，这便是"柳荫路曲"中的第三条曲廊。其具体的平面布置，详见图6-3-14所示。

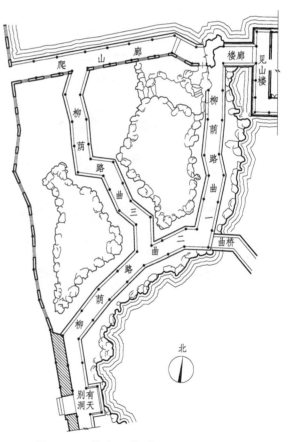

图 6-3-14　拙政园"柳荫路曲"平面布置图

　　走廊深为1.65米，檐高2.45米，梁架形式为三界回顶，上架草脊桁，做成双坡落水。走廊屋面由小青瓦铺设，黄瓜环脊作顶，轻盈简洁，朴素淡雅。

　　走廊立面开敞、通透，除与别有洞天亭相接的两间走廊是单面檐墙到顶外，其余均为空廊，廊柱之间，上悬挂落，下砌半墙。

　　游人行走于廊内，只见两侧丛竹乔木相掩，林木葱郁，浓荫蔽日，廊之临水处，池岸高低曲折，散植藤蔓灌木，藤萝蔓挂，低枝拂水，显得池面开阔而深远，一派江南自然山水风光。

柳荫路曲的一大特点是妙于利用曲廊来划分空间，所围成的庭园既与外界有所分隔，又使内外空间互相穿插，并以古老的枫杨作为构图背景，增加了景深层次，在山池花木的映衬下，具有开阔疏朗、明净自然的鲜明特色。

柳荫路曲走廊的立、剖面图，详见图 6-3-15 ～图 6-3-19。

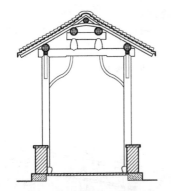

图 6-3-15　柳荫路曲走廊剖面图一

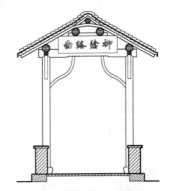

图 6-3-16　柳荫路曲走廊剖面图二

图 6-3-17　柳荫路曲走廊立面图一（石桥至楼廊）

图 6-3-18　柳荫路曲走廊立面图二（石桥至别有洞天亭）

图 6-3-19 柳荫路曲走廊立面图三（"柳荫路曲"牌匾至爬山廊）

五、拙政园复廊

拙政园的东部与中部以复廊相隔，复廊为南北走向，南起半亭，北至围墙，共设走廊二十余间，长约 64 米。

复廊两边景色不同，风格迥异。其东边有一道水涧，水涧两侧绿树古木参天，浓荫遮地，池岸曲折，藤萝蔓挂，以自然山水为主；而西边则是中部水池的东岸，有梧竹幽居、倚虹亭、海棠春坞、听雨轩等多个景点，亭榭精美，池广树茂，是全园的精华部分。因此，设复廊作为两边景色的过渡，尤觉自然。

拙政园复廊的剖面做法与沧浪亭、怡园、狮子林等园林的复廊做法不同，上述复廊的屋面均为双坡屋面。

一般复廊的做法是：屋面为双坡，将两廊并为一体，中间隔一道墙，隔墙砌于屋面以下，沧浪亭、怡园、狮子林等处的复廊均是如此。而拙政园复廊的做法却与之不同，中间的隔墙高于屋顶，墙顶按双落水围墙顶做法，两边的走廊均为单坡屋面，按沿墙走廊做法。

拙政园复廊与其他复廊的不同之处，详见图 6-3-20 所示。

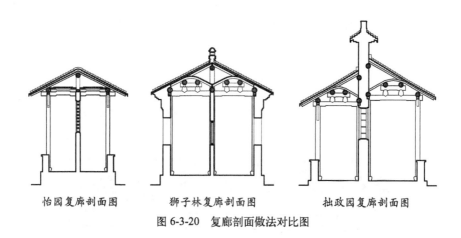

怡园复廊剖面图   狮子林复廊剖面图   拙政园复廊剖面图

图 6-3-20 复廊剖面做法对比图

复廊中间的隔墙之上嵌有 25 幅花窗，花窗制作精细，所有花窗图案，无一雷同，堪称复廊一景。透过花窗，两面景色可睹，并取得移步换景的效果。

　　复廊两面走廊的平面做法也略有不同，东侧走廊除大部分为沿墙走廊外，另有两处则转折向外成为空廊，空廊与隔墙中间形成小院，沿墙布置山石花木等小品，使廊之立面有所变化，显得更加生动活泼。

　　西侧走廊则均为沿墙走廊，因走廊较长，居中设半亭一座，古人常将婉曲的长廊比作卧虹，半亭倚廊，故称之为"倚虹亭"，亭前有一石板小桥，石质斑驳，形制古朴，为明代遗物。复廊之西又设多条走廊，分别与听雨轩、海棠春坞、绿漪亭相连，将廊前不大的面积划分为几个相对独立的空间。

　　拙政园复廊的平、立面图，详见图 6-3-21 ～图 6-3-29。

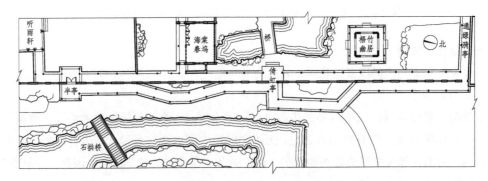

图 6-3-21　拙政园复廊及周边环境平面图

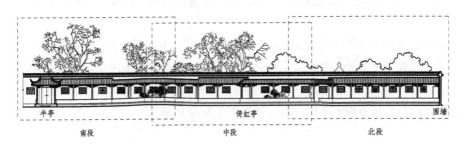

图 6-3-22　拙政园复廊东侧　总立面及分段示意图

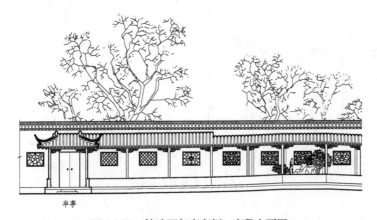

图 6-3-23　拙政园复廊东侧　南段立面图

倚虹亭

图 6-3-24　拙政园复廊东侧中段立面图

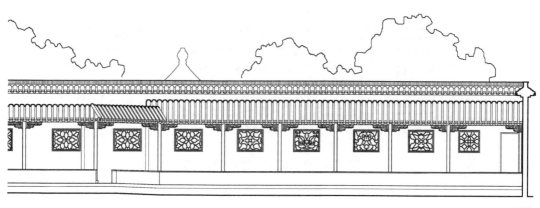

围墙

图 6-3-25　拙政园复廊东侧北段立面图

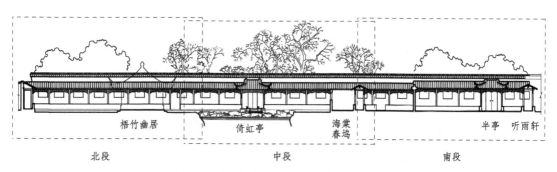

梧竹幽居　　　　　　倚虹亭　　　　海棠　　　　　　　　　半亭　听雨轩
　　　　　　　　　　　　　　　　　春坞

北段　　　　　　　　　　　中段　　　　　　　　　　南段

图 6-3-26　拙政园复廊西侧总立面及分段示意图

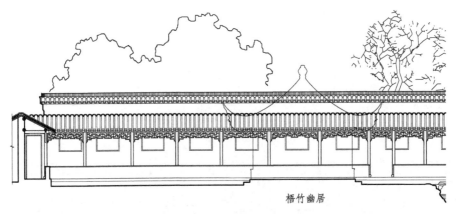

梧竹幽居

图 6-3-27　拙政园复廊西侧北段立面图

倚虹亭　　　　　　　　　　　　　海棠春坞

图 6-3-28　拙政园复廊西侧中段立面图

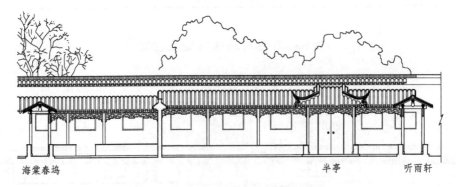

海棠春坞　　　　　　　　　　半亭　　听雨轩

图 6-3-29　拙政园复廊西侧南段立面图

　　以上便是对于拙政园中水廊、爬山廊、楼廊、曲廊及复廊的具体介绍，苏州园林中走廊众多，形式各异，其构造方式，可根据不同的要求灵活处理，但基本上不会超出以上几种范围。

第七章　苏州园林的桥

园林设计，以天然山水为缩影，叠山、理水是常用的处理手法，园林中的水池一般不讲究对称、方整，而主张曲折、自然。在规模不大的园林中，环绕水池布置景物与观赏点，是苏州园林中常见的布局方式，因此需要架设各种形式的小桥，以供游人往来。

苏州园林的桥不仅是连接水面两侧陆地的通道，而且就桥本身而言，便是一道不可替代的水上风景，高拱低卧，并无定式，或曲或直，因地而异，以能适合周边环境者为佳，起到陪衬、丰富园景的作用，并为之锦上添花。尤其是桥在水中的倒影以及所产生的动感，更会增添一种独特的光影效果，使景色显得更为灵动活泼、充满生机。

桥的外观虽然大同小异，但细品却是各有千秋，同一园林中的桥，绝无雷同。桥，无论作为近景还是远景，都可使景色的层次显得更为丰富与深远，所以，桥是园林建筑中一个重要的组成部分。

第一节　桥的形式与做法

园林构桥的用材，以石材为多，很少使用木材，因为木桥容易腐烂，修理成本又大，而且游人走在上面容易发出声响，打扰清静幽雅的环境。

石桥的构造，分梁式、拱式两种，苏州园林中的拱式桥大多为一孔，因为孔多则体量太大，与小巧玲珑的园林风格不协调，而梁式桥平坦、简洁，故用之较多。

石桥用材，主要有花岗石与青石两种。花岗石性硬，承重能力强，无论梁式桥或拱式桥，均可运用；青石的承重能力不如花岗石，但石质细腻，可作浅雕，一般用于制作精细的构件，如桥面栏杆以及跨度较小的拱桥，但不宜用于梁式桥。

梁式桥有平桥与曲桥之分，平桥一般为单跨，桥形平直，桥的两边或一边作栏杆，视桥的宽度而定，有的平桥仅设一块石板，跨于溪面，板形平直，或稍往上弯，虽然简朴，却有几分山野情趣。

石桥若跨于池面时，因池面较宽，一般分作数段，平面曲折，呈之字形，故称曲桥。桥宽1.0～1.8米不等，由数块石板平列拼置而成，而每段的长度也需根据池面的宽度及曲折的段数来决定。桥的两边一般是石栏凳，游人可凭坐休息。但也有其他做法，如耦园的曲桥，便是在桥板边上立石柱，再将圆木横向穿在石柱内，显得古朴大方；有的则以铁制栏杆代之，是取其新颖简洁，如狮子林、怡园的曲桥。

曲桥的桥墩做法也有几种：一是在桥的两边立石柱，上搁石梁，石梁稍长，挑出石柱以外，桥面石板搁置在石梁上，但其宽度不能超出石柱的外侧边线；二是将通长石板竖向平立，以代石柱，上架横梁；曲桥位于池岸的一侧，则将桥的横梁或桥板直接搁于池岸之上。

有的石桥上面建有廊屋，该桥就称廊桥，廊桥一般为三跨，中高两低，立面呈八字形，最为著名的实例是拙政园内的"小飞虹"。

总之，桥的设计宜轻巧玲珑，桥在园林中一般作为配景，应该尽量做得简洁，不要太过华丽而喧宾夺主。

以下为园林中常见的几种桥：

1. 石板小桥

跨于溪面上的石板小桥，板面稍有上弯，外形虽然简单，但只要运用得当，却也有几分山林野趣，为园林景观增色不少，见图 7-1-1。

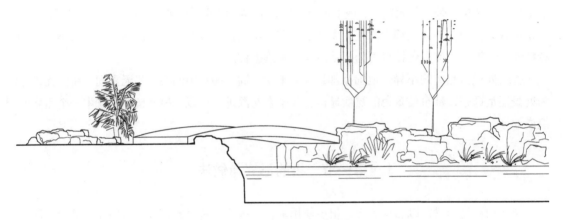

图 7-1-1　跨于溪面之石板小桥

2. 曲桥

曲桥实际上是将数段梁式桥连接在一起，因此，在实施时，两个桥段之交界线一定要是其交角的角平分线，否则桥面板的宽度将不统一，且不交在同一点上。详见图 7-1-2 ～图 7-1-4。

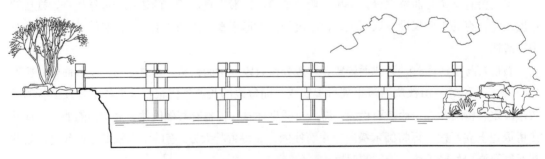

图 7-1-2　曲桥立面图

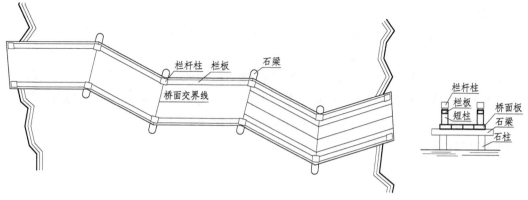

图 7-1-3 曲桥平面图　　　　　　　　　　　　　　图 7-1-4 曲桥剖面图

3.廊桥

在具有苏州风格的园林中，廊桥是较常见的一种梁式桥，一般为三跨，中高两低，立面呈八字形，桥上建以廊屋，故称廊桥，尤以拙政园内的"小飞虹"最为著名，因此很受设计人员的喜爱，经常运用。但是在实施时，一定要注意：带坡度的一跨，两边的边长应相等，否则该跨的石板平面会不平，呈翘裂状，同样，该跨的屋面也会呈翘裂状。同样的道理，也适用于走廊。详见图 7-1-5、图 7-1-6。

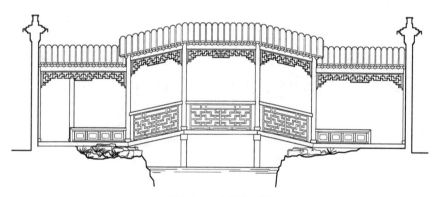

图 7-1-5 廊桥立面图

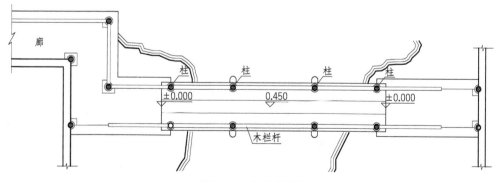

图 7-1-6 廊桥平面图

4.拱桥

苏州园林的拱桥体量均不大,大多为一孔,其中最小的拱桥在网师园,三步便能跨过,俗称"三步桥"。拱桥的建造要点是拱圈的制作与安装。

制作时,先放大样,将拱圈划分为若干块,须单数,两边对称,中间一块为拱顶锁石,安装时,先将水盘石安装在混凝土基础上,接着安放一个预先准备好的木制架子,该架子称盔,其外形与拱圈内圈相吻合,作为拱圈安装的支撑与依据。然后再逐皮安装拱圈石,直到拱顶,最后用拱顶锁石(俗称龙门石)楔紧成拱。详见图7-1-7~图7-1-10。

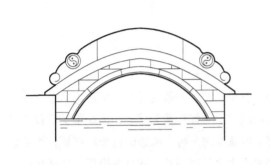

图 7-1-7 拱桥立面图

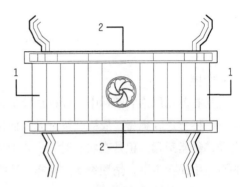

图 7-1-8 拱桥平面图

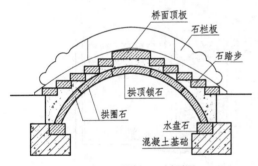

图 7-1-9 拱桥 1-1 剖面图

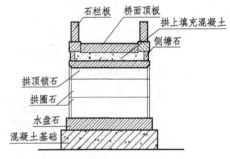

图 7-1-10 拱桥 2-2 剖面图

第二节 桥的实例精选

一、狮子林青石拱桥

狮子林内有苏州园林中唯一的青石拱桥,位于狮子林水池的南面,形制古朴,造型优美,相传乾隆皇帝数次巡游狮子林,都喜欢到此游玩,故俗称接驾桥。

该桥是狮子林中最古老,也是最著名的一座青石拱桥,桥长 10.61 米,桥顶宽 2.63 米,往下逐渐放宽,最宽处为 2.87 米,平面呈放射状,形似喇叭口,较为别致。桥拱之间,底部宽约 3 米,拱高约 1 米,其弧形小于半圆,使桥贴近于水面,显得轻巧灵动。

桥的拱圈石,按桥拱弧长均分为五块,居中一块是拱顶锁石,其作用是锁紧拱圈。拱圈石安装在水盘石上，水盘石底下便是桥梁基础。因桥为青石所制，为减小拱圈石的长度，将桥拱在桥的进深方向分成三节，竖向排列，每节拱圈石之间以榫卯或铁件连接，使之组成整体，以增加桥的稳定性。

桥拱以上为桥面锁口石，其立面呈折线状，中高两低，用以降低桥顶高度，使桥显得更为平缓稳重。

桥的立面，除桥拱外，均砌筑青石侧塘石，桥拱两侧各立石柱一根，凸出侧塘少许，上挑短梁，石柱与挑梁分别代替传统桥梁上的楹联石与天盘石，丰富了桥的立面层次，使之更为古朴。桥面锁口石以上，每边立有石柱四根，石柱之间为栏板，栏板中间镂空，刻有线条作装饰；石柱之外侧，于桥的两端以斜向砷石作为收头。整座石桥，造型简练，古朴典雅。

桥面之上铺设踏步石，每边十二级，坡度较为平缓，便于人员上下，桥顶之上平铺石板，居中的桥面石上刻有花瓣图案，甚为雅致。

狮子林青石拱桥的平、立、剖面图，详见图 7-2-1 ～图 7-2-5。

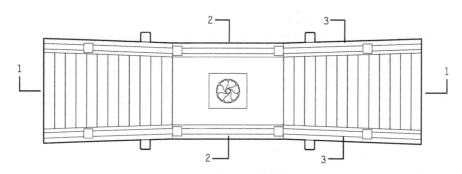

图 7-2-1　狮子林青石拱桥平面图

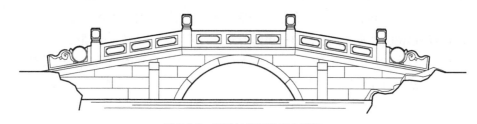

图 7-2-2　狮子林青石拱桥立面图

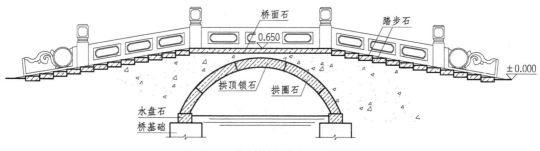

图 7-2-3　狮子林青石拱桥 1-1 剖面图

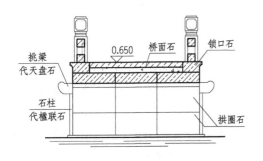

图 7-2-4 狮子林青石拱桥 2-2 剖面图

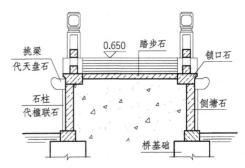

图 7-2-5 狮子林青石拱桥 3-3 剖面图

二、拙政园拱桥

拙政园的布局以水为主，水面宽广，水道纵横，故园内桥梁不少，约有十余座之多，但多为曲桥与平桥，拱桥仅有一座。

拙政园的拱桥位于东部花园西侧的溪面上，跨过小桥，进入复廊，便可到达中部花园，因而是连接拙政园东、中两部的主要通道。

该桥的桥栏之上未镌刻桥名，资料上也无介绍，而仅以拱桥称之。但因 20 世纪 60 年代，越剧版的电影《红楼梦》曾以此处为外景，拍摄过"黛玉葬花"，故现在有不少导游在介绍该景点时，将其称为黛玉葬花桥。

拙政园栱桥是一座花岗石桥，桥长 7.9 米，桥宽 2.0 米，桥顶距两侧地面高度为 0.86 米，每边设踏步 10 级，故桥面坡度较为平缓，利于游人通行。

该桥所在的小溪，溪面不宽，其垂直距离不足 5 米，但溪水较深，水面与地面有 1.4 米左右的高差。因此，将拱桥斜向跨于小溪之上，以增加桥的长度，使桥的立面比例更为得当。

因水面较深，桥拱的内径为 2.64 米，外径为 3.00 米，桥拱坐落于水盘石上，水盘石距拱顶底部为 1.85 米，大于内径的一半，故桥拱外形呈大半圆形式，显得高敞、通透。

根据拙政园拱桥的外观来判断，该桥拱圈的施工，采用的应该是"联锁法"工艺，所谓联锁法，便是先将数块较大的拱圈石竖向排列在水盘石上，再用一块断面与方形相似的通长拱圈石将底下的竖向拱圈石连接起来，使之连成整体，然后将拱圈石按一皮竖向、一皮横向的步骤，逐皮砌筑，直至拱顶，最后以拱顶锁石楔紧成拱。联锁法工艺的优点是施工较为简便，拱圈的整体性强，是传统石桥常用的施工方法。

桥的立面，于桥拱的两侧砌筑侧塘石，因侧塘石较高，每皮侧塘石均间隔砌有丁石，将丁石伸入桥内，使侧塘石更为牢固。拱圈与侧塘之上为锁口石，拱圈之上的锁口石呈弧形，以与拱圈外形相协调，而侧塘之上的是平石，按桥的坡度斜向铺设。锁口石之上为栏板，高仅 40 厘米，栏板两端为砷石，栏板的外侧刻有回纹图案，内侧则较为简单，仅以线条刻出方宕作装饰。

桥的锁口石之间，于桥面铺设石条作踏步石，每侧均为 10 块，坡度较为平缓。桥顶之上为桥顶石，其表面略作弧形，居中刻有花瓣图案作装饰。

拙政园拱桥的平、立、剖面图，详见图 7-2-6 ～图 7-2-10。

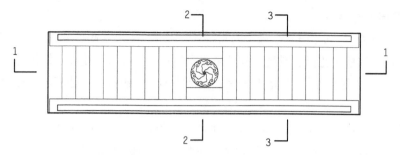

图 7-2-6　拙政园拱桥平面图

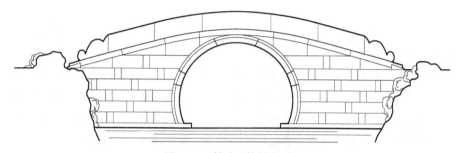

图 7-2-7　拙政园拱桥立面图

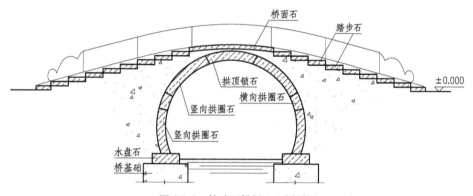

图 7-2-8　拙政园拱桥 1-1 剖面图

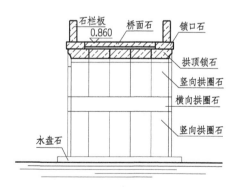

图 7-2-9　拙政园拱桥 2-2 剖面图

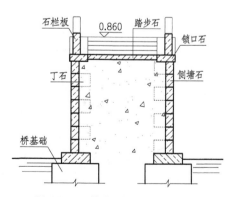

图 7-2-10　拙政园拱桥 3-3 剖面图

三、网师园引静桥

网师园引静桥，是苏州园林中最小的石拱桥，长约 2.4 米，宽不足 1 米，三步便能跨过，俗称"三步桥"。该桥由花岗石所筑，体量虽小，但石栏、锁口、踏步、拱圈等构件齐全，真可谓"麻雀虽小，五脏俱全"，且造型优美、比例协调、制作精细，是苏州园林中不得不提的拱桥范例。

引静桥位于网师园水池的东南水湾处，水湾两侧叠石成涧，涧岸陡峭，黄石堆筑，与西侧的黄石叠山——云岗相呼应，仿佛山冈余脉，极具山林野趣。引静桥架于水湾的北端，南面是狭长的水涧，若从对岸望来，似水之源头，使池水有绵绵不尽之意，甚为巧妙，堪称苏州园林中理水之经典。

桥的立面，其外观呈弓形，弧度较为平缓。因桥所在的位置涧面不宽，涧岸陡峭，故涧水较深，于是将桥下拱圈做成大半圆形式，以适应狭而陡的地形特点。拱圈以上为侧塘石，将其分作三段，做成弓形，架在拱圈之上。侧塘以上是栏板，栏板高约 26 厘米，厚约 10 厘米，也按长度分作三段，居中一段呈弧形，其弧度与侧塘石相同，两边为收头栏板，外形与桥头砷石相仿。

桥的平面做法是：在桥顶居中铺设桥面石，其表面略作弧形，刻有花卉图案，既作装饰，又可防滑，一举两得。桥面石两边，各设踏步石四块，坡度平缓，便于通行。

引静桥的平、立、剖面图，详见图 7-2-11 ~ 图 7-2-14。

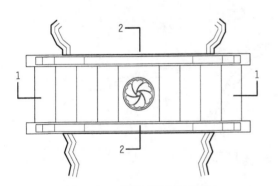

图 7-2-11　网师园引静桥平面图

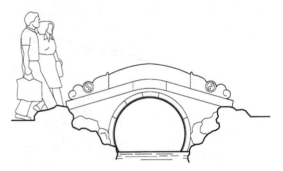

图 7-2-12　网师园引静桥立面图

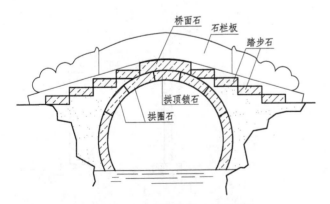

图 7-2-13　网师园引静桥 1-1 剖面图

图 7-2-14　网师园引静桥 2-2 剖面图

四、拙政园廊桥——小飞虹

拙政园小飞虹，是苏州园林中一座著名的廊桥，位于拙政园中部水阁"小沧浪"的北侧，廊桥横跨于水阁北面的水湾上，与水阁之间形成了一个闲静的水院。廊桥之长为三跨，中高两低，上建廊屋，小青瓦铺设，立面通透，在水中倒影的映衬下，轻盈灵动，状若飞虹，故被称为"小飞虹"。

小飞虹的桥体为梁式桥，共三跨，中跨长为3.22米，两侧边跨各长2.64米，总长8.50米，桥宽1.64米，由五块石板并列而成。桥的立面为中高两低，呈八字形，桥下设石柱、石梁为桥墩，显得简洁、通透，桥墩之上架设中跨桥板以及边跨桥板的一端，而边跨桥板的另一端则架在桥边的池岸上，低于中跨桥面32厘米。

桥上建廊屋三间，亦为中高两低，呈八字形。走廊开间与桥之跨度相同，廊深1.32米，檐高2.44米。屋架采用三界回顶，居中设草脊桁，双坡落水，屋面由小青瓦铺设，黄瓜环脊作顶，与廊桥两侧所接走廊做法相协调。桥上廊柱未设鼓磴，将廊柱穿过桥板，直接架在石梁之上，以提高柱的稳定性。廊柱之间，两边均上悬挂落，下设栏杆。

桥上屋架悬有横匾一块，匾为清水银杏所制，上书桥名"小飞虹"三字，字为阴刻，填绿，甚为雅致。

拙政园小飞虹的平、立、剖面图，详见图7-2-15～图7-2-18。

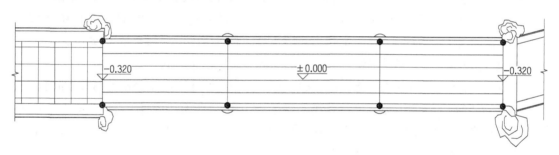

图7-2-15 拙政园小飞虹平面图

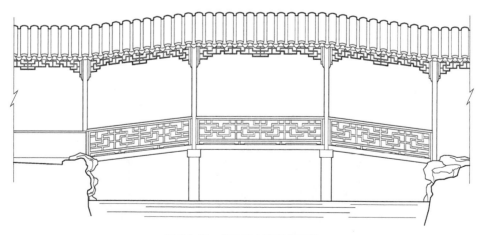

图7-2-16 拙政园小飞虹立面图

图 7-2-17　拙政园小飞虹剖面图一

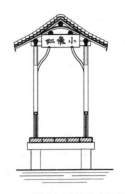

图 7-2-18　拙政园小飞虹剖面图二

五、艺圃石桥

艺圃，素以环境幽静、小巧精致著称，布局简练开朗，风格自然质朴，保留有较多的明代园林风格。

中部景色，以水池为主，水面集中，池南于东、西两角伸出水湾，水湾之上架桥各一，故水面显得开朗辽阔，而曲折的水湾又与主体池面形成对比，池岸低平，景色宜人。

池之东侧建有一亭，便是苏州园林中唯一的明代遗构——乳鱼亭，池水于亭东南汇为一泓小池，上架石板小桥，桥以亭名，称"乳鱼桥"。桥分三跨，由六块石板构成，桥板略带弧形，使桥面微拱，为其他园林所罕见，据介绍，该形式是明代石桥的传统式样，故此桥应是建园初期作品。

位于池西南水湾的石桥，是一座由六块石板构成的三曲桥，名"渡香桥"，此桥贴水而建，离水面仅有十多厘米，比两端的路面还低，人行其上，仿佛踏水而过，别有情趣。

艺圃共有石桥三座，另有一座架在"浴鸥池"上，亦为平板小桥。浴鸥池与大池相通，是西南水湾的延伸，与水湾以园墙相隔，墙上辟有圆形洞门，上有"浴鸥"砖额一块。进洞门，墙外自成小院，环境清幽，别是一番天地。浴鸥池水面较小，池岸曲折，湖石叠成，石桥长两跨，以湖石作桥墩，与池岸相协调，甚为简朴。

艺圃三座石桥的平面布置，见图 7-2-19 所示。

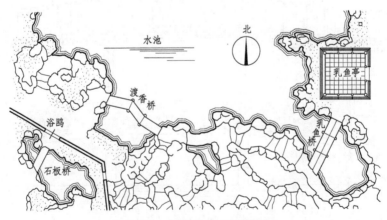

图 7-2-19　艺圃石桥的平面布置图

艺圃的三座石桥，大小不一，造型各异，但有一共同特点，便是桥上不设栏杆，使桥显得低平而贴水，与周边山石池岸结合在一起，浑然天成，使池面更显辽阔、宁静。

艺圃石桥的平、立、剖面图，详见图7-2-20～图7-2-27。

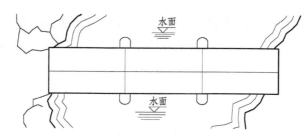

图 7-2-20　乳鱼桥平面图

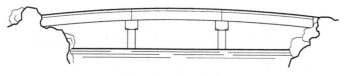

图 7-2-21　乳鱼桥立面图　　　　　　　　　图 7-2-22　乳鱼桥剖面图

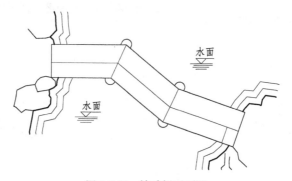

图 7-2-23　渡香桥平面图

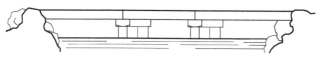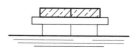

图 7-2-24　渡香桥立面图　　　　　　　　　图 7-2-25　渡香桥剖面图

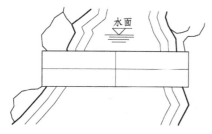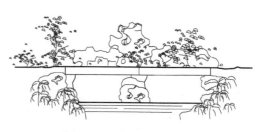

图 7-2-26　浴鸥池石桥平面图　　　　　图 7-2-27　浴鸥池石桥立面图

六、狮子林九曲桥

狮子林九曲桥位于湖心亭的两侧，湖心亭是水上建筑，于是建曲桥与两侧池岸相连。桥分东、西两段，平面曲折，呈"之"字形，东段有四曲，西段为五曲，共有九曲，故称之为"九曲桥"。

九曲桥是狮子林中最长的桥，桥的直线长度约为 17.8 米（含湖心亭），因每节桥段的相交线均是其交角的角平分线，故每节桥段的垂直宽度均相等，为 0.9 米，由三块石板平列拼置而成，显得整齐、美观。

桥面低于湖心亭一踏步的高度，架在由石柱、石梁组成的桥墩上，石梁挑出石柱之外，梁端呈弧形，使桥之外形显得柔和。

因该桥建于 20 世纪 20 年代，当时西方的一些建筑材料已经传入中国，故桥板两侧安装的是铁制栏杆，栏杆安装在挑出的石梁上。铁制栏杆，现在看来很普通，也稍觉简单，而且不如石栏杆来得稳重大气，但在当时却是时髦的装饰，也是财富的象征。

该桥的平、立、剖面图，详见图 7-2-28 ～图 7-2-30。

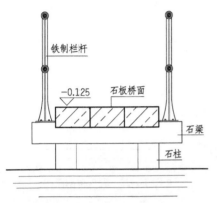

图 7-2-28 狮子林九曲桥剖面图

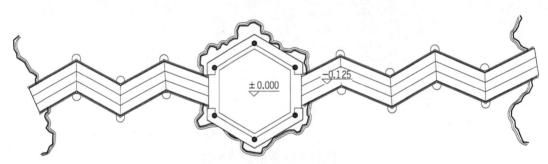

图 7-2-29 狮子林九曲桥平面图

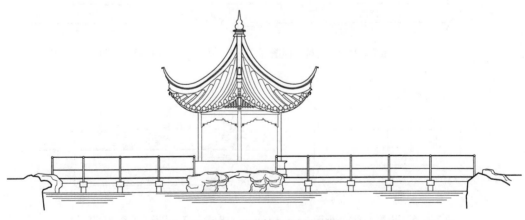

图 7-2-30 狮子林九曲桥立面图

七、耦园曲桥——宛虹杠

耦园由住宅及东、西花园共三部分组成，花园位于住宅的两侧，故称耦园。其中东花园的黄石假山与环秀山庄的湖石假山齐名，被誉为苏州黄石叠山之冠。假山东侧有水池一泓，南北狭长，池面较深，称"受月池"。水池依假山向南延伸，池壁陡峭，极具山林野趣，南端跨水建有水阁，称"山水间"。池上架有石桥，名"宛虹杠"，为园中唯一桥梁，位于山水间的北侧。杠即小桥之意，古人常以虹来喻桥，故取桥名为"宛虹杠"。

该桥是一座花岗石曲桥，平面三折，东西走向，西与假山蹬道相接，东可前往亭、廊，虽体量不大，但造型简练，略带坡度，高架于两侧池岸之上，宛若垂虹，与桥名相符。

桥之长度，三曲相加，总长为 7.62 米，桥面宽为 0.81 米，由两块石板相拼而成。桥板架在桥墩与池岸上，水中桥墩以石板作柱，上架横梁，将横梁挑出桥面之外，以架栏杆石柱，柱下有垫石，与桥面相平。于栏杆柱上打孔，穿以圆木，作为桥栏，用作围护，桥栏有上、下两道，漆成暗红色，甚为古朴雅致。以该形式作为桥栏的实例，在苏州园林中不多，该桥便是其中之一。

耦园宛虹杠的平、立、剖面图，详见图 7-2-31 ～图 7-2-33。

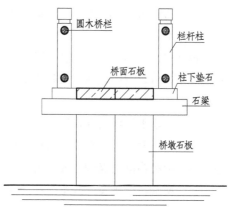

图 7-2-31　耦园宛虹杠剖面图

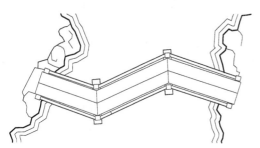

图 7-2-32　耦园宛虹杠平面图

图 7-2-33　耦园宛虹杠立面图

八、沧浪亭门前石桥——三曲桥

沧浪亭门前是河，位于河的南岸，临水而建，布局以山为主，借园外水面入景，园内建筑大多环山布置，山之北侧，沿河建亭、廊、轩、榭等建筑，以园外水面为前景，山上古树为背景，立面丰富，层次深远，是该园景色较为生动的一段，游人未入园门，便可先赏其景，这是沧浪亭的一大特色。

沿河走廊为复廊，两面可通行，高低起伏，绵延数十间，颇为壮观，廊壁之上，设有花窗，其图案各不相同。通过花窗，将园内外的不同景色联系起来，并相互渗透；漫步廊内，两面景色不同，在内廊可观山色，于外廊能赏水景，并有移步换景之妙，此布局实属园林借景之范例。

沧浪亭的门厅设在园之北侧，门前临河架桥，须过桥方能入园，进园首先见到的是假山一座，"入园须过桥，进门即见山"是沧浪亭的另一特色。

门前石桥为梁式桥，平面三折，称"三曲桥"。桥长为11.20米，桥宽为3.68米，桥之两端各设桥台一段，以架桥梁。桥台前部伸入水面，后部与河道两侧的驳岸相接，桥台由花岗岩条石所筑，上部稍作收分，显得整齐美观，稳重大方。

桥面较宽，由七块石板相拼而成，架在水中桥墩与两侧桥台上。桥墩以石板相拼作柱，上架横梁，按板式桥墩做法，使横梁受力均匀，是较宽桥梁之常用做法，横梁两端挑出桥面以外，端部呈弧形。

桥面之上为桥栏，桥栏采用石栏凳形式，栏凳做法较为简单，仅以石条为凳面，搁置在石柱之上，桥之立面以横向线条为主，显得简洁、通透，并与桥台周边及两侧驳岸所设栏凳做法相同。

桥之北端因地势较低，须设踏步登桥，踏步两侧依其坡度设置锁口石及栏凳，形式与桥面栏凳相同，栏凳之端，斜置砷石作装饰。登桥踏步，高出地面的原有五级，近年来该段路面已被抬高，故踏步高出仅剩三级，所置砷石也有局部低于地面。

桥之南端桥台铺设的是花岗石地坪，错缝铺贴，与入口门厅前面的地坪做法相同，桥台两侧也为栏凳，分别与桥面及驳岸栏凳相接并做通。

沧浪亭三曲桥的平、立、剖面图，详见图7-2-34～图7-2-37。

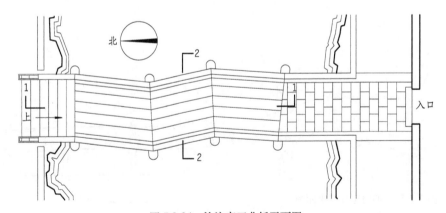

图7-2-34 沧浪亭三曲桥平面图

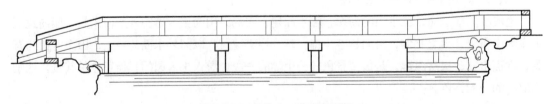

图7-2-35 沧浪亭三曲桥立面图

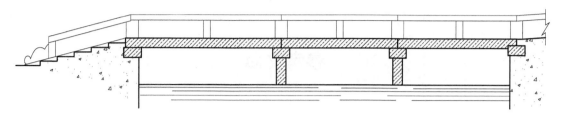

图 7-2-36　沧浪亭三曲桥 1-1 剖面图

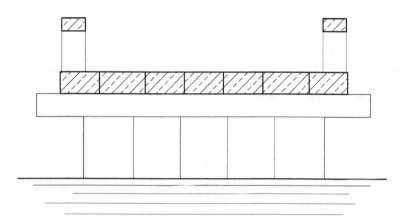

图 7-2-37　沧浪亭三曲桥 2-2 剖面图

参考文献

[1] 刘敦桢 . 苏州古典园林 [M]. 北京：中国建筑工业出版社，1979.

[2] 苏州民族建筑协会，苏州园林发展股份有限公司 . 苏州古典园林营造录 [M]. 北京：中国建筑工业出版社，2003.

[3] 苏州园林发展股份有限公司，苏州香山古建园林工程有限公司 . 苏州园林营造技艺 [M]. 北京：中国建筑工业出版社，2012.

后　记

　　自《图解〈营造法原〉做法》一书出版发行后，总觉余意未尽，因该书对苏州园林建筑的做法虽然也多有涉及，但未进行深入细致的解读，于是便有了编写本书的想法，作为该书的续集。

　　本书主要是介绍苏州园林的各类建筑，选择了苏州园林中的厅、堂、楼、阁、榭、舫、亭、廊、桥等各类建筑为样本，对照《营造法原》，就其形制、构造及具体做法，向读者作具体介绍。

　　本书是以苏州园林建筑为主题向读者所作的解读与介绍，采用的也是图解方式，使其与《图解〈营造法原〉做法》一书形成姊妹篇，便于读者对照阅读。

　　苏州园林博大精深，文化底蕴深厚，精品建筑不胜枚举，由于作者水平有限，本书所列的实例精选仅为其中一小部分，不足以窥全貌，且是一家之言，不当之处在所难免，欢迎专家、读者批评指正。

　　本书有关建筑实例的插图，一部分是作者根据有关资料，经核对后，进行整理或修改而成；一部分是作者对照实物照片，按比例绘制而成。若与建筑实例不符，请以建筑实例为准。

　　本书的编写得到了苏州园林发展股份有限公司的大力支持，并提供了部分建筑实例的有关资料，在此表示衷心的感谢。

侯洪德　侯肖琪

2015 年 12 月